I0465312

Impressum

Autor
Frank Michael Staerkert
Hertastr. 58
46117 Oberhausen

Grafische Illustrationen
Dipl.-Komm. Designer Oliver Behrendt

Lektorat
Ralf Bußmann
blitzkorrekturen.de

Druck
Amazon Media EU S.à r.l., 5 Rue Plaetis, L-2338, Luxembourg

1. Auflage

Oberhausen, Juni 2018

Inhaltsverzeichnis

4

Überblick

Das Buch besteht im Wesentlichen aus drei Teilen. Der erste Teil umfasst insbesondere die Erläuterung eines grundlegenden Prinzips der Repräsentationstheorie und dessen Realisation im Rahmen sequenzieller Netze. Die Betrachtungen fokussieren sich auf bloße Folgesituationen, insbesondere ohne Rücksicht zu nehmen auf Kausalität. Der Abschnitt ist größtenteils qualitativer Natur, kann aber programmtechnisch umgesetzt werden. Das erste Programm auf der begleitenden Webseite ist ein solches Folgenetzwerk.

Der zweite Teil stellt Matrizen vor. Die beschriebenen Methoden erscheinen besonders günstig zur Entwicklung der Theorie. Sie sind zwar sozusagen Standard, aber es macht Sinn, sie im Hinterkopf zu haben. Der Abschnitt erklärt die mathematischen Aspekte, sofern sie für diese Theorie sinnvoll erscheinen. Weitere Erläuterungen finden sich darüber hinaus noch im Anhang.

Der dritte Teil widmet sich der Matrix-basierten Repräsentationstheorie. Diese wird zunächst an zwei Beispielen verdeutlicht, dann folgen Erklärungen zu typischen Operatoren, deren Wirkung analog zu denen ist, die bereits in Teil II beschrieben worden sind. Auf der Webseite ist es möglich, die Wirkung der Operatoren selbst auszuprobieren. Schließlich wird anhand einiger beispielhafter Repräsentationen dargestellt, wie genau mit dieser Methode Algorithmen-generierende Systeme in der Lage sind, sich selbst zu programmieren. Einige Beispiele sind auf der Webseite verfügbar. Die Webadresse und das Zugangskennwort sind im Anhang angegeben.

Bevor es losgeht, möge noch ein Wort zur Einordnung des Buches erwähnt sein. Ziel des Werkes ist es, die Repräsentationstheorie zur Simulation intelligenten Verhaltens zu erklären. Es ist dementsprechend also absolut kein Fachbuch für irgendwelche Programme, die so ähnlich funktionieren könnten und bezieht sich auch nicht darauf. Es ist auch überhaupt kein Buch, das sich an Fachleute, insbesondere Informatiker oder Naturwissenschaftler wendet. Auch ist praktisch kein mathematisches und eigentlich überhaupt kein programmtechnisches Vorwissen erforderlich; alles Nötige wird erklärt. Der Text soll selbstständig lesbar und verständlich sein.

Die Zugangsdaten zur Webseite finden sich im Anhang.

Motivation

In diesem Buch wird die Repräsentationstheorie zur Simulation natürlicher Intelligenz erklärt. Weil viele Theorien angeblich farblos sein sollen, was nicht wirklich der Fall ist, soll diese Theorie möglichst lebendig dargestellt werden. Deshalb gibt es stets Beispiele, die jeden Sachverhalt verdeutlichen. Bei der Entwicklung einer Theorie sind solche Beispiele von essenzieller Bedeutung, denn anhand derer ist es möglich, sich näher an das Wesen der zu verstehenden Theorie heran zu hangeln. So ist es in der Physik und auch den Wirtschaftswissenschaften ebenfalls, wo einfachere, modellartig zusammengeschnittene Beispielsysteme helfen, komplexere Zusammenhänge zu verdeutlichen und zu Beginn der Forschung überhaupt erst verstehen zu können. In der Physik gab es schon immer Modellfälle, wie Raumschiffe, die sich mit sehr hoher Geschwindigkeit bewegen, die geholfen haben, zu einer Theorie zu gelangen, welche die messbare Realität möglichst genau beschreibt.

Weil die Repräsentationstheorie sehr stark von solchen erfolgreichen Modellen der Naturwissenschaft inspiriert worden ist, erscheint es eigentlich unverzichtbar, diese mathematischen Ideen zu erklären, und zwar so, dass sich die Darstellung auf das Wesentliche beschränkt, was zum Verständnis dieser Theorie von Beginn an beigetragen hat. Das ist der Grund, weshalb im Buch auch physikalische Aspekte erklärt werden. Verschie-

10

dene Gebiete der Forschung haben sich schon immer gegenseitig befruchtet, und so ist es auch hier. Gleichzeitig hat es den positiven Effekt, dass man im Rahmen der Darstellung mathematisch-physikalischer Überlegungen auch essenzielle Methoden dieser Disziplinen möglicherweise besser kennen lernen und üben kann. Das erklärt insbesondere, warum der zweite Teil überhaupt ins Buch aufgenommen worden ist.

Repräsentative Systeme zeichnet generell ihre Eigenschaft aus, selbstprogrammierend zu sein. Das macht ihr Wesen aus. Sie werden im Buch in Form der sequenziellen Netze und der Matrixtheorie vorgestellt. Es wird auch im Laufe der Darstellung nach und nach deutlicher werden, wie solche Systeme aufgebaut sind. Damit die Theorie möglichst greifbar wird, gibt es die Beispiele, die auch auf der Webseite verfügbar sind. Selbstverständlich können die Skripte beliebig weiterverwendet werden, sie sind frei verfügbar. Der eigentliche Spaß beginnt ja erst, wenn man etwas selbst ausprobiert, und es ergibt nicht unbedingt Sinn, diese Räder neu zu erfinden. Deshalb stehen sie zur freien Verfügung. Und nun ist es Zeit, in medias res zu gehen. Der Mensch ist angeblich die einzige Kreatur, welche vernunftbegabt ist. Was immer das bedeuten mag.

Ein Computer besitzt nur eingeschränkt eine Vielzahl von Fähigkeiten, wie wir sie haben. Das betrifft insbesondere die menschliche Fähigkeit, Dinge durch intensives, angestrengtes Betrachten sozusagen „verstehen" zu können. Das heißt, dass das natürliche Vorbild, wenn es um Simulation natürlicher Intelligenz geht, irgendwelche normalen Leute sind, wie man sie an jeder Ecke findet. Sie verhalten sich in einem gewissen Sinne „intelligent", denn sie können Dinge begreifen, auffassen und selbstständig verstehen, ohne dass jedes Detail der Erklärung notwendigerweise erklärt werden muss. Sie können auch Zusammenhänge erfassen und Regeln verstehen, ohne dass ein detaillierter „Programmplan" nötig wäre.

Das entscheidende Vorbild für die hier zu beschreibenden Systeme ist unser natürlicher Denkapparat. Es gilt zu versuchen, einen Teil dessen angeborener Genialität nachzuahmen. Deshalb heißt es auch „Simulation natürlicher Intelligenz". Es ist aber wichtig, die Aufgaben des Computerprogramms, welches dazu in der Lage sein soll, so weit einzugrenzen, dass es möglich erscheint, es auch tatsächlich technisch zu realisieren.

Ein wesentlicher Aspekt dabei besteht im Rahmen dieser Darstellungen darin, dass ein Computerprogramm seine Rolle als selbstprogrammierendes Wesen dadurch ein Stück weit einnehmen kann, wenn es in der Lage ist, seine Umwelteinflüsse zu verstehen, indem es sie selbst reproduzieren kann. Je genauer das Computersystem in der Lage ist, seine Umwelt selbst zu reproduzieren, desto besser hat es verstanden, was in der Welt so passiert.

Heißt: Wenn ein natürliches, intelligentes Wesen eine Zeit lang auf eine Wiese schaut, wo zum Beispiel Schmetterlinge fliegen und Blumen blühen, dann wird es allmählich immer besser in der Lage sein nachzuahmen, was da vor sich geht. Irgendwann braucht es keine äußeren Eindrücke mehr und reproduziert ganz selbstständig prinzipiell das, was es lange genug beobachtet hat.

Das künstliche System soll in der Lage sein, seine Umwelt nachzuahmen, Regeln zu verstehen und sich die Welt selbst vorstellen zu können. Es soll zum Beispiel verstanden haben, dass Blumen blühen und Schmetterlinge fliegen können oder dergleichen. Es soll Regeln erfassen und begreifen können und wenn es später noch einmal mit einer Situation konfrontiert ist, die es prinzipiell bereits kennt, soll es sich den Fortgang der Dinge selbstständig, also ohne weitere äußere Einflüsse ausmalen können, ganz analog zu dem, was in der beobachteten Realität tatsächlich bereits stattgefunden hat. Und zwar ohne alle Details zu kennen. Es muss abstrahieren können und in der Lage sein, Regeln zu erfassen.

Das ist ein Kerngedanke der Repräsentationstheorie. Um zu verstehen, wie sie konkret realisierbar ist, sind stilisierte Beispiele hilfreich, die viele Aspekte aus allgemeineren Kontexten bereits enthalten.

Vorabbemerkung

Zwar gilt das künstliche neuronale Netzwerk als Urtypus des Versuchs, natürliche Intelligenz rechnergestützt zu simulieren. Es ist aber keinesfalls unmittelbar klar, inwiefern ein solches Netzwerk einen Vorteil haben sollte, verglichen mit einem anderweitigen Programm, das auf einem Rechner laufen kann und dieselben Aufgaben erfüllt. Sofern das neuronale Netz „ausgelernt" hat, kann man das Ergebnis bestimmt immer auch schlichtweg mit einer gewöhnlichen Programmiersprache nachahmen. Möglicherweise sind letztlich künstliche neuronale Netze besser geeignet für die Aufgabe zu versuchen, die Umwelt gedanklich nachahmen, zu kategorisieren, Regeln zu finden und sich selbst zu programmieren. Aber es geht in der Repräsentationstheorie darum, auf welche Art und mit welcher Methodik diese Abläufe programmatisch vonstatten gehen sollen. Und da spielt es erstmal keine große Rolle, welche Programmiersprache genutzt wird, oder ob der Rechner nun Schritt für Schritt sequenziell oder parallel wie ein Netz arbeitet. Es geht darum, dass die Umwelt repräsentiert werden soll. Der Algorithmus, der dazu erforderlich ist, wird sich bei parallelen Systemen von dem sequenzieller Systeme unterscheiden, aber das Verhalten beider Varianten, also ihre Art, die Umwelt zu repräsentieren, bleibt gleich. Bestimmt lässt sich z.B. ein Schachprogramm sowohl sequenziell als auch parallel, wie in einem künstlichen oder natürlichen Netzwerk repräsentieren, so dass beide Systeme immer zu den gleichen Folgerungen kommen, wenn es um den nächsten Spielzug geht. Um nur ein mögliches Prinzip zu verstehen reicht es aber, sich auf eine der beiden vorhandenen Versionen zu beschränken und da unsere Technik intern eher sequenziell arbeitet, soll das zunächst die Grundlage sein.

Ein grundlegendes Prinzip

Mit diesem Beispiel soll ein wesentlicher Aspekt mit Blick auf solche Intelligenz-simulierenden Systeme aufgegriffen und veranschaulicht werden. Dieser besteht darin, dass einfließende Informationen ständig die Art und Weise, wie das System sozusagen „denkt", beeinflussen oder sogar vollständig bestimmen können. Das folgende Beispiel soll ein Prinzip aufzeigen, das grob gesprochen bedeutet, dass „der Algorithmus, nach dem das System arbeitet, identisch sein soll mit den Eingaben, die es erhalten hat". Das soll bedeuten, dass das System in seinem Ablauf nicht einem festen Schema folgt, sondern sich stattdessen an der Abfolge der beobachteten Eingaben orientiert. Diese stellen den Informationsfluss dar, der selbst das Programmschema beinhaltet und ein solches ersetzt. Zumindest ist genau das der Grundgedanke hinter dieser Formulierung. Funktionieren kann das nur, „soweit der zu findende Algorithmus für das System überhaupt zu erschließen ist". Für den Computer bzw. irgendein künstlich replikatives System ist die Nachbildung der Realität nur soweit möglich, wie alle Informationen, die jemals aufgenommen worden sind, sei es in Form von Bildern, Lauten, Sprache oder sonstigen Eingaben, welche als Eindrücke bezeichnet werden sollen, es hergeben. Es kann nur so genau nachgebildet werden, wie der Informationsfluss über die „Sinnesorgane" des Systems es überhaupt zulässt. Qualitativ gesprochen gilt entsprechend auch: Je weniger die Abbildung der Realität mit den Sinneseindrücken übereinstimmt, desto schlechter wird die Repräsentation sein und desto weniger hat das System verstanden, was in der Umgebung passiert. Je besser aber die eigene Mächtigkeit des Systems ist, aufgrund der

Abstraktion der Umwelteinflüsse den Fortgang des beobachteten Geschehens vorherzusehen, desto besser ist die Repräsentation und desto besser hat das System seine Umwelt in diesem Sinne „verstanden". Es arbeitet dann algorithmisch so, wie seine Umwelt auch vorzugehen scheint.

Ein erstes Beispiel

Um zu einem konkreten Programm zu gelangen, könnte man
sich vorstellen, einer natürlichen Konversation zu lauschen, so-
genanntem Smalltalk:

- „ist das heiß heute"
- „dem Hund ist es auch warm, guck den mal an"
- „was interessiert mich der Hund?"
- „Mir persönlich gefällt das Wetter aber schon. Hat Dortmund
eigentlich schon gespielt?"
- „in Dortmund wohnt jetzt meine Schwester."
- „ich wusste gar nicht, dass du eine Schwester hast. Wie alt ist
sie denn?"
- „20"
- „20 ist ein schönes Alter."
- „und wie alt bist du?"
- „21, seit gestern"
- „Glückwunsch. Hättest ja mal was sagen können" ...

Das Gespräch besteht aus einer Reihe aufeinanderfolgender
Aussagen der zwei Gesprächspartner. Wenn ein Computerprogramm sich so ähnlich wie die natürlichen Vorbilder verhalten
sollte, könnte es das Gespräch in zwei Schritten untersuchen.
Zunächst möchte es vielleicht analysieren: „Was hat mein Ge-
genüber gerade gesagt?".

Nachdem es dessen Aussage eingeordnet hat, möchte es selbst
sinnvoll reagieren. Es geht also dann für das System darum, eine
Antwort auf die Frage zu finden: „Was ist meine unter Wahr-
scheinlichkeitsaspekten bestmöglich ausgewählte Antwort darauf?"

Und sobald es sie gefunden hat, gibt es sie aus. Anschließend wartet es auf die Reaktion des Gegenübers und vermerkt diese als die logisch sinnvolle Reaktion eines intelligenten Gesprächspartners. Darin besteht der wesentliche Aspekt des Beispiels. Um solch ein Folgenetzwerk umzusetzen, müssen einige Aspekte beachtet werden. Diese sind Gegenstand der Darstellung sequenzieller Netze.

Zum Beispiel ist es offensichtlich sinnvoll, nicht allen Wörten die gleiche Bedeutung zuzumessen, sondern zu gewichten. Offenbar spielen sprachliche Artikel (ein/eine... der...) oder Konjunktionen eine viel geringere Rolle als viel seltener auftauchende Begriffe.

In diesem Zusammenhang sei zu den sequenziellen Netzen bemerkt, dass Folgen zwar wichtig sind, aber sie sind nicht alles: Denn es gibt Mittel und Wege, jenseits der reinen Erkennung von Folgen, auch Sinn zu erkennen und darin besteht insbesondere auch die Motivation zur Repräsentationstheorie.

Vor allem wird bei der Entwicklung reiner Folgenetzwerke, die ganz und gar auf irgendeine Kausalität bezüglich ihrer Reaktionen verzichten deutlich, dass diese, solange sie lediglich derart wie im Beispiel umgesetzt werden, nur sehr bedingt in der Lage sind, Zusammenhänge zu repräsentieren und Regeln nachahmen zu können.

Sie verfügen über eine eingeschränkte Repräsentationsfähigkeit. Um das besser zu verstehen, ist es sinnvoll, sich mit den Spielen zu befassen, die Gegenstand dieses Buches sind und deren Repräsentationsmöglichkeiten zu erkennen. Erkenntnisse der dabei zutage tretenden Sachverhalte ermöglichen es, anhand solcher Beispiele den eigentlichen Sinn der Repräsentationstheorie besser zu verstehen.

Ein wenig scherzhaft sei noch angemerkt: Wer irgendwann einmal im Alltag den Eindruck gewinnt, dass die Welt voller Beispiele für sie ist, weil diese immer wieder irgendwo unerwartet auftauchen, kann spätestens in dem Moment, wenn sich die Frage aufzudrängen beginnt, warum überhaupt jemals ein Computerprogramm erdacht und geschrieben worden ist, sicher sein, die Theorie verstanden zu haben.

Situationen und Folgen von Situationen

Ziel repräsentativer Systeme ist es, von ihrer Umgebung ein getreues Abbild zu erstellen. Dadurch werden sie in die Lage versetzt, Handlungen vornehmen zu können, die denen natürlicher Vorbilder entsprechen. Solche Systeme sollen sich sozusagen die Welt möglichst naturgetreu „vorstellen" können. Aus einer Ausgangslage könnten sie dadurch darauf schließen, was als nächstes möglicherweise geschieht und vernünftige Entscheidungen bezüglich ihrer Handlungen eigenständig treffen. Die Replikation der Realität steht als Grundidee im Mittelpunkt.

Alle Eindrücke und Geschehnisse, die beobachtet werden, werden vom System erfasst und so eingeordnet, dass ein der Realität möglichst ähnliches Gedankenbild entsteht. Gebilde zusammengehöriger Impressionen werden als Situationen bezeichnet. Der Begriff der Situation ist also ziemlich allgemein gefasst, und zwar so weitgehend, wie das erforderlich ist, um möglichst Vieles gedanklich wiederspiegeln zu können.

Eine Situation kann beispielsweise einfach nur aus einer Ampel bestehen, die Rot zeigt. Oder sie besteht aus einem Abbild einer Einkaufszone, mit den Geschäftshäusern an den Straßenseiten, einer gepflasterten Straße, einer Dame mit Hund, einigen Passanten und einem Lieferwagen. Sie könnte auch eine Momentaufnahme eines Schachspiels sein, mit dem Brett und den Figuren auf ihren jeweiligen Plätzen. Ein weiteres Beispiel ist ein gesprochener Satz, dessen Wörter die Situation bilden oder auch eine mathematische Gleichung. Auch ein zusammengehöriges, kleines Computerprogramm könnte eine Situation sein; oder eine Frau, die eifersüchtig ist. Die einzelnen Bestandteile von Situationen werden als Objekte bezeichnet.

Wesentliches Kennzeichen aller Situationen ist, dass sie inhärent statischen Charakter aufweisen. Sicherlich macht es zwar auch Sinn, beispielsweise einen fallenden Luftballon auf einer Party ebenfalls als eine einzige Situation aufzufassen. Wenn sich aber innerhalb der Situation etwas bewegt, kann das eigentlich auch in einem statischen Sinn verstanden werden, ähnlich wie im Fall eines Hologramms, einem immer gleichen Bild, das sich nur deshalb verändert, weil man es aus variierenden Blickwinkeln betrachtet.

Vorgänge werden gesondert erfasst, nämlich als Folgen von Situationen. Charakteristisch für diese Folgen ist, dass sie jeweils zwei Situationen miteinander verknüpfen: Einer Ausgangssituation wird eine Folgesituation zugeordnet. Solche Folgen könnten beispielsweise beschreiben, wie sich die Positionen einiger Dinge in aufeinanderfolgenden Szenen verändern. Zeigt die Ausgangssituation ein Auto, das in einiger Entfernung von einer grünen Ampel auf diese zufährt, könnte die Folgesituation die Position des Autos unmittelbar vor der später roten Ampel enthalten. Die Situationen sind also beide mehrteilig und enthalten die beobachteten Informationen: Dass da ein Auto ist, dessen Position, die Ampel und deren Farbe.

Offenbar können mit der Folgezuordnung und durch das Vermerken der Folge dadurch, dass beliebige Situationen einander als Folge zugeordnet werden können, sämtliche Änderungsmöglichkeiten auf dem Weg von einer Ausgangssituation zu einer darauf folgenden Situation erfasst werden. Jede solche allgemeine Folgezuordnung wird als propagations-darstellendes Element (PD) bezeichnet.

Die Situationen und PDs stellen einen begrifflichen Kern der Theorie dar. Möchte ein Programm ein Elektron wiederspiegeln, das einen Quantensprung macht, indem es seinen Aufenthalts-bereich schlagartig näher an einen Atomkern wechselt, also von einer höheren Umlaufbahn Richtung Kern fällt, dann zeigt die Ausgangssituation ein wie auch immer geartetes Bild von dem Elektron auf seiner höheren „Laufbahn", die Endsituation eines auf der niedrigeren „Laufbahn" (in der Realität oft auch gerade irgendwo im Kern) und das PD verknüpft die beiden Situationen miteinander.

Sollte das System beliebig viel Fantasie aufbringen dürfen, könnte man sich als abschließendes Beispiel als Ausgangssitua-tion eine Wolke im Himmel über einer Kuh auf einer Wiese vor-stellen, wobei die Wolke dann vom Himmel fällt, direkt auf die verdatterte Kuh. Das PD verknüpft die beiden Situationen. Es braucht also auch gar kein logischer Zusammenhang bestehen. Praktisch werden aber alle im Folgenden detailliert beschriebe-nen Programme prinzipiell PDs nur dann aufnehmen, wenn eine Abfolge von szenarischen Momentaufnahmen auch wirklich be-obachtet worden ist.

Allgemeine Betrachtungen

Dieses Kapitel erklärt den ältesten Teil der Theorie. Sowohl für das Verständnis der sequenziellen Systeme als auch der Matrix-Systeme ist es zunächst nicht erforderlich und kann übersprungen werden.

Die Überlegungen in diesem Kapitel sind allgemeinerer Natur. Es fällt schwer und ist bisweilen fast unmöglich, ein konkretes Programm zu schreiben, das in der Lage ist, sie umzusetzen. Sie stellen aber dennoch auch den ältesten Bestandteil der Theorie dar und verdienen allein schon deshalb, erwähnt zu werden. Darüber hinaus ist es stets von enormer Bedeutung, ein größeres Ziel vor Augen zu behalten. Es soll auch darum gehen, zu verstehen, was die Welt ausmacht, wieso die Lebewesen, insbesondere unsere Spezies so handelt, wie sie es tut. Und darüber hinaus geht auch darum, eine Möglichkeit aufzuzeigen, ihr Handeln besser zu verstehen. Es soll den Inhalt dieses Kapitels besonders bezeichnend ausmachen, dass durch ein allgemeines Herangehen an ein unbekanntes Problem eine neue Perspektive geschaffen werden kann. Wie eine Art Guckloch in eine Welt, die hinter Vielem stehen mag und in der man Erklärungen finden oder ausfindig machen kann, auch wenn nicht sicher ist, wie das alles zu programmieren sein könnte. Dabei stellt sich heraus, dass auch gerade Fantasie die Welt erschafft. Dieser Gedanke gibt Anlass dazu, zu reflektieren, inwiefern die Konzeption einer Theorie Erfahrungen aus der Welt voraussetzt, so dass sich im Zuge dessen herausstellen kann, dass manch eine offensichtliche und jedem bekannte Vorstellung, so selbstverständlich und nebensächlich sie auch auf den ersten Blick erscheinen mag, doch unter Umständen eine unterschätzte oder nicht zur Kenntnis genommene Substanz besitzt, die tatsächlich einen sehr wesentlichen Charakter inne hat. Im erwähnten Zusammenhang gilt es dabei zu bemerken, dass ohne das Vorstellungsvermögen der intelligenten Lebewesen, die wir per Definition ja offensichtlich sind, wir ähnlich bloßen Insekten oder Robotern wären; aber das ist nicht so, stattdessen versuchen wir, die Welt zu verstehen, herauszufinden, was diese Welt verbergen könnte und noch entdeckt werden möchte. Es ist diese Lust, die Welt zu erleben, sie zu verstehen und sie zu beherrschen, welche der Motivation zur Erforschung der Natur stets zugrunde lag. Und gewissermaßen soll dieser innere Antrieb nun Anlass sein, einige Überlegungen aufzuzeigen, die sogar programmatisch schon längst umsetzbar sind, aber gleichzeitig die Unvollständigkeit der Theorie repräsentativer Systeme in einem gewissen Maße aufzeigen. Im Rahmen der späteren Erklärungen des Buches zu den dort beschriebenen und technisch realisierten Systemen wird dann bei Gelegenheit noch einmal auf diese allgemeineren Betrachtungen eingegangen werden.

Alles soll verständlich bleiben, und möglicherweise sind manche theoretische Überlegungen überflüssig. Der Rede Sinn ist vielleicht am besten durch die Tatsache zusammenfassend beschrieben, dass die Programme zum Buch und ihre Erklärungen Teile einer Theorie beschreiben, die nicht vollständig ist; diese kann sich jederzeit ändern, neue Programme können entstehen und so ist es auch. Bereits in Kürze werden wir uns bestimmt noch viel lockerer allein schon mit Kunstwesen wie ‚Marlies' auf der Webseite zum Buch unterhalten können als mit manchem gewöhnlichen Gesprächspartner. Vermutlich ist es sogar egal, ob eine zugrundeliegende Theorie dazu auf die Art dargestellt wird, wie das in diesem Buch der Fall ist oder ob dem eine andere Herangehensweise zugrunde liegt. Allerdings, und das ist auch ein Grund, warum theoretischere Aspekte ausgeführt werden sein mögen, finden sich viele Eigenschaften in anderweitig realisierten Systemen wieder, wodurch diese sogar durchaus recht gut in den Rahmen dieser bloßen Theorie passen.

An dieser Stelle sei noch auf eine interessante Überlegung hingewiesen, die man bereits in den 1970er Jahren in der Literatur fand: Bezüglich des Versuchs, ein künstliches Lebewesen zu schaffen, welches handeln kann wie normale Leute, also intelligent zu sein scheint, wurde gelegentlich darauf aufmerksam gemacht, dass die bloße Fülle an Wissen dieses Verhalten zutage bringen könnte. Bestimmt lässt sich eine entsprechende Fundstelle eruieren. Damals konnte es der Autor solcher Zeilen kaum erahnen, aber wäre dem so, so wüssten wir es spätestens jetzt, denn die Informationsfülle der Speicheranlagen der bekannten Internetgiganten ist enorm und übersteigt inhaltlich sogar womöglich alles, was sich diese Leute damals vorstellen konnten. Trotzdem verhalten sich diese Systeme nur ansatzweise so ähnlich wie intelligent agierende natürliche Wesen, den Vorbildern für die Simulation natürlicher Intelligenz. Es erscheint also unwahrscheinlich, dass im bloßen Umfang der Daten der Schlüssel zu intelligentem Handeln liegt.

Abgesehen davon ist es das allgemein formulierte Ziel der Überlegungen dieses Buches, ein System zu beschreiben, welches in der Lage ist, sich zu verhalten, wie es eine intelligente Person womöglich tun könnte. Dabei soll es in der Lage sein, seine Umwelt einzuschätzen und richtige Entscheidungen finden zu können. Anhand dessen, was es erlebt und wahrnehmen kann, soll es seine Art zu handeln ständig anpassen und verfeinern. Es soll von den Vorgängen, die es beobachtet, lernen können und die eigene Entscheidungsfindung entsprechend gestalten vermögen. Insbesondere, und das ist ein sehr zentraler Punkt im Rahmen der Simulation natürlicher Intelligenz, benötigt es keinen expliziten Algorithmus für seine Entscheidungsfindung, denn alle erforderlichen Informationen liefert der Informationsfluss aus seiner Umwelt. Ein einheitliches, unveränderliches Programmgerüst ist natürlich stets notwendig, damit der Generator seine Aufgabe bewältigen kann, nämlich Situationen einzuordnen, abzuspeichern und die Kommunikation als solche mit der Umwelt dabei technisch zu implementieren, also Eingaben in Form von Daten, wie Bildern, Tönen und Texten, oder vielleicht prinzipiell auch anderen Sinneseindrücken darstellen bzw. überhaupt aufnehmen zu können und gleichermaßen selbst auch bei Gelegenheit wieder ausgeben zu können. Dazwischen aber steht der eigentliche Algorithmus, nach dem der Menge an einströmenden Sinneseindrücken eine jeweils möglichst vernünftige Reaktion zugeordnet wird.

Und dieser Algorithmus wird ausschließlich aus dem Datenfluss selbst gewonnen. Die Art und Weise, wie das Programm vorgeht, muss regelrecht „identisch" mit den Eingaben selbst sein. Denn eine andere Grundlage zur Erstellung des Algorithmus, nach dem das arbeiten kann, gibt es nicht. Hierin besteht ein eigentlich recht offensichtliches Grundprinzip intelligenz-simulierender Systeme.

Dementsprechend ist zu überlegen, wie das System prinzipiell bei der Aufnahme neuer Informationen und bei seiner Entscheidungsfindung vorgeht. Wenn es seine Umgebung beobachtet, erkennt es eine Folge von Situationen. In dem Umfang, wie dies technisch möglich ist, wird seine vorgeschaltete technische Ausrüstung zur Erkennung von Objekten in der Umgebung dem System nach und nach immer wieder komplette Situationen, bestehend aus einer Vielzahl von Objekten, zur Verfügung stellen. Jedes Mal, wenn sich etwas geändert hat, also die Objekte nicht mehr komplett gleich denen der letzten Situation sind, vermerkt es die neue Situation im Speicher, mit sämtlichen Objekten ausgestattet, und nimmt ein neues propagations-darstellendes Element in dem dafür vorgesehenen Speicher auf. In diesem PD vermerkt es die Nummer der Ausgangssituation sowie die der beobachteten Folgesituation. Mit der Zeit entstehen sehr viele Situationen und zahlreiche PDs.

Bei dieser Vorgehensweise fällt natürlich auf, dass Daten hochgradig redundant gespeichert werden könnten. Aus diesem Grund, sowie um die Informationen besser nutzen zu können und bei der späteren Verarbeitung der Daten Zeit zu sparen, organisiert das System seine Situationen im Speicher in der Regel geeignet, zum Beispiel hierarchisch als unterteilte Objekte, statt grundsätzlich bei jeder neuen Beobachtung alle dazu gehörigen Daten erneut und möglicherweise mehrfach abzulegen.

In diesem Zusammenhang macht es an dieser Stelle jetzt Sinn zu erwähnen, dass die allgemeineren Überlegungen dieses Abschnitts insgesamt etwas schwammig und schwer fassbar erscheinen. Der Grund dafür liegt nicht zuletzt darin, dass keine vollständige Theorie beschrieben wird, sondern ein theoretisches Grundgerüst erklärt werden soll, welches es erlaubt hat, sich anhand dessen näher an eine vollständige Theorie heranzuhangeln. Es ermöglicht eine Vielzahl von Realisationen in den gleichen Rahmen einzuordnen, die mit etwas Fantasie auch vielseitig verändert werden können und auch sollten. Und zwar einerseits, um ein eindrucksvolleres programmatisches Resultat zu erlangen und nicht zuletzt auch andererseits, damit es möglich wird, nach und nach zu einer vollständigeren Theorie zu gelangen. Im Rahmen dieses Buches wird das auch geschehen, wenn die Matrix-basierten Systeme vorgestellt werden. Allerdings offerieren diese zwar konkrete Möglichkeiten, intelligenzsimulierende Systeme umzusetzen, doch sind sie aus der Sicht des puren Versuchs, eine einleuchtende und umfassende Theorie zu entwickeln, selbst trotz ihrer Mächtigkeit möglicherweise nur Bausteine auf dem Weg dahin. Bei dem Versuch, sie zu erkennen, bleibt aber letztlich nichts anderes übrig, als etwas Greifbares zu finden und dann anhand dessen die Theorie weiterzuentwickeln. Je mehr illustrative und in diesem Fall programmatisch realisierbare Beispiele zum Studium der theoretischen Substanz, die eben nicht gänzlich bekannt ist, zur Verfügung stehen, desto eher könnte sich ein Weg eröffnen, der aufzeigt, wie eine allgemeine, vollständige Theorie aussehen könnte. Und nun möge ein noch detaillierterer Blick auf den nunmehr inzwischen sehr alten Teil der Theorie geworfen werden, auf dem aber trotz allem noch immer die wesentliche Substanz des Buches beruht.

Die Umwelt, die ein intelligenz-simulierendes System wahrnimmt, soll gemäß den Grundsätzen dieser Theorie im Speicher derart abgelegt werden, dass dort Situationen, welche in der Regel aus einzelnen Objekten bestehen, gespeichert sind. Diese Situationen werden in einem gesonderten Speicher aufgenommen, der die PDs aufnimmt, um Folgesituationen zu vermerken. Das Beispielprogramm des folgenden Kapitels funktioniert genau so und wird dort detailliert beschrieben. Der Grundgedanke dahinter ist, dass das System als solches keine andere Möglichkeit hat, als aus der Menge der Gesamteindrücke auf die Natur seiner Umgebung, also sozusagen auf die Gestalt der Welt zu schließen. Wenn es überhaupt davon ausgehen möchte, dass eine Folge von mehreren Situationen sinnvoll ist, derart, dass die jeweiligen Folgesituationen in dieser Sequenz in einem logischen Sinne aus den vorangegangenen Ausgangssituationen darin hervorgehen, so ist es für das System sinnvoll, die Abfolge der beobachteten Situationen zu vermerken. Es hat aber zunächst prinzipiell oft keine Möglichkeit, insbesondere wenn es erstmals mit neuen Situationen konfrontiert ist, zu entscheiden, ob die Folgesituationen tatsächlich kausal notwendigerweise so erscheinen mussten, oder ob sich die Aufeinanderfolge der Ereignisse ohne irgendeinen Grund so ereignet hat. Ein intelligenz-simulierendes System kann, wenn es mit einer Abfolge neuer Situationen konfrontiert ist, sozusagen nach Belieben „verarscht" werden, wodurch andere Subjekte, die dessen Handeln beobachten, mitunter zum Schluss kommen könnten, dass das System überhaupt nicht „intelligent" ist. Denn es erscheint außerstande, derart denkend zu sein, wie das Subjekt, welches das intelligenz-simulierende System beobachtet und mit einem reichhaltigeren Erfahrungsschatz ausgetattet ist. Derjenige, der mit dem System kommuniziert, fühlt sich mitunter zu Beginn überheblich und kanzelt das System womöglich sofort als unfähig ab. Dieses typische Verhalten der Akteure, die mit einem solchen simulativen System interagieren, wird auch noch explizit deutlicher anhand des Beispielprogramms im kommenden Kapitel. Bei dieser Bemerkung handelt es sich aber auch, und man möge es an dieser Stelle beachten, um eine rein der Theorie entsprechende Beobachtung, die keinesfalls falsch eingeordnet werden darf. Solche Systeme möchten zum Beispiel Spiele zu verstehen versuchen und sie programmatisch umsetzen. Oft wird aber ein Nutzer, der mit dem System interagiert, hingehen und ein Spiel vorspielen, ohne sich an die Regeln zu halten. Dann hat das System je nachdem, wie sehr derjenige, der das Spiel vorspielt, die Regeln in seiner selbstgefälligen Art bei der Interaktion mit dem System missachtet, mehr oder weniger kaum noch eine Chance, die eigentlichen Regeln zu erkennen. Dennoch muss das simulative System damit umgehen können, seine eigenen Beobachtungen richtig einordnen und versuchen, die ihm kommunizierte Substanz zu erfassen. Es sollte als simulatives System dementsprechend nach und nach genau so vorgehen, wie es die Vorbilder vormachen und ebenfalls regelmissachtend und überheblich seine eigenen Erkenntnisse an die Umwelt weitergeben.

Beim ‚3-Steine-Gewinnen-Spiel'zum Beispiel ist es so, dass das System zunächst nichts über das Spiel weiß. Es besitzt keinerlei Repräsentationen dessen. Wird das Spiel aber vorgespielt und derjenige, welcher Beispiele einspielt, klickt ab und zu einen

Button bereits an, der signalisiert, dass das Spiel für ihn gewonnen ist, so wird es viel schwieriger für das simulative System, die eigentliche Regel des Spiels zu erkennen, welche ja hauptsächlich darin besteht, dass drei gleiche Steine in einer Reihe sein sollen. Im Extremfall, wenn die vorgespielten Eingaben gar nichts mehr mit dieser Regel zu tun haben, ist es im Rahmen dieser repräsentativen Theorie eigentlich fast unmöglich, die Spielregel überhaupt zu erraten. Nur „fast" deshalb, weil das System viele ähnliche Spiele vielleicht bereits kennt und dem Versuch, hereingelegt zu werden, aufgrund der vorhandenen Repräsentationen auf die Schliche kommen könnte. Das ist sogar sehr wahrscheinlich, wenn die Menge repräsentierter, gesicherter Informationen zunimmt. Gleichzeitig ist es aber natürlich sogar auch so, dass selbst echte Informationen, die ein Geschehen in der Welt wirklich korrekt wiedergeben, in dem Versuch, solche Fakes zu erkennen, verworfen werden. Für ein intelligenz-simulierendes System bedeutet die Deutung dessen, was es einzuordnen und damit zu verstehen, also zu repräsentieren versucht, allein in diesem Sinne schon mal eine Gratwanderung.

Abgesehen davon: Die Umwelt soll also mit Situationen, welche statische Aspekte wiederspiegeln, sowie PDs, welche dynamische Aspekte erfassen, repräsentiert werden. Das sei der Ausgangspunkt und vor dort aus gilt es, eine konkretere Vorstellung zu entwickeln und zugleich ein Bild einer möglichen Entscheidungsfindung zu malen.

Aber zurück zur allgemeineren Illustration der Vorgehensweise als solche. Es soll jetzt folgende Szene beobachtet werden: Vor einer geschlossenen Schranke stehe ein Auto mit abgeschaltetem Motor auf einer Straße. Jenseits der Schranke und der Gleise befinde sich ein Waldstück. Eine Gruppe Kinder spiele auf dem Gehweg ein Stück weit vor der Schranke. Dann geschehe es, dass der Zug durchfährt.

Kurze Zeit später wird der Zug durchgefahren sein und eine

dann folgende Szene zeigt die sich öffnende Schranke und den Autofahrer, der noch nicht losgefahren sein möge.

Es sind also in der Ausgangssituation enthalten:

- ein Auto - eine geschlossene Schranke - eine Straße - Schienen - ein fahrender Zug - ein Waldstück - der Gehweg - spielende Kinder

Und in der Endsituation:

- ein Auto - eine offene Schranke - eine Straße - Schienen - ein Waldstück - der Gehweg - spielende Kinder

Bei der Abspeicherung des propagations-darstellenden Elements ist es offensichtlich sinnvoll, gleich bleibende Objekte in der Ausgangs- und Folgesituation zu finden und die Situationen hierarchisch abzulegen. Alle Bestandteile, die unverändert bleiben, sind Hintergrundinformation und nur, was sich ändert, stellt die Kerninformation für das PD dar. Also wird beispielsweise zunächst

Objekt Nr. 1332:
- ein Auto
- eine Straße
- Schienen
- ein Waldstück
- der Gehweg

- spielende Kinder

neu vermerkt, sowie weitere, dazugehörige Objekte, sofern sie nicht schon existieren:

Objekt 1333: - eine geschlossene Schranke

Objekt 1334: - ein fahrender Zug

Objekt 1335: - eine offene Schranke

Und das PD beinhaltet:

1332, 1333, 1334 − > 1332, 1335

Damit ist die Abfolge der Situationen zumindest zur Kenntnis genommen.

Es ist interessant zu bemerken, dass Objekte, die beobachtet werden, oft Eigenschaften aufweisen, die im Rahmen der Mustererkennung, auf welche Art auch immer, die Umwelt an das

System koppeln, damit es seine Eindrücke überhaupt verwerten kann und diese dem System dann zur Verfügung stehen. Hierbei handelt es sich vor allem oft z. B. um eine Farbe, Größe (groß oder klein), Vielzahligkeit (eins oder mehrere z. B.) und damit aufgrund der vorgeschalteten fest verdrahteten Mustererkennung um Eigenschaften, die am besten dem jeweiligen Objekt in der Situation zugeordnet und nicht als gesonderte Objekte erfasst werden sollten, da dann kaum noch zu erkennen wäre, wozu die Eigenschaften gehören. Außerdem sollte das System alle Informationen, die es insgesamt erhält, in einer Art abspeichern, die eine spätere detailgetreue Nachbildung zumindest überhaupt zulassen. Detailgetreue steht dabei zwar prinzipiell dem Grundsatz der Verallgemeinerungsfähigkeit anscheinend entgegen, doch die Repräsentationsfähigkeit wird verbessert, je mehr Details vermerkt sind. Außerdem kann natürlich auch im Nachhinein noch aus einer detailliert abgelegten Situation eine abstraktere Variante generiert werden.

Die erkannten Eigenschaften sollten aufgrund der Tatsache, dass sie offenbar einem Objekt zugehörig sind, in einer Notation wie oben z. B. in Klammern hinter den Objekten in den Situationen vermerkt werden. Und zwar ganz genau in dem Ausmaß, wie die vorgeschaltete Mustererkennung diese Zuordnung sicher erlaubt. Auch das klingt schwammig, aber es wird im Zuge der Beschreibung konkreter Umsetzungen simulativer Systeme erkenntlicher, wie die Erfassung von statten gehen und auch mathematisch erfasst und verarbeitet werden kann.

Nachdem das System sehr viele aufeinandergefolgte Situationen zur Kenntnis genommen hat, entsteht ein Netzwerk, welches hierarchisch aus Objekten aufgebaute Situationen enthält, sowie eine Vielzahl von PDs. Anhand dieses Netzwerks muss das System dann in der Lage sein, wenn es mit einer neuen Situation konfrontiert ist, die logisch sinnvollste Folgesituation zu extrahieren. Die Situationen und die PDs stellen in ihrer Gesamtheit den Algorithmus dar, nach dem das System arbeitet, denn etwas anderes kennt es nicht.

Sollte eine später angetroffene Situation vollständig mit einer bekannten Ausgangslage übereinstimmen, ist die Entscheidung für das System einfach: Die Folgehandlung muss genau der im PD vermerkten Folgesituation entsprechen. Sind sogar mehrere davon vorhanden, darf der Zufall entscheiden. Gibt es aber, wie es der Regelfall sein wird, keine identische Ausgangssituation, die bereits vermerkt ist, geht das System nach einem Schema vor, um anhand der vermerkten Beobachtungen die logisch richtige Folgesituation zu finden.

Dieses Schema beinhaltet gemäß der Theorie drei Schritte. Die beobachtete Situation muss zunächst anhand all dessen, was bereits im Speicher vermerkt ist, eingeordnet werden. Wenn sie nicht vorhanden ist, muss das System abstrahieren und anhand einer abstrakteren Version derselben Situation versuchen, eine solche zu finden, die der beobachteten entspricht. Sofern abstraktere PDs gespeichert sind, ähnlich wie oben schon angedeutet (ein Beispiel folgt noch), findet es dann letztlich eines, welches der abstrahierten Situation sogar wieder genau entspricht. Dann wirft es einen Blick auf dessen Folgesituation, welche ebenfalls abstrakt abgelegt sein dürfte. Und setzt in die Folgesituation alles ein, was aus der Ausgangssituation bekannt ist. Die drei Schritte, nach denen es dabei vorgeht, sind Abstraktion, Propagation und Konkretisierung.

Der Vorgang möge anhand eines Beispiels erläutert werden. Angenommen, dem System ist eine Aussage bekannt, die laute: „Was passiert, wenn man ein Stück Kreide ins Wasser wirft?". Und es kenne eine Folgesituation: „Es wird nass". Irgendwann einmal könnte es mit der Herausforderung konfrontiert werden, auf die Frage „Was passiert, wenn man ein Tuch ins Wasser wirft?", sinnvoll zu reagieren. Dann kennt es die erste Situation und deren Folge. Es gibt nur einen Unterschied, denn statt der Kreide taucht ein Tuch auf. Die Idee ist, dass die aktuell präsente Aussage, auf die eine logisch sinnvolle Folgesituation gefunden werden soll, zunächst abstrahiert und dann mit den schon vorhandenen Situationen verglichen wird.

Da die erste Szene unter allen gespeicherten Situationen mit hoher Wahrscheinlichkeit der aktuellen Beobachtung am ähnlichsten sein wird, wird sie dem Abstraktionsprozess zugrunde gelegt. Das System kennt die Folgesituation in dem bereits gespeicherten Fall und geht davon aus, dass sich die Dinge so weiter entwickeln werden wie gehabt. Aber weil es einen Unterschied gibt, denn statt der Kreide erscheint jetzt ein Tuch, muss es nach der Weiterentwicklung der Ausgangssituation in dieser eben dieses Element durch das Tuch ersetzen: Es muss die abstrakt gefundene Folgesituation anhand der aktuellen Beobachtung konkretisieren. Übrigens kann man auch bei den modernen Matrixsystemen, die Gegenstand der folgenden Kapitel sind, das Vorgehen noch immer wiederfinden, wenn man etwas Fantasie aufbringt. Dieses ist gewissermaßen allgemein genug angelegt, um sich stets wieder zu manifestieren, wenn es darum geht, Situationen einzuordnen und eine sinnvolle Folgesituation zu generieren. Auch Matrixsysteme ordnen ihre Eingabe zunächst so gut sie diese repräsentieren können ein und nutzen dann die Matrizen, um eine Folgesituation zu finden. Und in dieser finden sich die konkreten Elemente der Ausgangssituation wieder. Das bedeutet es, wenn zur Auffindung einer logisch sinnvollen Reaktion prinzipiell die Abfolge von Abstraktion, Fortentwicklung und Konkretisierung zugrunde gelegt wird.

Ein letztes Element der alten Theorie besteht darin, den Elementen, die entstehen, wenn das System seine Umwelt analysiert, entsprechende Bestandteile der natürlichen Sprache zuzuordnen. Dies ist vollkommen naheliegend, insbesondere weil diese Systeme von vornherein stets so konzipiert worden sind, dass sie versuchen, den PDs Verben zuzuordnen. Denn diese sprachlichen Elemente beschreiben eine Fortentwicklung in der Zeit. Alle verbleibenden Objekte in den Situationen könnten insbesondere Substantive oder Eigenschaftswörter sein, sofern sie nicht zu oft auftauchen. Bei den sehr häufig erscheinenden Wörtern handelt es sich gemäß dieser Theorie mit hoher Wahrscheinlichkeit um für die Einordnung und Sinnfindung seitens der sequenziellen Systeme zunächst vernachlässigbare „kleine Wörter", insbesondere um Artikel oder Konjunktionen. Selbstverständlich kann die Aussage mehrdeutig werden oder es kann sich der Sinn eines Satzes auch komplett ändern, wenn man sie vollständig vernachlässigt. Trotzdem ist dies im Zuge der Abstraktion zumindest in einem gewissen Maße hilfreich bzw. erforderlich.

Als Ansatz zur Vereinfachung, wenn es darum geht, überhaupt eine sinnvolle Folge zu finden, ist es durchaus eine gute Idee, sie sogar komplett wegzulassen. In vielen Fällen wird das System erstaunlich erfolgreich sein, weil sich der Sinn eben doch nicht komplett ändert, nur weil Artikel und dergleichen fehlen. Dann ergibt die aufgefundene Reaktion aufgrund der gespeicherten Informationen erkennbar Sinn, auch ohne dass das System alles im Detail verstanden hat. Ein Verständnis dessen, worüber in seiner Umwelt gesprochen wird, kann ohnehin von einem reinen Folgenetzwerk nicht erwartet werden. Um die Sinnfindung zu verbessern und Teile der zu analysierenden Aussagen nicht komplett zu unterschlagen, könnte man sämtliche Begriffe auch mit der inversen Häufigkeit ihres Auftauchens gewichten, so dass seltenen Wörtern, welche eher sinnprägend sein sollten, beim Vergleichen der Situationen auf Ähnlichkeit ein größeres Gewicht beigemessen wird.

Die Idee in diesem sprachlichen Zusammenhang, den PDs Verben zuzuordnen und den übrigen Bestandteilen von Situationen im wesentlichen Substantive und Adjektive, impliziert im Zusammenhang mit den Matrixsystemen, dass ihnen eine kommunikative Schnittstelle in Form eines rein sequenziellen Netzes zur Verfügung gestellt werden kann. Dadurch wird es in die Lage versetzt, ein Stück weit anhand vorhandener sprachlicher Elemente seine Erkenntnisse auch verbal zu kommunizieren. Bei solchen Überlegungen darf nicht vergessen werden, dass auch das natürliche Vorbild nicht immer perfekt und präzise seine Vorstellungen zum Ausdruck bringt.

Stellt man sich in diesem Zusammenhang das Schachspiel vor, bei dem eine Matrix des Systems bewirkt, dass eine Figur von einem Springer geschlagen wird, wobei dieser Matrix eine entsprechende wörtliche Bezeichnung des Vorgangs, nämlich das Wort „schlagen", zugeordnet ist, lässt sich ein diesen Vorgang beschreibender Satz aus dem Vorrat der sprachlichen Sequenzen extrahieren. Um ihn zu finden, müssten die Wörter „schlagen" und „Springer" vorkommen. Gibt es einen passenden Satz im sequenziellen System, weil er irgendwann schon mal in einer Konversation aufgetaucht ist, kann er ausgegeben werden. Natürlich kann das schiefgehen. Und es müsste genau genommen mit Bedacht vorgegangen werden bei der Entwicklung des Systems, denn zum Beispiel ist ja die Aussage „Der Springer schlägt den Turm" vom Sinn her verschieden von „Der Springer wird geschlagen". Wird das System in die Lage versetzt, mehr als nur einen winzigen Teilausschnitt in die Betrachtung einzubeziehen, kann aber schon ein Ansatz zur treffenderen Zuordnung der Aussagen zumindest im Beispielfall solcher Spiele konstruiert werden. Denn bekommt das System die entscheidende Information, in welchem Kontext die einzelne Aussage zum Spielzug gefunden werden soll, ist es viel besser in der Lage, aus der Menge verschiedener Möglichkeiten die richtige Aussage zu finden.

Das folgende Kapitel zeigt anhand eines beispielhaften Folgenetzes eine einfache Realisationsmöglichkeit der beschriebenen, allgemeineren Grundgedanken explizit auf. Es weist Kerneigenschaften dieser älteren und sehr qualitativen Theorie auf. Mit dem Programm endet die Darstellung der sequenziellen Netze im Rahmen dieses Buches. Es sei abschließend noch angemerkt, dass Matrix-Systeme die Aufgaben der Folgenetze prinzipiell auch übernehmen können und dass in diesem Zusammenhang vermutet werden darf, dass dies die zuletzt beschriebene Vernetzung von Sinn-repräsentierenden mit rein sequenziellen Komponenten erleichtert.

Explizite Darstellung eines Folgenetzwerks

Der Größte aller Philosophen blieb zeit seines Lebens stumm, bis ganz zuletzt er sagte: „Ich glaube, meine Zeit ist um."

In diesem Abschnitt wird ein einfaches sequenzielles Netz besprochen. Es soll in der Lage sein,

- auf Fragen überhaupt zu antworten

- auf Befehle zu reagieren und

- eine einfache Unterhaltung führen zu können.

Dabei soll es seinen Konversationsumfang anhand der Nutzereingaben erweitern können und damit Eigenschaften der im vorigen Abschnitt besprochenen Systeme anhand eines modellartigen sequenziellen Netzes explizit realisieren. Das hier beschriebene System steht zum Ausprobieren und Experimentieren auf der Webseite in einer aus Praktikabilitätsgründen geringfügig angepassten Version zur Verfügung.

Es wird aufgebaut aus Speicherbereichen, die jeweils Arrays sind, in welchen die Situationen, einige zusammengehörige Objekte und die Propagationsdarstellungen untergebracht sind. In seiner Handlung folgt es einem allgemeinen Ablaufschema, das immer gleich ist. Dennoch variiert sich sein Reaktionsverhalten im Laufe der Zeit, und die Art und Weise, wie diese Reaktionen ermittelt werden, stellt den Algorithmus dar, nach dem das System seine Antworten generiert, welcher sich durch die Eingaben im Laufe der Zeit ändert. In diesem Sinne ist der Algorithmus, nach dem dieses System arbeitet, aus den Eingaben gewonnen und ist mit deren Abfolge so identisch, wie das im Rahmen dieser technischen Umsetzung des Programms gelingt. Das sequenzielle Netz stellt also eine erste Realisation des allgemeineren Prinzips dar. Genau genommen handelt es sich bei diesem Algorithmus, der durch die Eingaben bestimmt wird, sozusagen um einen Makroalgorithmus, der ein zugrundeliegendes, immer gleiches, einfaches Ablaufschema eines unveränderlichen Mikroalgorithmus voraussetzt. Wenn man so möchte, laufen natürlich noch viele weitere und elementarere Prozesse auf einem Rechner ab, bis hin zur Ebene der Befehlsverarbeitung durch die zentralen Prozessoren.

Speicheraufbau

Auf der einen Seite werden statische Situationen gespeichert, die die einzelnen Elemente der Konversation aufnehmen. Jede Situation soll aus nur genau einem Satz bestehen, wobei im Speicher für diese Textstrings ein Platzhalter enthalten sein darf. Auf der anderen Seite wird die Dynamik im Speicher abgebildet, indem die Abfolge dieser statischen Situationen ebenfalls abgelegt wird:

– Es wird also zunächst ein Array aus Zeichenketten benötigt, dessen Elemente vollständige Sätze möglicher Konversationen sind. Diese Zeichenketten können Platzhalter beinhalten, die im Beispielprogramm mit [Nr.] markiert sind. Die Nr. in den eckigen Klammern gibt darin die Nummer eines separat abgelegten Objektes an, in dem alle Wörter vermerkt sind, die in dem jeweiligen Platzhalter vorkommen können.

– Ein zweites Array nimmt die möglichen Einträge für die Platzhalterobjekte auf.

– Ein drittes Array speichert die PDs und damit die Folge der Situationen in der Konversation. Es beinhaltet für jedes PD vier Komponenten. Darin wird zunächst die Nummer der Ausgangssituation und der Folgesituation abgelegt. Als Zusatzinformation wird in diesem Beispiel die Nr. der Vorgängersituation zur Ausgangssituation und eine Reaktionsrelevanz für das PD gespeichert. Jedes PD speichert also genau eine Folgesituation pro Ausgangssituation. Können auf zwei gleiche, aufeinandergefolgte Ausgangssituationen verschiedene Folgesätze folgen, so werden dafür zwei PD-Einträge angelegt.

Hinweis zu den Platzhaltern

Die Platzhalterobjekte sind im Beispielnetz fest angelegt und sollen sinnvolle Reaktionen auf einige Fragen ermöglichen. Dazu gehört beispielsweise die Frage „Was ist ein Baum?" mit der dazugehörigen Antwort „Ein Baum ist eine Pflanze". Wird der Baum durch einen Platzhalter ersetzt, kann mit dem gleichen PD die Ausgangsfrage „Was ist ein [Platzhalter]?"die Frage allgemein mit „Ein [Platzhalter] ist eine Pflanze „beantwortet werden, wobei die möglichen Einträge für den Platzhalter im Objektarray abgelegt sind. Das Verfahren ist auf der Webseite zu experimentellen Zwecken umgesetzt.

Funktionsweise

Jedes Mal, wenn der Nutzer eine Eingabe getätigt hat, geht das System in zwei Schritten vor, um sie zu verarbeiten und eine Reaktion zu finden. Zuerst ermittelt es eine passende Aussage, die es ausgeben kann. Dann nimmt es den letzten Satz des Nutzers in seinen Speicher auf. Dem zweiten Schritt liegt die Annahme zugrunde, dass die Nutzereingabe als logisch sinnvolle Reaktion auf die letzte Ausgabe seitens des Systems aufgefasst werden darf. Das ist natürlich nur bedingt richtig und deshalb sind einige PDs mit einer höheren Reaktionsrelevanz ausgestattet. Erst nach häufigerer Wiederholung neu aufgenommener Situationsabfolgen erhöht sich deren Relevanz und sie sollten auf diese demzufolge nach und nach genau so stark bei der Ermittlung der Reaktion gewichtet werden wie die ursprünglich bereits fest eingetragenen PDs. Tatsächlich ist die Reaktionsrelevanz natürlich insbesondere auch vorgesehen, um eine gewisse Stabilität beim Reaktionsverhalten in Anbetracht zusammenhangloser Nutzereingaben gewährleisten zu können.

Die Folgesituation auffinden

Nachdem der Nutzer einen Satz eingegeben oder eingesprochen hat und dieser erkannt worden ist, versucht das System die bestmögliche Reaktion herauszufiltern. Dazu vergleicht es die letzte Eingabe des Nutzers mit sämtlichen, vorhandenen Situationen. Diejenigen, die am ähnlichsten sind, kommen infrage, um die Folgesituation zu ermitteln. Denn jeder bereits vermerkten Situation ist in einem PD schon eine Folgesituation zugeordnet und diese sollte als logisch sinnvolle Reaktion geeignet sein. Denn als die PDs angelegt worden sind, ist das System davon ausgegangen, dass die Nutzereingaben logisch sinnvolle Reaktionen auf die eigene, letzte Ausgabe sind.

Weil es sprachlich nicht einfach ist, die Genauigkeit der Übereinstimmung von Eingaben mit bereits vorhandenen Sätzen im Speicher für die Situationen zu ermitteln, muss eine Maßzahl ermittelt werden, welche um so näher am Optimum ist, je genauer die Eingabe mit einer bereits vorhandenen Situation übereinstimmt.

Dazu reduziert das Beispiel-System zwei eingegebene Sätze, denn sie sollen möglichst gut vergleichbar sein. Deshalb gibt es eine Funktion, die jeweils zwei Sätze miteinander auf Übereinstimmung prüft und damit eine Maßzahl für die Ähnlichkeit von jeweils zwei Situationen ermitteln kann. Sie überprüft die Übereinstimmung des zuletzt eingegebenen Satzes seitens des Nutzers mit allen bereits gespeicherten Sätzen und ermittelt die entsprechende Maßzahl. Es stellt sich also die Frage, wie im Rahmen des Beispielsystems ein solches Maß ermittelt werden könnte.

Wichtig ist zu bemerken, dass Sätze, die einen ähnlichen Sinn haben, gleiche Wörter beinhalten können. Umgekehrt sind Sätze, die gleiche Wörter beinhalten, oft auch sinngemäß gleich. Deshalb ist die Umsetzung dieser Gedanken in diesem Beispiel derart gestaltet, dass ein Maß für die Übereinstimmung berechnet wird, das ein Produkt aus zwei Bruchteilen darstellt.

Der erste Faktor für die Maßzahl möge als σ_1 benannt sein und soll den Anteil der Wörter des ersten Satzes für den Vergleich angeben, die auch im zweiten Vergleichssatz vorkommen. Hat also beispielsweise der erste Satz 5 Wörter und vier davon kommen auch im zweiten Satz vor, ist $\sigma_1 = 4/5$.

Der zweite Faktor, der Logik entsprechend σ_2, bezeichnet den Anteil der Wörter des zweiten Satzes, die auch im Ersten vorkommen.

Die Maßzahl d ergibt sich durch das Produkt $\sigma_1 \cdot \sigma_2$.

Jedoch handelt es sich um natürliche Sprache und diese besitzt einige Variationen in einzelnen Wörtern, die zwar den Sinn etwas oder sogar komplett modifizieren können. Aber das Ziel des sequenziellen Systems ist es, die nächst mögliche Situation aufzufinden und deshalb werden die Wörter im Beispiel reduziert.

Diese Reduktion erfolgt für verschiedene Wortarten jeweils in geeigneter Art. An dieser Stelle wird also im Beispiel eine Menge zusätzlicher, äußerer Informationen verwendet, weil das System keine Ahnung von der jeweiligen Sprache hat, aber trotzdem über eine Verallgemeinerungsmöglichkeit zweier Sätze verfügen können soll. Mächtigere Systeme brauchen diese Reduktionsmöglichkeit nicht. Aber sie ist zur Veranschaulichung sehr hilfreich.

Insgesamt werden die Sätze modifiziert, indem

- Verben nach Möglichkeit in den Infinitiv,

- Substantive wenn möglich ins Singular konvertiert,

- und bei potenziellen Adjektiven zumindest die Steigerungsformen entfernt werden.

Darüber hinaus ist es sinnvoll, für den Vergleich Umlaute schlichtweg zu ignorieren und z. B. „ä" gegen „a" zu ersetzen, sowie „ie" und „ei„zu Testzwecken zunächst gleichzusetzen.

Damit kommt zwar eine Übereinstimmung zwischen „Häuser"und „Hauser" zustande, was nach Entfernen der typischen Endsilbe „er "bei groß geschriebenen Wörtern sogar noch in einer Übereinstimmung von „Häuser" mit "Haus"mündet. Aber das ist für die Vergleichszwecke durchaus erwünscht. Gleichzeitig ist auch ein Wort wie „getrieben" nach Entfernen der Vorsilbe „ge-" und der Nachsilbe „-en" identisch mit „treiben", wenn man die Nachsilbe „-en" in beiden Fällen anschließend wieder anhängt.

Genau so ist das Programm zunächst beschaffen und dementsprechend wird bei Verben - also zunächst sogar probeweise sämtlichen kleingeschriebenen Wörtern - verfahren, denn das System hat keine Ahnung, welche Vokabel wirklich ein Verb ist, die Silbe „ge", sofern sie zusammen mit dem Abschlussbuchstaben „t" auftritt, schlichtweg entfernt. Bei allen vermuteten Komposita von Verben, also Wörtern wie

- ausgesperrt

- eingesperrt

- abgesperrt

werden diese Bestandteile ebenfalls zum Vergleich entfernt. Anschließend wird immer die Nachsilbe „en"angehängt.

Von allen großgeschriebenen Wörtern wird vermutet, dass sie Substantive sind. Entsprechend werden Silben wie „-e"bei den Beispielen „Steine", „Bäume"oder „Stöcke"entfernt, ebenso wie die Nachsilbe „-er",

Sollten klein geschriebene Wörter auf „-ste", „-ster"oder „-stes"enden, wird das ebenfalls abgeschnitten. Auch der Komparativ wird zumindest in den Fällen entfernt, falls solche Wörter auf „-e", „-er"oder „-es"enden.

Darüber hinaus werden die ‚kleinen Wörter‘ schlichtweg gestrichen und damit sämtliche Artikel sowie einige, häufige Konjunktionen wie „und", „oder", „aber".

Erst danach werden die zwei Sätze jeweils verglichen und bei der Ermittlung des Produktes der zwei σ-Werte muss natürlich zum Vergleich noch jeweils die Reaktionsrelevanz für das betreffende, zu untersuchende PD berücksichtigt werden.

Sie kann als multiplikativer Faktor mit in die Maßzahl für die Übereinstimmung der Situationen aufgenommen werden. So ist es auch im Beispiel realisiert.

Während das System die letzte Eingabe mit allen vorhandenen Situationen vergleicht, entsteht eine Liste der best überein-

stimmenden Situationen. Im Beispiel vermerkt es die 5 optimalen Treffer für die unmittelbare Vorgängersituation und kennt
noch vom letzten Vergleich die 5 optimalen Treffer. Dann untersucht es unter den Treffern, ob dort eine Möglichkeit besteht,
zwei PDs zu finden, die schon einmal aufeinander gefolgt sind.
Und in diesem Fall ist die Ausgabe diejenige des zweiten PDs.
Man könnte auch unter allen Treffern für die aktuelle Situation
untersuchen, ob es ein PD gibt, so dass dessen Folgesituation
der aktuellen Ausgangssituation entspricht und dann als Ausgabe diejenige Situation wählen, die auf dessen folgendes PD
folgt.

Natürlich müssen Platzhalter jeweils eingesetzt werden. Das
gesamte Vorgehen erklärt das Prinzip der Folge von Abstraktion,
Propagation und Konkretisierung anhand eines Beispiels.

Den Speicher aktualisieren und den Folge-satz ausgeben

Nachdem die Folgesituation gefunden ist, muss zunächst der
Speicher aktualisiert werden. Weil die Nummer der vorausge-
gangenen Situation bekannt ist, fällt das nicht schwer: Es muss
jedenfalls, sofern das PD noch nicht komplett unter Berücksichtigung der Platzhalter vorhanden ist, ein neues PD angelegt werden. Die Situation wird also in diesem Fall als neuer Satz abgespeichert und die Folge wird als neues PD vermerkt. Zuletzt
wird der ermittelte Satz als Reaktion ausgegeben.

Marlies

Auf der begleitenden Webseite findet sich neben der Anzeige für
die Situationen und die PD's zur Orientierung unten links der
Eintrag der Maßzahl für die Kongruenz, welche die bestmögliche

Übereinstimmung der Eingabe mit einer der vorhandenen Situationen bemisst. Außerdem sind alle Nummern der Situationen mit dieser bestmöglichen Maßzahl für die Kongurenz angegeben sowie die Nummer derjenigen Situation, die Marlies für ihre letzte Antwort ausgewählt hat.

Fragt man sie zum Beispiel nach ihrem Namen, gibt also „Wie heißt du?" ein (mit oder ohne Fragezeichen), wird sie antworten: „Ich bin die Marlies!". Die Ausgangssituation stimmt genau mit der Frage überein und deshalb ist die Maßzahl genau gleich Eins. In solchen Fällen ist ihre Antwort oft recht brauchbar, obwohl sie nur ein sequenzielles Netz ist. Wird jedoch auf sie in eine Art eingeredet, mit der sie nichts anfangen kann, so ist die angezeigte Maßzahl zumeist deutlich geringer und ihre Reaktion fällt dann eher unbeholfen aus oder sie stellt eine Gegenfrage.

Aber sie nimmt alle neuen Informationen auf und reagiert später in der Art, wie sie es vom Nutzer kennt. Alle solchen Informationen, die Marlies kennt, sind in den Tabellen auf der Webseite abgedruckt. Dadurch kann nachvollzogen werden, wie genau Marlies zu ihrer jeweiligen Reaktion kommt.

Ein empirisches Resultat

Abschließend soll noch ein empirisches Resultat erwähnt werden: Obwohl das Vorgehen, jede Eingabe des Nutzers als logisch sinnvolle Folge auf die letzte Ausgabe des Systems zu betrachten und entsprechend zu vermerken, auf den ersten Blick vollkommen einleuchtend erscheinen mag, gerät beim Experimentieren mit den sequenziellen Netzen zumindest ein Aspekt nach kurzer Weile schnell ins Rampenlicht: Reale Dialoge verlaufen häufig nicht dergestalt. Vielmehr hält einer der Gesprächspartner eine Art Monolog, während der andere lediglich bedeutungslose Floskeln einwirft, wie z. B. „O. K.", „kann sein", „schon möglich",

„verstehe ich", „rede weiter" und so fort. Sie brauchen nicht einmal so formuliert sein, dass der redende Akteur sich dadurch ermutigt fühlen müsste, weiter zu sprechen; tatsächlich können sie sogar ohne Weiteres auch abweisenden Charakter haben und werden trotzdem reaktionslos akzeptiert: „Das kann nicht sein", „das glaub ich jetzt nicht", „wie meinst du das". All diesen Einwendungen ist gemein, dass der Dialog in solchen Fällen in einen Monolog und eine Folge von unbedeutenden Zwischenbemerkungen zerfällt. Beim Experimentieren mit einem solchen Netz ist man sogar selbst trotz des Wissens um diesen Umstand schnell geneigt, genau so zu verfahren, also einen Monolog aus Einzelsätzen zu halten und alle Ausgaben des Systems komplett zu ignorieren. Dementsprechend muss das System dann die sinnfreien Zwischenfloskeln seinerseits eigentlich auch behandeln. Einige typische Aussprüche dieser Kategorie sind im Beispielsystem entsprechend gekennzeichnet und es wird derart verfahren, dass die Folgeeingabe auf die sinnfreie Ausgabefloskel sowohl an diese, als auch an deren Vorgänger angehängt wird. Diese Vorgehensweise ermöglicht es, die zentrale Qualität der Konversation, eigentlich ein Monolog eines Gesprächspartners zu sein, der lediglich von vernachlässigbaren Reaktionen des Partners begleitet wird, in der Aufeinanderfolge der Situationen entsprechend zu berücksichtigen.

Eigentlich dürfte die Menge solcher typischen Zwischenbemerkungen natürlich nicht wie im Beispiel fest vorgegeben sein und genau genommen kann man die hier umgesetzte Art der Verkettung auch als Repräsentationsfehler verstehen. Denn ein repräsentatives System sollte die Art, wie es seine Situationen verkettet, aus den Beobachtungen selbst gewinnen und derart herstellen, dass eine Maßzahl wie der Repräsentationsgrad dabei maximiert wird. Aber zum Zweck der einfacheren Umsetzung und Veranschaulichung des Prozederes ist das Vorgehen doch offenbar recht sinnvoll. Die fest vorab als solche gekennzeichneten Zwischenbemerkungen werden im Beispiel auf der Webseite nicht dynamisch erweitert, sondern sind nur beispielhaft fest vorgegeben.

Hiermit endet an dieser Stelle die Exposition der sequenziellen Netze und die Darstellung wendet sich den Matrixsystemen zu. Das folgende Kapitel erklärt zunächst mathematische Grundlagen der Matrixtheorie.

Matrizen in der Welt

Ein Beispiel aus der Naturwissenschaft

Das erste Beispiel befasst sich mit der Addition von Geschwindigkeiten. Dazu werden zwei Raumschiffe betrachtet, die an einer Station vorbeifliegen. Die abgebildete Grafik illustriert den Vorgang. Von einem Betrachter auf der Station fliegt das erste Raumschiff mit $\frac{3}{4}$ der Lichtgeschwindigkeit c nach rechts. Der Außerirdische darin beobachtet das zweite Raumschiff und stellt fest, dass es sich mit $\frac{1}{2}c$ von ihm wegbewegt. Beide Raumschiffe fliegen in die gleiche Richtung. Berechnet werden soll, welche Geschwindigkeit der Beobachter auf der Station für das zweite Raumschiff misst.

Die Situation erscheint aus den drei Perspektiven verschieden:

- Von der Station aus gesehen bewegen sich beide Raumschiffe nach rechts.

- Der erste Alien beobachtet, wie sich die Station nach hinten und der andere Alien nach vorne entfernt.

- Der zweite sieht sowohl die Station als das andere Raumschiff nach hinten davon fliegen.

Alle Objekte sollen eine konstante Bewegungsgeschwindigkeit aufweisen, also unbeschleunigt sein. Das ermöglicht es, durch

Wechsel der Perspektive vom stationären Beobachter zum zweiten Alien durch Multiplikation mit einer Lorentz-Matrix die gesuchte Relativgeschwindigkeit zu ermitteln. Diese Transformation wechselt aus einem Bezugssystem in ein anderes, das sich
mit konstanter Geschwindigkeit relativ zum Ersten bewegt.

Für die Objekte reicht es, Ort und Zeit in Vektoren zu erfassen:

$$\vec{x}_0 = \begin{bmatrix} ct_0 \\ 0 \\ 0 \\ 0 \end{bmatrix}, \vec{x}_1 = \begin{bmatrix} ct_1 \\ x_1 \\ 0 \\ 0 \end{bmatrix}, \vec{x}_2 = \begin{bmatrix} ct_2 \\ x_2 \\ 0 \\ 0 \end{bmatrix}$$

Solche Vektoren sind physikalische Objekte, deren Komponenten je nach Bezugssystem verschieden sind. Weil immer ein
und dieselbe physikalische Größe beschrieben wird, ändern sich
die Komponenten beim Wechsel des Bezugssystems nach einer
bestimmten Regel. Es fällt auf, dass solche Vektoren (*sprich
„Vektor" wie „Venus", also mit „w"-Laut*), wie auch alle anderen physikalischen Tensoren, die mitunter auch mehr Kompo-

nenten haben können, in bestimmten Bezugssystemen besonders einfach werden. Bei dem Beispiel ist das für den Vektor des Beobachters auf der Station offensichtlich so, denn dieser hat nur eine zeitliche Komponente. In der Repräsentationstheorie taucht das gleiche Phänomen auch auf, denn manche Repräsentationen können ein und denselben Sachverhalt sehr knapp, einfach und transparent wiedergeben, während andere mit gigantischen Matrizen verbunden und schwer zu durchschauen erscheinen. Wenn möglich, sollte von vornherein eine günstige Repräsentation angestrebt werden.

Der Perspektivwechsel erfolgt durch eine Matrixmultiplikation. Dabei wird das innere Produkt des Spaltenvektors mit jeder Zeile der Matrix gebildet, so dass ein neuer Spaltenvektor als Ergebnis resultiert. Das innere Produkt zweier Vektoren berechnet sich gemäß:

$$\vec{a} \cdot \vec{b} = \sum_{i=1}^{N} a_i \cdot b_i$$

Beispiel für eine Matrixmultiplikation mit drei-komponentigen Größen:

$$\begin{bmatrix} 3 & -2 & 7 \\ 0 & 0 & 1 \\ 2 & 1 & -2 \end{bmatrix} \cdot \begin{bmatrix} 5 \\ 6 \\ 4 \end{bmatrix} = \begin{bmatrix} 3 \cdot 5 - 2 \cdot 6 + 7 \cdot 4 \\ 0 \cdot 5 + 0 \cdot 6 + 0 \cdot 4 \\ 2 \cdot 5 + 1 \cdot 6 - 2 \cdot 4 \end{bmatrix} = \begin{bmatrix} 31 \\ 0 \\ 8 \end{bmatrix}$$

Während in der Repräsentationstheorie der Wechsel der Darstellung ziemlich schnell undurchschaubar erscheint und es dort eher notwendig ist, verschiedene Repräsentationen von Grund auf neu herzustellen bzw. erstellen zu lassen, ist er in der Physik mit diesen Hilfsmitteln jetzt leicht zu bewerkstelligen. Denn es reicht die zweimalige Multiplikation mit der Lorentz-Matrix. Dadurch wird die Perspektive zweimal gewechselt, was dem gesamten Perspektivwechsel entspricht. Die Multiplikation der beiden Matrizen muss dementsprechend selbst einem solchen Perspektivwechsel entsprechen und anhand der Komponenten kann dann die gesamte Relativgeschwindigkeit abgelesen werden. Bei der Multiplikation von zwei Matrizen werden alle inneren Produkte der Zeilen der ersten Matrix mit den Spalten der zweiten Matrix gebildet.

Üblicherweise werden die Abkürzungen $\beta_1 = \frac{v_1}{c}$, $\beta_2 = \frac{v_2}{c}$ und $\gamma_i = \frac{1}{1-\beta_i^2}$ verwendet, mit denen sich ergibt:

$$\vec{x}_{ges} = \begin{bmatrix} \gamma_1 & \gamma_1\beta_1 & 0 & 0 \\ \gamma_1\beta_1 & \gamma_1 & 0 & 0 \\ 0 & 0 & 1 & 0 \\ 0 & 0 & 0 & 1 \end{bmatrix} \begin{bmatrix} \gamma_2 & \gamma_2\beta_2 & 0 & 0 \\ \gamma_2\beta_2 & \gamma_2 & 0 & 0 \\ 0 & 0 & 1 & 0 \\ 0 & 0 & 0 & 1 \end{bmatrix} \begin{bmatrix} ct_0 \\ 0 \\ 0 \\ 0 \end{bmatrix}$$

$$\vec{x}_{ges} = \begin{bmatrix} \gamma_1\gamma_2 + \gamma_1\beta_1\gamma_2\beta_2 & \gamma_1\gamma_2\beta_2 + \gamma_1\gamma_2\beta_1 & 0 & 0 \\ \gamma_1\gamma_2\beta_2 + \gamma_1\gamma_2\beta_1 & \gamma_1\gamma_2 + \gamma_1\beta_1\gamma_2\beta_2 & 0 & 0 \\ 0 & 0 & 1 & 0 \\ 0 & 0 & 0 & 1 \end{bmatrix} \begin{bmatrix} ct_0 \\ 0 \\ 0 \\ 0 \end{bmatrix}$$

$$\vec{x}_{ges} = \begin{bmatrix} \gamma_1\gamma_2 + \gamma_1\gamma_2\beta_1\beta_2 & \gamma_1\gamma_2\beta_2 + \gamma_1\gamma_2\beta_1 & 0 & 0 \\ \gamma_1\gamma_2\beta_1 + \gamma_1\gamma_2\beta_2 & \gamma_1\gamma_2\beta_1\beta_2 + \gamma_1\gamma_2 & 0 & 0 \\ 0 & 0 & 1 & 0 \\ 0 & 0 & 0 & 1 \end{bmatrix} \begin{bmatrix} ct_0 \\ 0 \\ 0 \\ 0 \end{bmatrix}$$

$$\vec{x}_{ges} = \begin{bmatrix} \gamma_1\gamma_2(1 + \beta_1\beta_2) & \gamma_1\gamma_2(\beta_2 + \beta_1) & 0 & 0 \\ \gamma_1\gamma_2(\beta_1 + \beta_2) & \gamma_1\gamma_2(1 + \beta_1\beta_2) & 0 & 0 \\ 0 & 0 & 1 & 0 \\ 0 & 0 & 0 & 1 \end{bmatrix} \begin{bmatrix} ct_0 \\ 0 \\ 0 \\ 0 \end{bmatrix}$$

An dieser Gleichung lassen sich die gesuchten Komponenen der Gesamtmatrix ablesen, denn sie muss ja auch eine Lorentz-Transformation sein:

$$\gamma = \gamma_1 \gamma_2 (1 + \beta_1 \beta_2), \beta = \frac{1}{1 + \beta_1 \beta_2}(\beta_1 + \beta_2)$$

$$\beta = \frac{v_{ges}}{c} = \frac{\beta_1 + \beta_2}{1 + \beta_1 \beta_2}$$

$$\beta = \frac{\frac{1}{c} \cdot (v_1 + v_2)}{1 + \frac{1}{c^2} \cdot v_1 \cdot v_2}$$

$$\beta_1 \cdot \beta_2 = b$$

$$\frac{v}{c} = \frac{1}{c} \cdot \frac{\frac{5}{4} \cdot c}{1 + \frac{1}{c^2}\frac{3}{8}c^2}$$

$$= \frac{\frac{5}{4}}{1 + \frac{3}{8}}$$

Damit ist

$$v = \frac{5}{4} \cdot \frac{1}{\frac{11}{8}} \cdot c$$

$$v = \frac{10}{11}c$$

Und es stellt sich heraus, dass das zweite Raumschiff sich aus der Sicht eines Beobachters an der Haltestelle mit weniger als Lichtgeschwindigkeit bewegt.

Kämen Fahrzeuge auf der Straße vorbei, wäre die Rechnung im Prinzip natürlich genau gleich. Bewegt sich das erste Fahrzeug mit 30 m/s aus der Sicht des Beobachters an der Haltestelle vorbei und das zweite Fahrzeug aus der Sicht des ersten Fahrzeugführers 10 m/s schneller, so würden wir entsprechend unserer Alltagserfahrung erwarten, dass das zweite Fahrzeug sich mit 40 m/s fortbewegt, wenn der Beobachter an der Haltestelle dessen Geschwindigkeit misst.

Konkret ergibt sich mit:

$$v_1 = 30m/s, v_2 = 10m/s$$

Also

$$v = \frac{10 + 30}{1 + \frac{1}{c^2} \cdot 30 \cdot 10}$$

$$v = (10 + 30) \cdot \frac{1}{1 + \frac{1}{c^2} \cdot 30 \cdot 10}$$

$$v = (10 + 30) \cdot \frac{1}{1 + \frac{1}{(3 \cdot 10^8)^2} \cdot 30 \cdot 10}$$

$$\approx 40m/s$$

Eine Abweichung vom erwarteten Ergebnis taucht also bei gewohnten Geschwindigkeiten erst in der 14. Stelle nach dem Komma auf und ist daher im Alltagsleben irrelevant.

Komplexe Zahlen

Sehr häufig werden in der Naturwissenschaft komplexe Zahlen beim Rechnen verwendet. Sie ergänzen in der Mathematik den reellen Zahlenkörper zu den komplexen Zahlen. Die Idee ist, eine imaginäre Einheit zu definieren, deren Quadrat negativ ist:

$$i^2 = -1$$

Damit lässt sich eine Gleichung wie

$$x^2 = -9$$

so wie im reellen Zahlenkörper lösen:

$$x = \pm i \cdot 3$$

Man darf nicht vergessen, dass stets beide Vorzeichen gültig sind. Im folgenden, zweiten Beispiel taucht die imaginäre Einheit in der Schrödinger-Gleichung auf, welche die Entwicklung von Quantenzuständen in der Zeit beschreibt.

Sehr nützlich ist die komplexe Zahlendarstellung in der Gleichung

$$e^{ix} = cos x + i \cdot sin x$$

Um ihre Gültigkeit zu zeigen, entwickelt man die einzelnen Funktionen in Potenzreihen. Es ist:

$$e^x = 1 + x + \frac{1}{2}x^2 + \frac{1}{3!}x^3 + ...$$

worin ! die Fakultät bedeutet. Es ist z.B. $4! = 4 \cdot 3 \cdot 2 \cdot 1$.

Viele Funktionen lassen sich in Potenzreihen entwickeln und davon wird in der Naturwissenschaft reichlich Gebrauch gemacht.

Abbildung 1: Purgando

Man kann sie natürlich mithilfe der Differentialrechnung berechnen, ansonsten aber auch einfach nachschlagen. Die beiden obigen Winkelfunktionen lassen sich auch in Potenzreihen entwickeln:

$$sinx = x - \frac{1}{3!}x^3 + \frac{1}{5!}x^5 + ...$$

$$cosx = 1 - \frac{1}{2!}x^2 + \frac{1}{4!}x^4 + ...$$

für irgendeine Zahl x. Setzt man also für x stattdessen ix ein, ergibt sich die obige Formel:

$$1 + ix - \frac{1}{2}x^2 + i\frac{1}{3!}x^3 + \frac{1}{4!}x^4 + i\frac{1}{5!}x^5 + ...$$

$$= ix - i\frac{1}{3!}x^3 + i\frac{1}{5!}x^5 + ... + 1 - \frac{1}{2!}x^2 + \frac{1}{4!}x^4 + ...$$

Ebenfalls mit derselben Potenzreihenentwicklung wird stets auch die Matrixdarstellung im Exponenten betrachtet. Steht eine Matrix im Exponenten, denkt man zunächst an die Reihenentwicklung, also entspricht z. B., wenn A eine Matrix darstellt,

$$A = \begin{bmatrix} 1 & 0 \\ 0 & -1 \end{bmatrix},$$

der Ausdruck e^A der Reihenentwicklung

$$e^A = 1 + A + \frac{1}{2}A^2 + \frac{1}{3!}A^3 + \dots$$

worin die Matrixmultiplikationen ausgerechnet werden müssten. Damit kann man den in der Naturwissenschaft gelegentlich auftauchenden Ausdruck

$$\frac{d}{d\alpha}e^{\alpha \cdot A}\big|_{\alpha=0}$$

mit einer konstanten Matrix A ganz leicht berechnen, wie bei allen Potenzreihen. Das geht so: Zunächst muss man sich klarmachen, was die Ableitung bedeutet. Eine mathematische Funktion ist eine Abbildung, die Zahlen aus ihrem Definitionsbereich jeweils in eindeutiger Weise Zahlen aus ihrem Wertebereich zuordnet. Ein typisches Beispiel für eine Funktion ist auf dem Zahlenkörper der reellen Zahlen

$$y = x^2$$

Jeder reellen Zahl x wird in eindeutiger Weise eine Zahl y zugeordnet. Ist $x = 4$, wird $y = 16$ sein. Der Sinn der Infinitesimalrechnung besteht darin herauszufinden, berechnen zu können, wie sich der Wert y ändert, wenn sich x ein kleines bisschen verändert:

$$y + \Delta y = (x + \Delta x)^2$$

wobei Δx eine kleine Veränderung von x sein soll. Wenn nur die Veränderung von y betrachtet werden soll, muss der Ursprungswert abgezogen werden:

$$\Delta y = (x + \Delta x)^2 - x^2$$

oder ausgerechnet

$$\Delta y = x^2 + 2 \cdot x \cdot \Delta x + (\Delta x)^2 - x^2$$

$$\Delta y = 2 \cdot x \cdot \Delta x + (\Delta x)^2$$

Solange die winzig kleine Veränderung Δx ungleich Null ist, darf man dadurch teilen:

$$\frac{\Delta y}{\Delta x} = 2 \cdot x + \Delta x$$

Je kleiner Δx wird, desto mehr nähert sich der Bruch dem Wert $2x$ und obwohl es offensichtlich ist, kann ein Mathematiker auch beweisen, dass die so berechnete Ableitung, welche offenbar die momentane Änderungsrate der Funktion wiedergibt, schlichtweg

$$\frac{dy}{dx} = 2 \cdot x$$

ist. Genau so berechnen sich Ableitungen aller Potenzen und damit auch der Potenzreihen gemäß der Rechenregel

$$\frac{d}{dx} x^n = n \cdot x^{n-1}$$

Wenn die Zahl 2 eingesetzt wird, ergibt sich offenbar das obige Resultat. Und wenn anstelle der Zahl x die obige Matrix $\alpha \cdot A$ eingesetzt wird, ergibt sich damit das obige Resultat, nachdem $\alpha = 0$ gesetzt worden ist.

Abschließend soll als Beispiel auf zwei Arten der Ausdruck $(5+i)^3$ berechnet werden. Einerseits gilt schon für reelle Zahlen stets

$$(x+a)^N = \sum_{n=0}^{N} \begin{bmatrix} N \\ n \end{bmatrix} x^N \cdot a^{N-n}$$

und damit ergibt sich:

$$(5+i)^3 = 5^3 + 3 \cdot 5^2 \cdot i + 3 \cdot 5 \cdot i^2 + i^3$$

$$= 125 + 75i - 15 - i$$

$$= 110 + 74i$$

Andererseits lässt es sich direkt ausrechnen:

$$(5+i) \cdot (5+i) \cdot (5+i) =$$

$$(25 + i^2 + 10i) \cdot (5+i) \cdot (5+i) =$$

$$(24 + 10i) \cdot (5+i) \cdot (5+i) = |wg.i^2 = -1$$

$$120 - 10 + 24i + 50i =$$

$$110 + 74i$$

und damit stimmen beide Ergebnisse überein. Als nächstes steht ein zentrales Beispiel aus der Naturwissenschaft im Fokus, das in einfacher Weise die grundlegende Struktur der Repräsentationstheorie aufweist. Wenn die Theorie besser verdeutlicht ist, wird es sogar interessant, die Eigenschaften des Beispiels aus der Quantenphysik mit denen der Repräsentationstheorie zu vergleichen. Im „Überblick über das Verfahren" findet sich eine dementsprechende Tabelle.

Ein zweites Beispiel

Um die Natur zu beschreiben, werden nicht nur dann, wenn sehr große Geschwindigkeiten im Spiel sind, wie beim ersten Beispiel, sondern insbesondere auch im Fall sehr kleiner räumlicher Distanzen Matrizen verwendet. In diesem Beispiel soll ein Elektron betrachtet werden. Es ist elektrisch negativ geladen und könnte an einen positiv geladenen Kern gebunden sein und mit ihm gegebenenfalls zusammen weiteren Elektronen ein Atom bilden. Negative und positive elektrische Ladungen ziehen sich gegenseitig an. Vorstellbar wäre also insbesondere beispielsweise ein Wasserstoffatom mit nur einem einzigen, positiv geladenen Proton im Kern, an welches das Elektron gebunden ist. Man stellt sich die Szene zumeist so einfach wie möglich vor und betrachtet mit dem geistigen Auge ein winzig kleines Teilchen, das wie ein Planet um die Sonne kreist. Aber diese Analogie stellt sich bei näherer Betrachtung als unzureichend heraus, denn auf sehr kleinen Skalen verhält sich die Natur anders als in unserem Erfahrungsfeld. Das ist ganz analog zum Beispiel der Addition von Geschwindigkeiten, wo die Intuition ebenfalls nicht mit den gemessenen Resultaten koinzidiert.

Das Elektron möchte am liebsten möglichst nahe am Kern sein, so dass die Natur die potenzielle Energie des Gesamtsystems minimiert. Daher ist es im Grundzustand im wesentlichen mitten im Kern. Ist es angeregt, befindet es sich in einiger Entfernung dazu und möchte eigentlich gerne in den Grundzustand zurückfallen.

Die potenzielle Energie, die das Elektron benötigt, um sich auf einer Laufbahn befinden zu können, die weiter vom Kern entfernt ist, muss es irgendwie von außen aufnehmen; man kann sich das vorstellen, indem man vor dem geistigen Auge versucht, das Elektron vom Kern mit den Händen wegzuziehen: Dazu braucht es ja Energie, die man beim Wegziehen spürt. Umgekehrt gibt es beim Rückfall auf eine energetisch niedrigere Laufbahn Energie ab. Das Absorbieren und Emittieren von Energie kann mit dem Aufnehmen und Erzeugen von Photonen verbunden sein, so dass die Gesamtenergie wie stets in der Natur erhalten bleibt. Solche Photonen, die ein Elektron abgibt, wenn es auf eine niedrigere Umlaufbahn zurückfällt, sind messbar und erzeugen Linien im optischen Spektrum des Atoms. Man bestrahlt es dazu mit einem durchstimmbaren Laser und beobachtet die Resonanzen im Spektrum.

Elektronen bewegen sich aber nicht nur um den Kern, sondern besitzen dazu noch einen inneren Freiheitsgrad, denn sie drehen sich sozusagen um eine eigene Achse. Dabei handelt es sich um eine naheliegende Vorstellung, die den Elektronen einen äußeren Freiheitsgrad bezüglich der Bahnbewegung um den Kern und einen inneren Freiheitsgrad bezüglich der Drehung um die eigene Achse zuordnet. Wichtig ist, dass Elektronen sich nur auf zwei Arten um die eigene Achse drehen können, sie haben deshalb Spin 1/2. Die mit ihrer Eigendrehung verbundene Energie kann nur $\pm\hbar\frac{1}{2}$ sein und es hat daher lediglich zwei Einstellmöglichkeiten. Am liebsten möchte es einen energetisch möglichst geringen Zustand einnehmen und das tut es ganz analog zu makroskopischen Objekten. Interessant ist noch zu bemerken, dass das Elektron ein Fermion ist, was bedeutet, dass es einen halbzahligen Spin aufweist. Entscheidend in der Naturwissenschaft ist, dass niemals zwei Fermionen beobachtet worden sind, die in allen Quantenzahlen übereinstimmen. Dieser Umstand erklärt, warum die Materie überhaupt räumlich ausgedehnt ist.

Während ausgedehnte Objekte der Alltagswelt sich praktisch beliebig drehen zu können scheinen, besteht ein Unterschied zur Quantenwelt des Elektrons darin, dass dieses nur in zwei Einstellungen vorkommt: Es dreht sich entweder links- oder rechts herum. Wechselt es von dem einen Zustand in den anderen, so könnte es entweder ein Photon emittieren oder absorbieren, damit dabei die Gesamtenergie erhalten bleibt.

An dieser Stelle darf die Erkenntnis betont werden, dass ein solcher Wechsel die kleinste Möglichkeit bedeutet, die in der Natur überhaupt vorkommen bzw. gemessen werden kann, so dass sich der Drehzustand überhaupt verändert. Es gibt einen Quantensprung und das Quant bewegt sich von einem Zustand in einen anderen. Manchmal erscheint das Alltagsleben der politischen Medienwelt in dieser Hinsicht erstaunlich, denn wenn etwas besonders Bewegendes oder ein herausragendes, weltveränderndes Ereignis beschrieben werden soll, ist oft von einem Quantensprung die Rede. Und das, obwohl es sich dabei physikalisch betrachtet um die kleinste, überhaupt mögliche Änderung einer messbaren Größe handelt. Selbstverständlich spiegelt dies natürlich nur eine sprachliche Gegebenheit wieder, die historisch begründet ist. Denn die klassische Physik kannte ja gar keine Sprünge von einer Umlaufbahn auf eine andere, kein Planet hatte jemals einen solchen Sprung vollzogen und tut es auch bis heute nicht. Im Zuge des Siegeszugs der Quantentheorie fand also auch der Begriff des Quantensprungs Einzug in die Umgangssprache.

Abgesehen davon muss das Elektron also derart beschrieben werden, dass zwei Zustände für den inneren Freiheitsgrad möglich sind und deshalb finden sich zwei Komponenten im Spinor:

$$\phi_+ = \begin{bmatrix} 1 \\ 0 \end{bmatrix}$$

und

$$\phi_- = \begin{bmatrix} 0 \\ 1 \end{bmatrix}$$

je nachdem, welchen der zwei möglichen Zustände der Spin

des Elektron annimmt.

Die Energie des Elektrons bezüglich seines Spins wird beschrieben durch den Hamilton-Operator

$$\hat{H} = \hat{\sigma} \cdot \vec{B}$$

und die zeitliche Entwicklung beschreibt die Schrödinger-Gleichung

$$i\hbar \frac{d}{dt}\phi = \hat{H}\phi$$

Was passiert also? Das Elektron befindet sich irgendwann in einem seiner beiden möglichen Eigenzustände ϕ_+ oder ϕ_- und dreht sich dementsprechend entweder genau links oder rechts herum. Die Größe $\phi(t)$ beschreibt den Zustand des Elektrons. Sie entspricht in der Repräsentationstheorie einer Situation, der ebenfalls ein Vektor zugeordnet wird. Dann entwickelt sich der Zustand gemäß einer Wellengleichung fort und nach einer Weile entsteht ein neuer Zustand. In der Physik startet das Elektron beispielsweise bei

$$\phi(t = 0) = \begin{bmatrix} 1 \\ 0 \end{bmatrix}$$

und landet nach kurzer Zeit durch die Wechselwirkung mit dem Magnetfeld typischerweise zum Beispiel bei

$$\phi(t > 0) = \begin{bmatrix} \frac{1}{\sqrt{2}} \\ \frac{1}{\sqrt{2}} \end{bmatrix}$$

Dann misst sich die Natur irgendwann erneut. Diese Messprozesse finden in schneller Folge statt: Die Natur misst sich ständig selbst. Dabei zwingt sie das Elektron, einen seiner beiden möglichen Eigenzustände annehmen zu müssen. Die Wahrscheinlichkeit für den Übergang ist gegeben durch das innere

Produkt aus dem Zustand und dem Eigenzustand, in den das Elektron wechseln müsste. Das wird anhand der folgenden Beispielrechnung noch explizit aufgezeigt.

In der Repräsentationstheorie wird die Änderung der Situationen durch die Propagations-darstellenden Elemente (PDs) beschrieben. Sie werden in den Matrixsystemen mit entsprechenden Matrizen wiedergegeben. Ganz analoge Propagatoren gibt es in der Physik aber auch: Sie lassen sich mit Gleichungen, die analog der soeben beschriebenen Bewegungsgleichung sind, ermitteln und erlauben dann, die Analogie zwischen der Repräsentationstheorie und der Quantenphysik besonders einleuchtend zu erkennen. Im Folgenden wird mit Bezug auf diese mathematische Herkunft der Matrixsysteme auch gelegentlich von Zuständen gesprochen, wenn Situationen gemeint sind. Dieser Sachverhalt und dessen Begründung mit Blick auf die quantenphysikalische Herkunft der Theorie wird im Zuge der Darstellung der Matrixsysteme später noch klarer erkennbar werden. Zuvor sollen aber noch einige wichtige mathematische Aspekte der Matrixtheorie erklärt werden, wobei auch die Natur dieses Beispiels im physikalischen Sinne dabei deutlicher wird.

Die beiden Messwerte für den Drehzustand des Elektrons entsprechen Eigenwerten der Operatoren, die auch im Hamilton-Operator für die Zeitentwicklung vorkommen. Die Natur kann nur Eigenwerte messen und bei jeder solchen Messung geht der Zustand in einen Eigenzustand über.

Die Inspiration dieses Sachverhalts zur Repräsentationstheorie wird später noch deutlicher werden, wenn dort jedem Bestandteil einer möglichen Situation jeweils ein Vektor mit nur einer von Null verschiedenen Komponente zugeordnet wird. Denn ganz genau so ist es ja auch schon bei den zwei möglichen mathematischen Vektoren für den Spin des Elektrons. Anhand der folgenden Beispielrechnung soll der gesamte Sachverhalt mathematisch verdeutlicht werden.

Anschließend wird ein Fazit des Beispiels aufzeigen, welcher Natur genau das Zusammmmenspiel zwischen der Mathematik und den physikalischen Hintergründen ist. Abgesehen von diesem Beispiel sei angemerkt, dass in ähnlicher Weise insbesondere in der Natur- und Wirtschaftswissenschaft sehr oft im Rahmen der Erforschung neuer Sachverhalte vorgegangen wird. Denn konkrete Rechnungen müssen sowohl mathematisch greifbar sein, als auch vor dem konkreten Hintergrund der Beobachtungen Sinn ergeben.

Eigenwerte und Eigenvektoren

Das Ziel der Beispielrechnung dieses Abschnitts soll es sein, eine Lösung für ein Gleichungssystem mit zwei Unbekannten zu finden und dabei zugleich grundlegende Eigenschaften von Matrizen im mathematischen Kontext besser aufzuzeigen. Zentrale Begriffe in diesem Kontext sind hierbei die der Eigenwerte und Eigenvektoren. In der Physik kommt den Eigenwerten die Rolle der Messwerte zu; es sind diejenigen Größen, die messbar sind. Wenn die Natur einen solchen Wert gemessen hat und sie misst sich wie bereits erwähnt ständig selbst, geht die Wellenfunktion in einen entsprechenden Eigenvektor über, der mathematisch einen Eigenzustand darstellt. Damit dieser Gedanke besser fassbar wird, sei folgendes Gleichungssystem gegeben:

$$4x - y = 33 - x + 4y = -27$$

Dieses Gleichungssystem mit zwei Gleichungen in zwei Variablen besitzt eine eindeutige Lösung: $x = 7, y = -5$. Es lässt sich natürlich leicht lösen, indem eine Gleichung nach einer Unbekannten aufgelöst und in die zweite eingesetzt wird. Dann ist z.B. $4x = 33 + y$ bzw. $x = 1/4(33 + y)$ und damit:

$$-1/4(33 + y) + 4y = -27$$

so dass

$$-33 - y + 16y = -108$$

bzw. $15y = -75$, also $y = -5$, sowie $x = 1/4(33 - 5) = 7$.
Die Gleichung lässt sich aber auch in Matrixform schreiben:

$$\begin{bmatrix} 4 & -1 \\ -1 & 4 \end{bmatrix} \begin{bmatrix} x \\ y \end{bmatrix} = \begin{bmatrix} 33 \\ -27 \end{bmatrix}$$

was durch Einsetzen der Lösung leicht deutlich wird.
Jetzt ist es so: Der Vektor rechts kann ebenso wie der Vektor

$$\begin{bmatrix} x \\ y \end{bmatrix}$$

links bezüglich irgendeiner Basis dargestellt werden. Dreht
man das Koordinatensystem, vereinfacht sich die Gleichung mitunter so, dass die Matrix diagonal wird. Dazu müsste sowohl der
Vektor rechts als Summe dargestellt werden, so dass er nach einer anderen Basis entwickelt wird, also nicht gemäß

$$33 \cdot \begin{bmatrix} 1 \\ 0 \end{bmatrix} + (-27) \cdot \begin{bmatrix} 0 \\ 1 \end{bmatrix}$$

sondern z.B. gemäß

$$1 \cdot \begin{bmatrix} 1 \\ 1 \end{bmatrix} + 6 \cdot \begin{bmatrix} 1 \\ -1 \end{bmatrix}$$

was exakt dasselbe ergibt. Genau das bedeutet es, einen Vektor nach verschiedenen Basen darzustellen: Der Vektor bleibt
derselbe, aber die Basis ändert sich. Deshalb sind verschiedene Komponenten (nämlich 1,6 statt 33,-27) nötig, um ein und
denselben Vektor zu beschreiben.

Aber der Versuch, eine andere Basis zu finden, kann sich
lohnen. Und zwar insbesondere dann, wenn die Basisvektoren
Eigenvektoren der Matrix des Gleichungssystems sind. Das ist

dann der Fall, wenn für jeden Eigenvektor die Matrixmultiplikation durch eine schlichte Multiplikation mit einer Zahl ersetzt
werden kann:

$$\hat{A}\vec{v} = \lambda\vec{v}$$

Jeder solche Vektor $\vec{v}$ ist ein Eigenvektor der Matrix $\hat{A}$ und
die Zahl λ ist ein Eigenwert. Wenn es gelingt, in der obigen
Beispielgleichung, die auch

$$\hat{A}\vec{x} = \vec{v}$$

geschrieben werden könnte, $\vec{x}$ bezüglich einer neuen Basis
darzustellen, so dass statt der Matrixmultiplikation nur eine
Multiplikation mit einer Zahl nötig wäre, würde das Gleichungssystem in zwei triviale Gleichungen zerfallen, die sich leicht lösen
ließen. Aber dann müsste natürlich auch der rechte Vektor $\vec{v}$
nach dieser Basis entwickelt sein und selbstverständlich die gesamte linke Seite. Also hat in dieser Darstellung jede Komponente der Gleichung eine andere Gestalt, sowohl die Matrix $\hat{A}$, als
auch die beiden Vektoren, aber die Gleichung insgesamt ändert
sich nicht.

Um weiterzukommen, berechnet man zunächst die beiden
Eigenwerte der Matrix und im Beispiel ergibt sich gemäß dem
entsprechenden Ansatz

$$\hat{A}\vec{v} = \lambda \cdot \vec{v}$$

worin $\vec{v}$ für jeweils einen der beiden gesuchten Basisvektoren
stehen soll.

Weil links und rechts eine Vektorgröße steht, muss beim
Auflösen der Gleichung eine Einheitsmatrix ergänzt werden:

$$(\hat{A} - \hat{1} \cdot \lambda)\vec{v} = 0$$

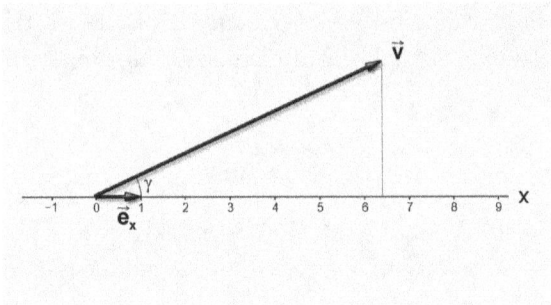

Abbildung 2:

Das ist ein homogenes Gleichungssystem, dessen Lösung sowohl die gesuchten Eigenwerte, als auch die Eigenvektoren ergibt. An dieser Stelle kommen einige wesentliche Konzepte zum Tragen, die zunächst betrachtet werden sollen, bevor die Beispielrechnung fortgeführt wird.

Zentrale Konzepte

Die Darstellung beginnt mit einem Blick auf die inneren Produkte, denn ihnen kommt eine besondere Bedeutung zu. Das innere Produkt eines beliebigen Vektors mit einem Einheitsvektor stellt die Projektion des Vektors in Richtung des Einheitsvektors dar:

In der Abbildung ist $\vec{v} \cdot \vec{e_x} = 5$. Sofern der Einheitsvektor genau in Richtung der x-Achse zeigt, ist das klar:

$$\begin{bmatrix} 5 \\ 3 \end{bmatrix} \cdot \begin{bmatrix} 1 \\ 0 \end{bmatrix} = 5 \cdot 1 + 3 \cdot 0 = 5$$

Ansonsten könnte man aber sowohl den Vektor $\vec{v}$ als auch Einheitsvektor um den gleichen Winkel drehen, ohne dass sich Längen und Winkel ändern. Das Argument wird ganz offensichtlich, nachdem die Drehmatrizen vorgestellt sind. Gemäß der Grafik gilt offenbar die Identität

$$\vec{v_1} \cdot \vec{v_2} = |\vec{v_1}||\vec{v_2}|cos\gamma$$

Dabei stellt $|\vec{v}|$ jeweils den Betrag, also die Länge des Vektors $\sqrt{(x_1^2 + x_2^2)}$ dar.

Zwei Vektoren sind senkrecht aufeinander, wenn ihr inneres Produkt verschwindet:

$$\vec{e_1} \cdot \vec{e_2} =< e_1, e_2 >= 0$$

Die spitzen Klammern sind oft eine elegante Darstellung für ein inneres Produkt und werden in der Repräsentationstheorie auch des Öfteren verwendet. Wenn mehr als nur zwei Einheitsvektoren senkrecht zueinander sind, gilt entsprechend

$$\vec{e_i} \cdot \vec{e_j} =< e_i, e_j >= \delta_{ij},$$

mit dem oft nützlichen Kroneckersymbol δ:

$$\delta_{ij} = \{ \begin{bmatrix} 1 & i = j \\ 0 & sonst \end{bmatrix}$$

Um einen Vektor darzustellen, benötigt man seine Komponenten bezüglich einer Basis. Das bedeutet, dass ausreichend viele, linear unabhängige Einheitsvektoren notwendig sind. Diese können idealerweise allesamt senkrecht zueinander sein und bilden dann ein vollständiges System von orthogonalen Einheitsvektoren.

Ein und derselbe Vektor kann verschiedene Komponenten haben, je nachdem, auf welche Basis sie sich beziehen (s. Abb. 6.2). Mit den Basisvektoren

$$\vec{e_1} = \frac{1}{\sqrt{2}} \begin{bmatrix} 1 \\ 1 \end{bmatrix}, \vec{e_2} = \frac{1}{\sqrt{2}} \begin{bmatrix} 1 \\ -1 \end{bmatrix},$$

und

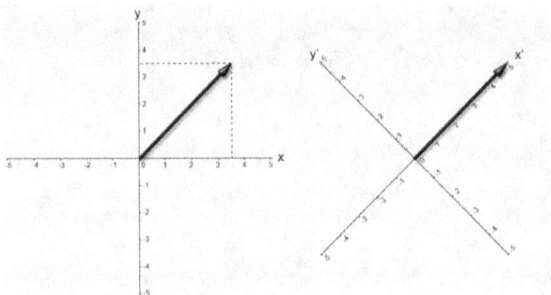

Abbildung 3:

$$\vec{e_1'} = \frac{1}{\sqrt{2}} \begin{bmatrix} 1 \\ 0 \end{bmatrix}, \vec{e_2'} = \frac{1}{\sqrt{2}} \begin{bmatrix} 0 \\ 1 \end{bmatrix},$$

gilt zum Beispiel:

$$4 \cdot \vec{e_1} + 3 \cdot \vec{e_2} = 7 \cdot \vec{e_1'} + 1 \cdot \vec{e_2'}$$

Das ist im physikalischen Fall sogar besonders offensichtlich, wenn der Vektor beispielsweise die Geschwindigkeit eines Autos bezeichnet. Dann zeigt er in die Richtung, in die das Auto fährt und seine Länge entspricht der Geschwindigkeit. Der Vektor als solcher existiert also unabhängig von einem gewählten Bezugssystem, aber seine Komponenten ergeben sich erst, wenn eine Basis gewählt ist.

Verschiedene Basisvektoren sind immer linear unabhängig. Es gibt natürlich auch Vektoren, die linear abhängig sind. Dann lässt sich einer der Vektoren als Linearkombination der übrigen schreiben. Zwei Vektoren, die auf ein und derselben Geraden liegen, sind immer linear abhängig:

Dann gilt offenbar

$$\vec{v_1} = \alpha \cdot \vec{v_2}$$

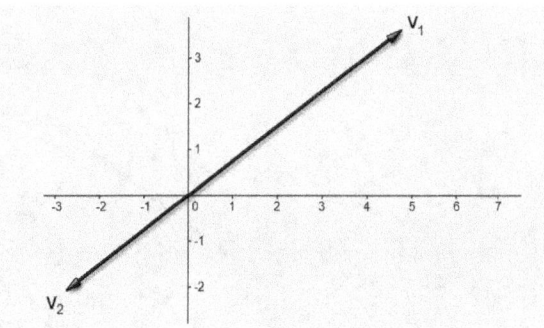

Abbildung 4:

mit einem negativen Faktor α in der Beispielgraphik. Drei Vektoren in einer Ebene sind ebenfalls immer linear abhängig. Im Beispiel ist einfach:

$$\vec{v_3} = \vec{v_1} + \vec{v_2}$$

Wichtig ist, dass zur Darstellung eines Vektors genügend linear unabhängige Basisvektoren erforderlich sind und zwar genau so viele, dass deren Anzahl der Zahl der Komponenten des Vektors entspricht. Vektoren der Repräsentationstheorie sind typischerweise extrem hochdimensional. Sie werden aber stets in diesem Buch in der einfachsten Basis aus Einheitsvektoren dargestellt, die nur eine von Null verschiedene Komponente haben.

Interessant und spannend ist die Beobachtung, dass es ganz leicht ist herauszufinden, wie Vektoren sich drehen lassen. Es gibt zwar aktive Drehungen, wo sich Vektoren als solche drehen, und passive Drehungen, wo wie im obigen Beispiel ein und derselbe Vektor in zwei gegeneinander verdrehten Bezugssystemen dargestellt wird, aber in den meisten Fällen ist der Sachverhalt als solcher trotz dieser unterschiedlichen Herangehensweise komplett gleich: Die Komponenten des Vektors ändern sich, weil er

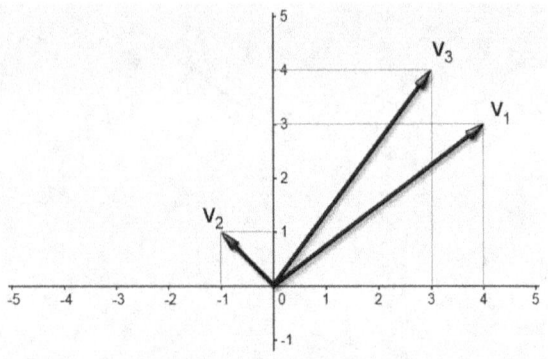

Abbildung 5:

aktiv in eine Richtung gedreht wird, oder weil das Koordinatensystem in genau die entgegengesetzte Richtung gedreht wird.

Die (aktive) Drehung wird durch das Anwenden einer Matrix
auf einen Vektor bewirkt:

$$\begin{bmatrix} x' \\ y' \end{bmatrix} = \begin{bmatrix} cos\alpha & sin\alpha \\ -sin\alpha & cos\alpha \end{bmatrix} \cdot \begin{bmatrix} x \\ y \end{bmatrix}$$

Ist der Drehwinkel $\alpha = 0$, verschwindet der Sinus und es
verbleibt die Einheitsmatrix für die Drehung. Ansonsten setzt
man rechts die Einheitsvektoren

$$\begin{bmatrix} 1 \\ 0 \end{bmatrix} und \begin{bmatrix} 0 \\ 1 \end{bmatrix}$$

ein und erhält ganz leicht die gedrehten Komponenten. In
der Grafik 6.5 ist der Drehwinkel mit γ bezeichnet.

Solch eine Drehmatrix kommt auch in der Beispielrechnung
dieses Kapitels vor und es wird gezeigt, wie man sie anwenden
kann, um die Gleichung des Beispiels zu lösen.

Solche Matrizen, mit denen von einem Bezugssystem in ein
anderes gewechselt wird, sind immer unitär. Das bedeutet, dass

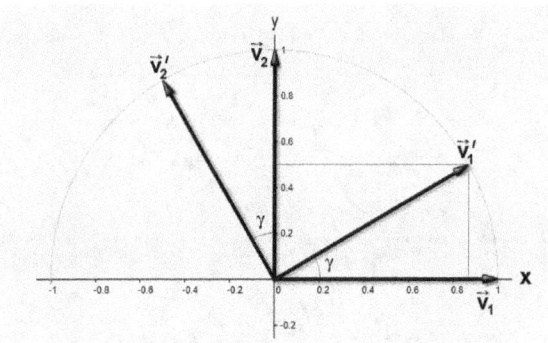

Abbildung 6:

sie transponiert und komplex konjugiert werden können, so dass
die resultierende Matrix genau invers zur Ursprungsmatrix ist:

$$U^\dagger U = (U^*)^T U = 1$$

Der Stern tauscht sämtliche i gegen $-i$ in der Matrix und T
vertauscht Zeilen und Spalten. Bei Matrizen mit ausschließlich
reellen Komponenten ist also $U^\dagger = U^T$.

Mit ihnen können auch ganze Matrix-Gleichungen, so wie
die in der Beispielrechnung, leicht auf ein anderes Bezugssystem
umgeschrieben werden. Eine matrixwertige Gleichung (jetzt mit
Dächern für die Matrizen geschrieben) könnte also lauten:

$$\hat{A} \cdot \hat{B} \cdot \vec{v} = \vec{q}$$

Sie ist dann ihrem gewählten Bezugssystem gültig. Möchte
man dieselbe Gleichung bezüglich eines anderen Bezugssystems
darstellen, so multipliziert man von links auf beiden Seiten mit
$\hat{U}$ und ergänzt einige Eins-Matrizen:

$$U \hat{A} U^\dagger \cdot U \hat{B} U^\dagger \cdot U \vec{v} = U \vec{q}$$

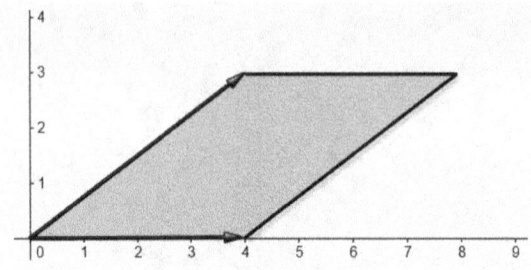

Abbildung 7: Parallelogram

wobei die Dächer bei den unitären Transformationsmatrizen weggelassen sind. Eine solche Transformation wird im kommenden Abschnitt anhand des konkreten Beispiels vorgerechnet.

Das letzte zentrale Konzept stellen die Determinanten dar. Für jede quadratische Matrix kann eine solche Determinante berechnet werden und sie gibt das Volumen des von den Zeilenvektoren der Matrix aufgespannten geometrischen Objekts an. Die Spaltenvektoren spannen aber natürlich das gleiche Volumen auf, also hat jede quadratische Matrix die gleiche Determinante wie ihr transponiertes Gegenstück.

Bei zweidimensionalen Matrizen berechnet sich die Determinante beispielsweise gemäß

$$det \begin{bmatrix} 3 & 7 \\ 1 & 2 \end{bmatrix} = 3 \cdot 2 - 1 \cdot 7$$

und für höher dimensionale Matrizen gibt es einen einfachen Entwicklungssatz. In diesem Buch wird er aber nicht benötigt, denn die Determinante taucht nur in der Beispielrechnung auf. Und diese begnügt sich mit zwei Dimensionen.

Bei zweidimensionalen Matrizen entspricht ihr Wert (bis auf das Vorzeichen) einem Flächeninhalt und im Fall einer dreidimensionalen Matrix einem Volumen.

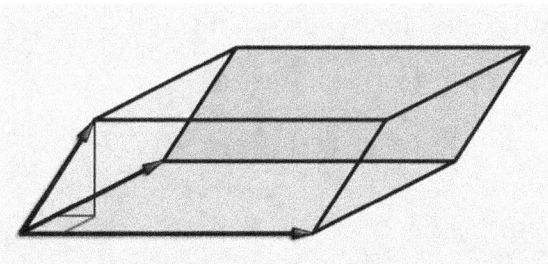

Abbildung 8: Parallelepiped

Entscheidend für die Beispielrechnung ist, dass die Fläche oder ein solches Volumen gleich Null sein wird, wenn zwei der beteiligten Vektoren linear abhängig sind. Mit diesen Erkenntnissen sich die Beispielrechnung jetzt elegant fortsetzen.

Fortsetzung der Beispielrechnung

Die Gleichung lautet ausgeschrieben

$$\begin{bmatrix} 4 - \lambda & -1 \\ -1 & 4 - \lambda \end{bmatrix} \cdot \begin{bmatrix} v_x \\ v_y \end{bmatrix} = \begin{bmatrix} 0 \\ 0 \end{bmatrix}$$

Darin steht v für einen der Eigenvektoren und λ für einen Eigenwert. Um sowohl $\vec{x}$ aus der zu lösenden Ausgangsgleichung (Nr.), als auch den Vektor auf der rechten Seite nach den Eigenvektoren entwickeln zu können, müssen sie von Null verschieden und linear unabhängig, idealerweise senkrecht zueinander sein. Dazu müssen die beiden Zeilen (bzw. auch Spalten) der Matrix linear abhängig sein, weshalb deren Determinante verschwindet:

$$\begin{bmatrix} 4 - \lambda & -1 \\ -1 & 4 - \lambda \end{bmatrix} = 0$$

$$(4 - \lambda)^2) - (-1)^2 = 0$$

$$4 - \lambda = \pm 1$$

$$\lambda_1 = 3, \lambda_2 = 5$$

Damit sind die beiden Eigenwerte gefunden. Eingesetzt ergeben sich die Bedingungen für die Eigenvektoren:

$$\begin{bmatrix} 4 - 3 & -1 \\ -1 & 4 - 3 \end{bmatrix} \cdot \vec{v}_1 = \vec{0}$$

und

$$\begin{bmatrix} 4 - 5 & -1 \\ -1 & 4 - 5 \end{bmatrix} \cdot \vec{v}_2 = \vec{0}$$

Offensichtlich bewirkt die lineare Abhängigkeit der beiden Zeilen genau, dass die rechte Seite verschwinden kann und damit

v_{1_2} Eigenvektoren sein können. Die Vektoren werden normiert auf Eins gewählt und es finden sich:

$$v_1 = \frac{1}{\sqrt{2}} \begin{bmatrix} 1 \\ 1 \end{bmatrix}, \quad v_2 = \frac{1}{\sqrt{2}} \begin{bmatrix} 1 \\ -1 \end{bmatrix}$$

Die Eigenwertgleichungen der Beispiel-Matrix lauten damit:

$$\begin{bmatrix} 4 & -1 \\ -1 & 4 \end{bmatrix} \cdot \begin{bmatrix} 1 \\ 1 \end{bmatrix} = 3 \cdot \begin{bmatrix} 1 \\ 1 \end{bmatrix}$$

und

$$\begin{bmatrix} 4 & -1 \\ -1 & 4 \end{bmatrix} \cdot \begin{bmatrix} 1 \\ -1 \end{bmatrix} = 5 \cdot \begin{bmatrix} 1 \\ -1 \end{bmatrix}$$

Zwei Lösungsmethoden veranschaulichen jetzt die im letzten Abschnitt erläuterten Konzepte am Beispiel. Zum einen bietet es sich an, mit den Eigenvektoren die unitäre Matrix

$$U = \frac{1}{\sqrt{2}} \begin{bmatrix} 1 & 1 \\ 1 & -1 \end{bmatrix}$$

zu bilden und dann von links die Matrixgleichung zu multiplizieren. Es resultiert:

$$U A U^\dagger U \vec{x} = U \vec{q}$$

Wird der gesuchte Vektor in den neuen Koordinaten $\vec{\tilde{x}}$ genannt, ergibt sich nach Einsetzen und Ausrechnen:

$$\begin{bmatrix} 3 & 0 \\ 0 & 5 \end{bmatrix} \cdot \vec{\tilde{x}} = \frac{1}{\sqrt{2}} \begin{bmatrix} 6 \\ 60 \end{bmatrix}$$

mit der Lösung

$$\tilde{x} = \frac{1}{\sqrt{2}} \cdot 2, \tilde{y} = \frac{1}{\sqrt{2}} \cdot 12$$

Die Rücktransformation ergibt dann die bereits bekannte Lösung:

$$\begin{bmatrix} x \\ y \end{bmatrix} = \frac{1}{2} \begin{bmatrix} 1 & 1 \\ 1 & -1 \end{bmatrix} \begin{bmatrix} 2 \\ 12 \end{bmatrix}$$

$$= \begin{bmatrix} 7 \\ -5 \end{bmatrix}$$

Die zweite Methode zeigt die Bedeutung der Eigenwerte und Eigenvektoren besonders deutlich. Es erfolgt kein Koordinatenwechsel, sondern lediglich die beiden Vektoren werden nach den Eigenvektoren entwickelt.

$$\begin{bmatrix} 4 & -1 \\ -1 & 4 \end{bmatrix} (\zeta_1 \vec{v}_1 + \zeta_2 \vec{v}_2) = \alpha_1 \vec{v}_1 + \alpha_2 \vec{v}_2$$

Weil die Eigenvektoren senkrecht aufeinander stehen, gelten die zwei Gleichungen

$$\begin{bmatrix} 4 & -1 \\ -1 & 4 \end{bmatrix} \zeta_1 \vec{v}_1 = \alpha_1 \vec{v}_1$$

$$\begin{bmatrix} 4 & -1 \\ -1 & 4 \end{bmatrix} \zeta_2 \vec{v}_2 = \alpha_2 \vec{v}_2$$

separat und lassen sich nach Ersetzen der Matrix durch deren jeweiligen Eigenwert leicht auflösen. Es resultiert damit zunächst

$$\lambda_1 \zeta_1 v_1 = \alpha_1 v_1$$

$$\lambda_2 \zeta_2 v_2 = \alpha_2 v_2$$

und damit:

$$\zeta_{1/2} = \frac{\alpha_{1/2}}{\lambda_{1/2}}$$

Es fehlen noch die Werte der Entwicklungskoeffizienten $\alpha_{1/2}$. Für sie gilt gemäß der Ausgangsgleichung

$$\begin{bmatrix} 33 \\ -27 \end{bmatrix} = \frac{\alpha_1}{\sqrt{2}} \begin{bmatrix} 1 \\ 1 \end{bmatrix} + \frac{\alpha_2}{\sqrt{2}} \begin{bmatrix} 1 \\ -1 \end{bmatrix}$$

$$\alpha_1 + \alpha_2 = \sqrt{2} \cdot 33$$

$$\alpha_1 - \alpha_2 = \sqrt{2} \cdot (-27)$$

$$\alpha_1 = \frac{1}{\sqrt{2}} \cdot 6, \alpha_2 = \frac{1}{\sqrt{2}} \cdot 60$$

Damit sind $\zeta_{1/2}$ bestimmt:

$$\zeta_1 = \frac{6}{\sqrt{2}} \cdot \frac{1}{3} = \sqrt{2},$$

$$\zeta_2 = \frac{60}{\sqrt{2}} \cdot \frac{1}{5} = 6\sqrt{2}$$

Gemäß der Zerlegung für den gesuchten Vektor

$$\begin{bmatrix} x \\ y \end{bmatrix} = \zeta_1 \vec{v}_1 + \zeta_2 \vec{v}_2$$

resultiert nach Einsetzen erneut die bekannte Lösung:

$$\begin{bmatrix} x \\ y \end{bmatrix} = \sqrt{2} \frac{1}{\sqrt{2}} \begin{bmatrix} 1 \\ 1 \end{bmatrix} + 6\sqrt{2} \frac{1}{\sqrt{2}} \begin{bmatrix} 1 \\ -1 \end{bmatrix}$$

$$= \begin{bmatrix} 1 \\ 1 \end{bmatrix} + \begin{bmatrix} 6 \\ -6 \end{bmatrix}$$

$$= \begin{bmatrix} 7 \\ -5 \end{bmatrix}$$

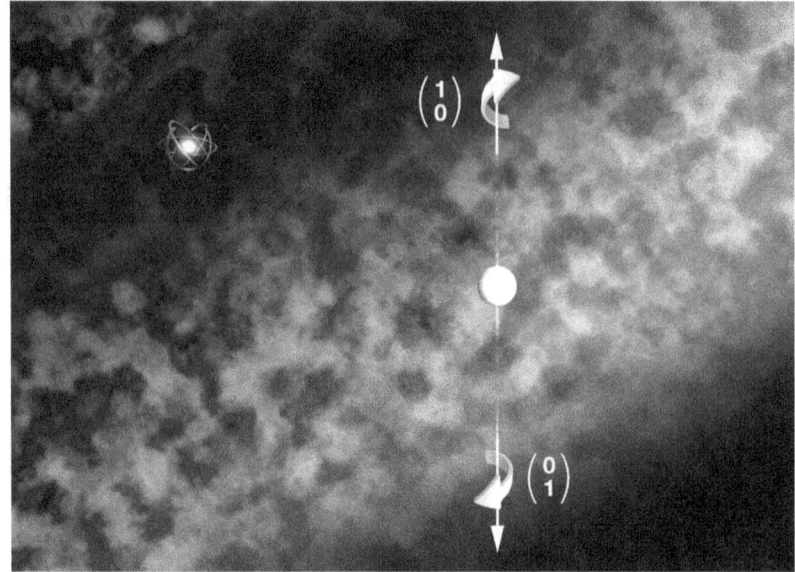

Abbildung 9: Ein Elektron

Fazit des zweiten Beispiels

Die aufgezeigten Methoden lassen sich auf das zweite Beispiel anwenden, so dass konkrete Resultate berechnet werden können.

Für die zeitliche Entwicklung gilt die Schrödinger-Gleichung

$$i\hbar\frac{\partial}{\partial t}\psi = -\frac{1}{2}g\,\mu_B\,\vec{\hat{\sigma}}\cdot\vec{B}\,\psi$$

Darin steht $\vec{\hat{\sigma}}$ für die drei Pauli-Matrizen σ_x, σ_y und σ_z:

$$\sigma_x = \begin{bmatrix} 0 & 1 \\ 1 & 0 \end{bmatrix}, \sigma_y = \begin{bmatrix} 0 & -i \\ i & 0 \end{bmatrix}, \sigma_z = \begin{bmatrix} 1 & 0 \\ 0 & -1 \end{bmatrix},$$

Die Natur misst den Drehimpuls immer bezüglich einer Achse, die insbesondere durch ein Magnetfeld vorgegeben sein kann.

Zeigt dieses willkürlich in z-Richtung, vereinfacht sich die Gleichung.

Die Bewegungsgleichung lautet dann

$$i\hbar\frac{\partial}{\partial t}\psi = -\frac{1}{2}g\ \mu_B\ B_z\hat{\sigma}_z\ \psi$$

worin die physikalische, konstante Größe $g \cdot \mu_B$ im Rahmen dieser Exposition uninteressant ist, mit der Lösung

$$\psi(t) = \psi_0\ e^{\frac{i}{2\hbar}g\ \mu_B\ B_z\hat{\sigma}_z t}$$

in der ψ_0 für den Anfangszustand steht.

Der letzte Schritt wird durch Ableiten nach t offensichtlich und gilt nur für den vereinfachten Fall, dass das Magnetfeld als konstant angenommen wird. Das mag etwas zu stark vereinfachend klingen, ist aber vor allem vor dem theoretisch motivierten Hintergrund dennoch sinnvoll, dass mathematische Modelle sehr schnell gänzlich unlösbar werden, wenn keine vereinfachenden Umstände angenommen werden. Gleichzeitig sind sie dann oft einerseits geradezu spektakulär genau, andererseits aber auch anschaulich und leicht verständlich. Tatsächlich gibt es in der Naturwissenschaft nur ganz wenige Modelle, die überhaupt analytisch exakt lösbar sind. Gerade diese Modellsysteme werden immer wieder verwendet, um neue Problemstellungen zu analysieren. Ansonsten müssen leichte Abweichungen mit analytischen Methoden berücksichtigt werden oder sogar andere Verfahren angewendet werden, weil sich das System im Zeitablauf komnplett anders verhält, als ein ähnliches, analytisch lösbares Modell. So können durch kleine Änderungen in den Bewegungsgleichungen aus deterministischen Systemen mit einer analytischen Lösung schnell komplexere Systeme werden, die sogar chaotisches Verhalten aufweisen. Typische, analytisch lösbare und gut verstandene Modellsysteme sind der harmonische Quantenoszillator und natürlich sein klassisches Gegenstück und das

Wasserstoffatom, bei dem ein einziges Elektron im Feld eines Protons betrachtet, dessen energetisches Spektrum zusammen mit den dazugehörigen Eigenfunktionen berechnet werden.

Erstaunlicherweise entstehen dann sogar tatsächlich ähnliche Wahrscheinlichkeitsdichtefunktionen wie in der obigen Grafik. Abgesehen davon gilt es jetzt, die Eigenwerte zu ermitteln, genau analog zur Beispielrechnung des letzten Abschnitts:

$$\begin{bmatrix} 1 - \lambda & 0 \\ 0 & -1 - \lambda \end{bmatrix} = 0$$

$$(1 - \lambda)(-1 - \lambda) = 0$$

womit sich die zwei Eigenwerte

$$\lambda_{1/2} = \pm 1$$

ergeben. Die Messwerte sind dementsprechend $\pm \frac{\hbar}{2}$. Die beiden Eigenvektoren finden sich dann als Lösungen der Gleichungen

$$\begin{bmatrix} 1 - 1 & 0 \\ 0 & -1 - 1 \end{bmatrix} \vec{v_1} = 0$$

und

$$\begin{bmatrix} 1 + 1 & 0 \\ 0 & -1 + 1 \end{bmatrix} \vec{v_2} = 0$$

und sind offensichtlich leicht zu erraten:

$$\vec{v_1} = \begin{bmatrix} 1 \\ 0 \end{bmatrix}, \vec{v_2} = \begin{bmatrix} 0 \\ 1 \end{bmatrix}$$

Hat eine Messung den ersten Eigenwert ergeben, und den Zustand in dessen Eigenzustand versetzt, so könnte nach einer kurzen Weile der Zustand sich gemäß der Zeitentwicklung weiterentwickelt haben zu:

$$\vec{\psi}_1 = \begin{bmatrix} 0.8 \\ 0.6 \end{bmatrix}$$

Wenn dann eine neue Messung stattfindet, berechnet sich die Wahrscheinlichkeit für eine erneute Messung des ersten Eigenwerts mit dem inneren Produkt aus dem aktuellen Quantenzustand und dem ersten Eigenzustand. Sie ist dann gegeben durch das Betragsquadrat:

$$\phi_1 = |<\vec{v}_1|\vec{\psi}>|^2$$

Für den anderen Vektor gilt das natürlich auch, so dass die Wahrscheinlichkeit für die erneute Messung des ersten Wertes 64% und für die des zweiten Wertes 36% beträgt.

Berechenbar ist auch die Wahrscheinlichkeit für die Messung eines der Eigenwerte in y-Richtung, wenn der Zustand z. B. genau durch

$$\vec{\psi}_1 = \begin{bmatrix} 1 \\ 0 \end{bmatrix}$$

gegeben ist. Die Eigenwerte und -vektoren der y-Matrix berechnen sich wie gehabt:

$$\begin{bmatrix} -\lambda & -i \\ i & -\lambda \end{bmatrix} = 0$$

$$\lambda^2 - i(-i) = 0$$

also ist

$$\lambda_{1/2} = \pm 1$$

ergeben. Die Messwerte sind also wieder $\pm\frac{\hbar}{2}$. Die beiden Eigenvektoren finden sich zu

$$\begin{bmatrix} -1 & -i \\ i & -1 \end{bmatrix} \vec{v}_1 = 0 \quad \begin{bmatrix} 1 & -i \\ i & 1 \end{bmatrix} \vec{v}_2 = 0$$

und sind normiert

$$\vec{v}_1 = \frac{1}{\sqrt{2}} \begin{bmatrix} -i \\ 1 \end{bmatrix}, \vec{v}_2 = \frac{1}{\sqrt{2}} \begin{bmatrix} i \\ 1 \end{bmatrix}$$

Damit ist die Wahrscheinlichkeit der Messung einer der beiden Werte gemäß dem inneren Produkt aufgrund der Normierung jeweils 1/2. Dreht sich das Elektron in z-Richtung so scharf wie möglich, ist der Messwert bezüglich der beiden anderen Achsen dementsprechend unbestimmt.

Hiermit endet die Erläuterung der linearen Algebra. Abschließend sei noch darauf hingewiesen, dass elementare Prozesse in der modernen Physik mit den Methoden der Quantenfeldtheorie beschrieben werden. Dort erlauben die bekannten Feynman-Diagramme, Amplituden für diese Vorgänge zu ermitteln, welche wiederum die Berechnung von Eintritts-Wahrscheinlichkeiten der Elementarprozesse ermöglichen. Diese Methoden werden aber im Rahmen der Repräsentationstheorie, soweit sie in diesem Buch dargelegt wird, nicht benötigt. Sie könnten jedoch schon bald zum Tragen kommen und dann möglicherweise Gegenstand eines späteren Bandes werden. Spannend sind entsprechende theoretische Überlegungen jedenfalls.

Matrixsysteme

Mit diesem Abschnitt beginnt der dritte Teil des Buches, in dem die Matrixsysteme vorgestellt werden. Jedes solche System besitzt einige grundlegende Komponenten:

- Eine Schnittstelle zur Herstellung des Zusammenhangs zwischen den Beobachtungen und den Situationen.
  Diese Schnittstelle muss in beide Richtungen funktionieren können, damit einerseits irgendwelche Beobachtungen mithilfe der Situationsvektoren des Matrixsystems dargestellt werden können, andererseits aber auch diese Situationsvektoren wieder in eine Ausgabe konvertiert werden können, so dass dieser Vorgang der Art und Weise entspricht, gemäß der die Beobachtungen ins System aufgenommen worden sind.

- Die Situationsvektoren als solche, sowie die Matrizen, die im Wesentlichen die Propagationsdarstellungen sind, damit das Matrixsystem Ausgangssituationen auf eine logisch sinnvolle Weise Folgesituationen zuordnen kann

- Den Algorithmengenerator, der die Matrizen ergänzen kann, wenn sie noch unvollständig sind und auf den noch im Zuge der Beispiele im Detail eingegangen wird.

- Elemente zur Zielfindung, damit das System insbesondere

87

vermittels charakteristischer Situationen und Folgen auf die später noch zu erklärende, sogenannte essenzielle Teilsituation zusteuern kann und dadurch in der Lage ist, zielgerichtet zu handeln.

Jede dieser Komponenten taucht in allen Beispielen auf, anhand derer die Theorie erklärt werden soll. Die Darstellung beginnt mit der einfachen Repräsentation der Disko-Ampel. Im Anschluss werden die Matrix-Operatoren vorgestellt, die ein essenzielles Hilfsmittel für den Algorithmengenerator sind. Dessen Aufgabe wird nach und nach deutlicher werden. Die Beispiele sind, soweit möglich, gemäß ihrer Komplexität vor allem bezüglich des Zielfindungsprozesses sortiert. Zunächst soll auch gar nicht auf die Aufgabe des Systems eingegangen werden, Matrixeinträge selbst finden zu können. Stattdessen besteht das Ziel der Darstellung darin, die Perspektive auf mögliche Repräsentationen für modellartige Beispielfälle zu richten.

Erst wenn klarer geworden ist, wie eine Repräsentation aussehen könnte, wird dieser Aspekt des Generierens der Elemente solcher Abbildungen in den Fokus rücken.

Die Disko-Ampel

Dieses Beispiel erscheint zwar sehr einfach, wird aber später noch mehrmals eine zentrale Rolle spielen. Die Ampel besitzt wesentliche Komponenten, die alle Matrixsysteme gemeinsam haben, denn bis auf die Elemente zur Zielfindung sind alle Bestandteile solcher Systeme bereits in diesem Beispiel präsent. Sie besitzt acht verschiedene Zustände, in denen sie angetroffen werden kann.

Wie diese nummeriert werden, spielt keine Rolle, denn das System hat keine Ahnung, was es zu repräsentieren versucht. Es kennt lediglich seine Beobachtungen. Jedem Ampelzustand

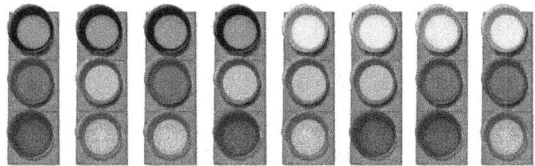

Abbildung 10: Acht Ampelzustände

ordnet es eine Situation zu, die es als Vektor repräsentiert. Für den dritten Ampelzustand steht z. B.:

$$s = \begin{bmatrix} 0 \\ 0 \\ 1 \\ 0 \\ 0 \\ 0 \\ 0 \\ 0 \end{bmatrix}$$

In der rauen Wirklichkeit würde ein natürlicher Beobachter eine Folge von Ampelzuständen wahrnehmen und genau das könnte ein Matrixsystem nachempfinden.

Dabei entsteht ein im mathematischen Sinn diskretes, dynamisches System. Der Begriff „diskret" bedeutet, dass jedes Mal, wenn eine Folgesituation ermittelt werden soll, einmal mehr die Matrix angewendet wird.

„Dynamisch" ist es deshalb, weil die Folgesituation als Ausgangssituation wieder eingesetzt werden könnte. Sollte das System versuchen, die obige Abfolge von Ampelzuständen nachzubilden, ergäbe sich eine Repräsentation wie diese:

$$s' = \begin{bmatrix} 0 & 0 & 0 & 0 & 0 & 0 & 0 & 1 \\ 1 & 0 & 0 & 0 & 0 & 0 & 0 & 0 \\ 0 & 1 & 0 & 0 & 0 & 0 & 0 & 0 \\ 0 & 0 & 1 & 0 & 0 & 0 & 0 & 0 \\ 0 & 0 & 0 & 1 & 0 & 0 & 0 & 0 \\ 0 & 0 & 0 & 0 & 1 & 0 & 0 & 0 \\ 0 & 0 & 0 & 0 & 0 & 1 & 0 & 0 \\ 0 & 0 & 0 & 0 & 0 & 0 & 1 & 0 \end{bmatrix} \cdot s$$

Die Matrixmultiplikation bewirkt, dass die Zustände aufeinander folgen werden. Der Ausgangszustand wird dabei offensichtlich genau wie jeder Folgezustand durch einen mathematischen Vektor dargestellt, der genau eine Eins aufweist, und zwar an der Stelle, die den jeweiligen Ampelzustand repräsentiert.

Berechnet man aus dem obigen Ausgangszustand mit dieser Methode z. B. was passiert, wenn fünf Schritte erfolgt sind, so ist der Endzustand dann:

$$\vec{s}\,' = \begin{bmatrix} 0 & 0 & 0 & 0 & 0 & 0 & 0 & 1 \\ 1 & 0 & 0 & 0 & 0 & 0 & 0 & 0 \\ 0 & 1 & 0 & 0 & 0 & 0 & 0 & 0 \\ 0 & 0 & 1 & 0 & 0 & 0 & 0 & 0 \\ 0 & 0 & 0 & 1 & 0 & 0 & 0 & 0 \\ 0 & 0 & 0 & 0 & 1 & 0 & 0 & 0 \\ 0 & 0 & 0 & 0 & 0 & 1 & 0 & 0 \\ 0 & 0 & 0 & 0 & 0 & 0 & 1 & 0 \end{bmatrix}^{5} \cdot \vec{s}$$

Die Komponenten der Matrix ermittelt ein solches System anhand der Beobachtungen, nachdem es zuvor die Gestalt des Situationsvektors $\vec{s}$ ermittelt hat.

Viel mehr gibt es zur Disko-Ampel an dieser Stelle eigentlich erstmal nicht zu sagen. Im Folgenden soll zunächst auf die Matrixoperatoren eingegangen werden. Danach folgt die modellartige Beschreibung des Mau-Mau-Spiels.

Matrixoperatoren

Es gibt in der Theorie einige Matrix-generierende und Matrix-manipulierende Operatoren: $\hat{M}$, $\hat{P}$, $\hat{\tilde{P}}$, $\hat{V}$, $\hat{\tilde{V}}$, $\hat{S}$, $\hat{Q}$, $\hat{K}$, $\hat{\tilde{K}}$. Ihre Wirkungsweise soll jetzt dargelegt werden. Selbstverständlich ist es stets möglich, weitere Matrixoperatoren zu definieren. Dies ist offenbar auch sinnvoll, falls durch deren Verwendung die Effizienz bei der Repräsentation erhöht werden könnte; die hier zunächst beschriebenen Operatoren erweisen sich für die Matrixsysteme jedoch recht weitreichend als vollkommen ausreichend und eine regelrechte Inflation von Operatoren macht die Lage mitunter eher unübersichtlich und sollte vermieden werden. Sie sind zunächst letzlich Mittel zum Zweck für den Algorithmengenerator, wenn er versucht, Repräsentationen zu finden. Algebraische Eigenschaften dieser Operatoren zu untersuchen, ist darüber hinaus zwar auch interessant, aber nicht Gegenstand dieses Textes. Auf der Webseite kann man sich mit ihnen durch Ausprobieren einiger Ausdrücke besser vertraut machen. Der Rechner erkennt Matrixausdrücke der Einfachheit halber daran, dass sie von eckigen Klammern eingeschlossen werden. Runde Klammern können dementsprechend bei gewöhnlichen, algebraischen Ausdrücken verwendet werden. Entsprechende Beispielausdrücke sind dort angegeben.

Der Algorithmus des Rechners ist im Anhang darüber hinaus unter Auslassung matrixwertiger Eingaben als Beispiel zum Javascript eingehender erklärt.

Matrix-Operatoren verfügen über Indizes, die jeweils nach unten gestellt sind, damit mithilfe oberer Indizes eine weitere Indizierung bei deren Gebrauch im mathematischen Kontext einheitlich möglich ist.

1. $\hat{M}$

Der Operator $_{(nxm)}\hat{M}_{i,j}$ erzeugt eine Null-Matrix mit n Zeilen und m Spalten. Er platziert dann entweder die dahinterstehende Zahl an die durch i und j angegebene Stelle, oder, sofern keine Zahl vorkommt, die Zahl Eins. Fehlen auch i und j, wird nur eine Nullmatrix erzeugt. Die Funktionsweise der abgekürzten Varianten soll gelegentlich das Programm bei seinem Versuch unterstützen, den Operator anzuwenden. Diese sind auf der begleitenden Webseite nicht vollständig umgesetzt. Für den Generator ist es aber jedenfalls hilfreich, anstelle einer Fehlermeldung ein brauchbares Ergebnis zu bekommen, auch wenn er nicht strikt alle Indizes für eine Berechnung zur Verfügung gestellt hat.

Beispiele:

$$_{(2\cdot 3)}\hat{M}_{(1,1)} = {}_{(2\cdot 3)}\hat{M}_{(1,1)}1 = \begin{bmatrix} 1 & 0 & 0 \\ 0 & 0 & 0 \end{bmatrix}$$

$$_{(3\cdot 3)}\hat{M} = \begin{bmatrix} 0 & 0 & 0 \\ 0 & 0 & 0 \\ 0 & 0 & 0 \end{bmatrix}$$

2. $\hat{P}$

Dieser Operator hat ebenfalls Matrix-generativen Charakter. Er wirkt auf eine Matrix, die natürlich auch lediglich aus einer einzigen Zahl bestehen kann und erzeugt daraus eine Neue. Vorab zwei Beispiele:

$$_{(3\cdot 3)}\hat{P}_{1,1}1 = \begin{bmatrix} 1 & 0 & 0 \\ 0 & 1 & 0 \\ 0 & 0 & 1 \end{bmatrix}$$

die 3x3 Einheitsmatrix. Oder

$$_{1\cdot 3}\hat{P}_{0,1}\begin{bmatrix} 1 & 0 & 0 \\ 1 & 0 & 0 \\ 1 & 0 & 0 \end{bmatrix} = \begin{bmatrix} 1 & 0 & 0 & 1 & 0 & 0 & 1 & 0 & 0 \\ 1 & 0 & 0 & 1 & 0 & 0 & 1 & 0 & 0 \\ 1 & 0 & 0 & 1 & 0 & 0 & 1 & 0 & 0 \end{bmatrix}$$

$\hat{P}$ ist der komplexeste und wichtigste Operator, den das System bei seinem Versuch, Matrizen zu generieren, verwendet. Die Wirkungsweise erfolgt in zwei Schritten. Zuerst wird eine neue Null-Matrix erzeugt, die dadurch entsteht, dass diejenige Matrix, auf die der Operator $\hat{P}$ wirkt, entsprechend der untengestellten Dimensionalität kopiert wird. Dann wird diese Matrix oben links eingesetzt und gemäß dieser Indizes nach rechts, rechts unten oder nur nach unten kopiert. Dementsprechend nehmen die Indizes i und j die Werte 0 oder 1 an. Einige weitere Beispiele verdeutlichen die Wirkungsweise:

$$_{4\cdot 4}\hat{P}_{1,1}\begin{bmatrix} 0 & 1 \\ 1 & 0 \end{bmatrix} = \begin{bmatrix} 0 & 1 & 0 & 0 & 0 & 0 & 0 & 0 \\ 1 & 0 & 0 & 0 & 0 & 0 & 0 & 0 \\ 0 & 0 & 0 & 1 & 0 & 0 & 0 & 0 \\ 0 & 0 & 1 & 0 & 0 & 0 & 0 & 0 \\ 0 & 0 & 0 & 0 & 0 & 1 & 0 & 0 \\ 0 & 0 & 0 & 0 & 1 & 0 & 0 & 0 \\ 0 & 0 & 0 & 0 & 0 & 0 & 0 & 1 \\ 0 & 0 & 0 & 0 & 0 & 0 & 1 & 0 \end{bmatrix}$$

oder auch:

$$_{4\cdot 1}\hat{P}_{1,0}\begin{bmatrix} 1 & 1 & 0 & 1 & 0 & 1 & 0 & 1 \\ 1 & 1 & 0 & 0 & 0 & 0 & 0 & 0 \end{bmatrix} = \begin{bmatrix} 1 & 1 & 0 & 0 & 0 & 0 & 0 & 0 \\ 1 & 1 & 0 & 0 & 0 & 0 & 0 & 0 \\ 1 & 1 & 0 & 0 & 0 & 0 & 0 & 0 \\ 1 & 1 & 0 & 0 & 0 & 0 & 0 & 0 \\ 1 & 1 & 0 & 0 & 0 & 0 & 0 & 0 \\ 1 & 1 & 0 & 0 & 0 & 0 & 0 & 0 \\ 1 & 1 & 0 & 0 & 0 & 0 & 0 & 0 \\ 1 & 1 & 0 & 0 & 0 & 0 & 0 & 0 \end{bmatrix}$$

3. $\hat{V}$

$_{n\cdot m}\hat{V}_{i,j}$ ist ein Verschiebeoperator, der zugleich Matrizen erweitern kann. Er ist deshalb kein rein Matrix-generierender Operator, sondern kann auch Matrix-manipulierenden Charakter haben. Die Matrix, auf die er wirkt, wird zunächst auf $n \times m$ Dimensionen erweitert oder zurechtgeschnitten, und dann gemäß den Indizes i und j verschoben. Beide Indizes nehmen ausschließlich einen der Werte -1, 0, 1 an. Beispielsweise ist

$$
{}_{4 \cdot 4} \hat{V}_{0,1}
\begin{bmatrix}
0 & 0 & 0 & 0 & 0 & 0 & 0 & 0 \\
0 & 1 & 0 & 0 & 0 & 0 & 0 & 0 \\
0 & 0 & 0 & 0 & 0 & 0 & 0 & 0 \\
0 & 0 & 0 & 0 & 0 & 0 & 0 & 0 \\
0 & 0 & 0 & 0 & 0 & 0 & 0 & 0 \\
1 & 0 & 0 & 0 & 0 & 0 & 0 & 0 \\
0 & 0 & 0 & 0 & 0 & 0 & 0 & 0 \\
0 & 0 & 0 & 0 & 0 & 0 & 0 & 0
\end{bmatrix}
=
\begin{bmatrix}
0 & 0 & 0 & 0 \\
0 & 0 & 1 & 0 \\
0 & 0 & 0 & 0 \\
0 & 0 & 0 & 0
\end{bmatrix}
$$

weil zunächst die 4x4-Matrix oben links ausgeschnitten wird, und dann alle Elemente um eine Position nach rechts verschoben werden.
Oder

$$
{}_{4 \cdot 4} \hat{V}_{1,1}
\begin{bmatrix}
1 & 1 & 0 & 0 \\
1 & 1 & 0 & 0 \\
0 & 0 & 0 & 0 \\
0 & 0 & 0 & 0
\end{bmatrix}
=
\begin{bmatrix}
0 & 0 & 0 & 0 \\
0 & 1 & 1 & 0 \\
0 & 1 & 1 & 0 \\
0 & 0 & 0 & 0
\end{bmatrix}
$$

Soll um mehr als eine Zeile oder Spalte verschoben werden, wird der Operator entsprechend oft angewendet. Das hat für das System den Vorteil, dass es lediglich eine Variante des Operators zu erkennen braucht und dann auch alle anderen Verschiebungen vornehmen kann. Also ist z. B.

$$
{}_{4 \cdot 4} \hat{V}_{1,1}^{2}
\begin{bmatrix}
1 & 1 & 0 & 0 \\
1 & 1 & 0 & 0 \\
0 & 0 & 0 & 0 \\
0 & 0 & 0 & 0
\end{bmatrix}
=
\begin{bmatrix}
0 & 0 & 0 & 0 \\
0 & 0 & 0 & 0 \\
0 & 0 & 1 & 1 \\
0 & 0 & 1 & 1
\end{bmatrix}
$$

4. $\hat{\tilde{V}}_{i,j}$

Dieser Operator wirkt genau wie $\hat{V}$ selbst, verschiebt aber die Inhalte der Matrix nicht aus dieser heraus, sondern jeweils wieder hinein. Was also unten herausgeschoben wird, erscheint oben wieder. Und genau so verhält es sich mit den anderen Richtungen. Beispielsweise ist

$$_{4\cdot4}\hat{\tilde{V}}^2_{1,1} \begin{bmatrix} 0 & 0 & 0 & 0 \\ 0 & 0 & 0 & 0 \\ 0 & 0 & 0 & 0 \\ 0 & 1 & 1 & 0 \end{bmatrix} = \begin{bmatrix} 0 & 0 & 0 & 0 \\ 1 & 0 & 0 & 1 \\ 0 & 0 & 0 & 0 \\ 0 & 0 & 0 & 0 \end{bmatrix}$$

Dementsprechend gilt auch:

$$_{4\cdot4}\hat{\tilde{V}}_{1,0} \begin{bmatrix} 1 & 0 & 0 & 0 \\ 1 & 0 & 0 & 0 \\ 1 & 0 & 0 & 0 \\ 1 & 0 & 0 & 0 \end{bmatrix} = \begin{bmatrix} 1 & 0 & 0 & 0 \\ 1 & 0 & 0 & 0 \\ 1 & 0 & 0 & 0 \\ 1 & 0 & 0 & 0 \end{bmatrix}$$

Geeignet symmetrische Matrizen sind daher invariant unter dem Operator.

5. $_{n\cdot m}\hat{S}_{i,j}$

$\hat{S}$ ist ein rein Matrix-manipulierender Operator. Auch die noch folgenden Operatoren haben rein manipulativen Charakter. Er spiegelt Matrizen und ist daher ein Symmetrie-Operator. Er bewirkt, dass die Matrix, auf die er angewendet wird, bezüglich Zeilen und Spalten vertauscht wird. Es ist auch nicht erforderlich, dass es sich um eine quadratische Matrix handelt, obwohl bei allen Anwendungen in den Programmbeispielen dieses Buches ausschließlich quadratische Matrizen auftauchen. Die beiden Indizes geben die Spiegelachse an und können die Werte -1, 0 oder 1 annehmen. (0,1) oder (0,-1) bedeutet eine Spiegelung an der horizontalen Achse, (1,0) oder (-1,0) bewirkt eine Spiegelung an der vertikalen Achse, (1,1) oder (-1,-1)eine solche an der diagonalen Achse von oben links nach unten rechts, (1,-1) oder (-1,1) eine Spiegelung an der diagonalen Achse von oben rechts nach unten links. (0,0) bewirkt keine Spiegelung und ist daher einfach ein Identitätsoperator.

Beispiele:

$$\hat{S}_{1,-1} = \begin{bmatrix} 1 & 1 & 0 & 0 \\ 1 & 1 & 0 & 0 \\ 0 & 0 & 0 & 0 \\ 0 & 0 & 0 & 0 \end{bmatrix} = \begin{bmatrix} 0 & 0 & 0 & 0 \\ 0 & 0 & 0 & 0 \\ 0 & 0 & 1 & 1 \\ 0 & 0 & 1 & 1 \end{bmatrix}$$

$$\hat{S}_{0,1} = \begin{bmatrix} 1 & 1 & 0 & 0 \\ 1 & 1 & 0 & 0 \\ 0 & 0 & 0 & 0 \\ 0 & 0 & 0 & 0 \end{bmatrix} = \begin{bmatrix} 0 & 0 & 1 & 1 \\ 0 & 0 & 1 & 1 \\ 0 & 0 & 0 & 0 \\ 0 & 0 & 0 & 0 \end{bmatrix}$$

$$\hat{S}_{1,1} = \begin{bmatrix} 1 & 1 & 0 & 0 \\ 1 & 1 & 0 & 0 \end{bmatrix} = \begin{bmatrix} 1 & 1 \\ 1 & 1 \\ 0 & 0 \\ 0 & 0 \end{bmatrix}$$

Die negativen Indizes tauchen übrigens in den Beispielen dieses Buches nicht auf, erscheinen aber der Konsistenz wegen vernünftig, vor allem vor dem Hintergrund, dass ein System versuchen könnte, die Operatoren derart zu verwenden.

6. $\hat{Q}$

Dieser ebenfalls manipulative Operator bewirkt, dass sämtliche Elemente einer Matrix von 1 subtrahiert eingetragen werden. Statt $\hat{Q}(...)$ kann auch einfach nur ein Querstrich über einem Matrixausdruck stehen; diese Kurzfassung hilft übrigens insbesondere auch, wie die anderen ebenfalls, wenn man versucht, sich Matrizen selbst zu überlegen.

Zum Beispiel ist

$$_{4\cdot4}\bar{0} = \begin{bmatrix} 1 & 1 & 1 & 1 \\ 1 & 1 & 1 & 1 \\ 1 & 1 & 1 & 1 \\ 1 & 1 & 1 & 1 \end{bmatrix}$$

oder

$$_{4\cdot4}\bar{1} = \begin{bmatrix} 0 & 1 & 1 & 1 \\ 1 & 0 & 1 & 1 \\ 1 & 1 & 0 & 1 \\ 1 & 1 & 1 & 0 \end{bmatrix}$$

7. $_{n\cdot m}\hat{K}_{i,j}$

Der Operator wirkt auf eine Matrix, die mindestens $n \cdot m$ Einträge hat. Er teilt sie gemäß den vorangestellten Parametern n, m in entsprechende, rechteckige Teilbereiche auf. In allen Beispielen ist n=m. Der zu wählende Ausschnitt ist dementsprechend quadratisch. Dann kopiert er alle von Null verschiedenen Elemente jedes Ausschnitts gemäß den Indizes i,j in die nach rechts, unten oder unten rechts benachbarten Teilbereiche.

1. Beispiel:

$$_{2\cdot2}\hat{K}_{0,1} \begin{bmatrix} 0 & 1 & 0 & 0 \\ 0 & 0 & 1 & 0 \\ 0 & 0 & 0 & 0 \\ 0 & 0 & 0 & 0 \end{bmatrix} = \begin{bmatrix} 0 & 1 & 0 & 1 \\ 0 & 0 & 1 & 0 \\ 0 & 0 & 0 & 0 \\ 0 & 0 & 0 & 0 \end{bmatrix}$$

2. Beispiel:

$$_{2\cdot2}\hat{K}_{1,1} \begin{bmatrix} 1 & 1 & 0 & 0 \\ 0 & 0 & 1 & 0 \\ 0 & 0 & 0 & 0 \\ 0 & 0 & 1 & 0 \end{bmatrix} = \begin{bmatrix} 1 & 1 & 0 & 0 \\ 0 & 0 & 1 & 0 \\ 0 & 0 & 1 & 1 \\ 0 & 0 & 1 & 0 \end{bmatrix}$$

Die Matrix wird also zunächst um zwei Zeilen und zwei Spalten nach rechts und unten verschoben. Dabei erscheinen in den

Quadranten im Ergebnis überall eine Einsen, wo entweder in der Ausgangsmatrix oder der verschobenen Matrix eine Eins ist.

Überlegt man sich darüber hinaus, was im obigen Beispiel mit dem oberen, rechten Quadranten geschehen würde, nachdem dieser nach unten rechts verschoben worden ist, so wäre es offensichtlich, dass er sich rechts unten neben der Matrix befindet. Aus der Überlegung, dass dieser Quadrant analog zu periodischen Randbedingungen, die oft in der Naturwissenschaft genutzt werden, sich in der Ursprungsmatrix unten links wiederfinden könnte, würde es Sinn ergeben, analog zu $\tilde{V}$ einen weiteren, entsprechenden Operator zu definieren. Und obwohl er hier zuletzt erwähnt wird, ist dieser sogar von entscheidender Bedeutung für den Algorithmengenerator.

8. $_{n \cdot m}\hat{\tilde{K}}_{i,j}$

Analog zu $\tilde{V}$ wird also der Operator $\tilde{K}$ definiert. Man kann sich die Wirkungsweise eines solchen, beispielsweise mit $_{1,1}$ indizierten Operators am besten derart vorstellen, dass sehr viele solcher Matrizen nach rechts und unten aneinandergereiht werden und alle sollen gleich aussehen. Deshalb wiederholen sich die Elemente an entsprechenden Positionen. Zum Beispiel erscheinen Einsen, wenn jeder (4*4)-Ausschnitt jeweils nach unten rechts kopiert werden soll, gemäß dem folgenden Beispiel:

$$_{4 \cdot 4}\hat{\tilde{K}}_{1,1}
\begin{bmatrix}
0 & 1 & 0 & 1 & 0 & 0 & 0 & 1 \\
1 & 0 & 0 & 1 & 0 & 0 & 0 & 0 \\
1 & 1 & 0 & 1 & 0 & 0 & 0 & 0 \\
1 & 1 & 1 & 0 & 0 & 0 & 0 & 0 \\
0 & 0 & 0 & 0 & 0 & 0 & 1 & 0 \\
0 & 0 & 0 & 0 & 0 & 0 & 1 & 0 \\
0 & 0 & 0 & 0 & 0 & 0 & 0 & 0 \\
0 & 0 & 0 & 0 & 0 & 0 & 0 & 0
\end{bmatrix}
=
\begin{bmatrix}
0 & 1 & 1 & 1 & 0 & 0 & 0 & 1 \\
1 & 0 & 1 & 1 & 0 & 0 & 0 & 0 \\
1 & 1 & 0 & 1 & 0 & 0 & 0 & 0 \\
1 & 1 & 1 & 0 & 0 & 0 & 0 & 0 \\
0 & 0 & 0 & 1 & 0 & 1 & 1 & 1 \\
0 & 0 & 0 & 0 & 1 & 0 & 1 & 1 \\
0 & 0 & 0 & 0 & 1 & 1 & 0 & 1 \\
0 & 0 & 0 & 0 & 1 & 1 & 1 & 0
\end{bmatrix}$$

Man beachte, dass die Einsen an allen Stellen, wo sie im

Quadrat standen, nach unten rechts kopiert worden sind.

$$
{}_{4\cdot4}\hat{\hat{K}}_{1,1}
\begin{bmatrix}
0&1&0&1&0&0&0&0\\
1&0&0&1&0&0&0&0\\
1&1&0&1&0&0&0&0\\
1&1&1&0&0&0&1&0\\
0&0&0&0&0&0&0&0\\
0&0&0&0&0&0&0&0\\
0&0&0&0&0&0&0&0\\
0&0&0&0&0&0&0&0
\end{bmatrix}
=
\begin{bmatrix}
0&1&0&1&0&0&0&0\\
1&0&0&1&0&0&0&0\\
1&1&0&1&0&0&0&0\\
1&1&1&0&0&0&0&0\\
0&0&0&0&0&1&1&1\\
0&0&0&0&1&0&0&1\\
0&0&0&0&1&1&0&1\\
0&0&1&0&1&1&1&0
\end{bmatrix}
$$

weil die 1 an der Position (5,7) erhalten bleibt.

$$
{}_{4\cdot4}\hat{\hat{K}}_{1,1}
\begin{bmatrix}
0&0&0&0&0&0&0&0\\
1&0&0&0&0&0&0&0\\
0&1&0&0&0&0&0&0\\
0&0&0&0&0&0&0&0\\
0&0&0&1&0&0&0&0\\
0&0&0&0&0&0&0&0\\
0&0&0&0&0&1&0&0\\
0&0&0&0&0&0&1&0
\end{bmatrix}
=
\begin{bmatrix}
0&0&0&0&0&0&0&1\\
1&0&0&0&0&0&0&0\\
0&1&0&0&0&0&0&0\\
0&0&1&0&0&0&0&0\\
0&0&0&1&0&0&0&0\\
0&0&0&0&1&0&0&0\\
0&0&0&0&0&1&0&0\\
0&0&0&0&0&0&1&0
\end{bmatrix}
$$

oder auch

$$
{}_{4\cdot4}\hat{\hat{K}}_{1,0}
\begin{bmatrix}
0&0&0&0&0&0&0&0\\
1&0&0&0&0&0&0&0\\
0&1&0&0&0&0&0&0\\
0&0&0&0&0&0&0&0\\
0&0&0&1&0&0&0&0\\
0&0&0&0&0&0&0&0\\
0&0&0&0&0&1&0&0\\
0&0&0&0&0&0&1&0
\end{bmatrix}
=
\begin{bmatrix}
0&0&0&1&0&0&0&0\\
1&0&0&0&0&0&0&0\\
0&1&0&0&0&1&0&0\\
0&0&0&0&0&0&1&0\\
0&0&0&1&0&0&0&0\\
1&0&0&0&0&0&0&0\\
0&1&0&0&0&1&0&0\\
0&0&0&0&0&0&1&0
\end{bmatrix}
$$

Der Operator erlaubt eine Vervollständigung von Matrizen, die sich in rechteckige und damit insbesondere auch in quadratische Bereiche aufteilen lassen und ist deshalb für den Generator besonders bedeutsam. Denn aufgrund von Beobachtungen entstehen in der regelmäßigen Matrixstruktur nicht alle Einsen in sämtlichen Quadranten durch die Vervollständigung steht dem Generator aber letztlich trotzdem ein größerer Teil der gesamten Matrizen zur Verfügung.

Abschließend sollte bezüglich der Matrixoperatoren noch bedacht werden, dass sie selbstverständlich bei der programmatischen Umsetzung durch logische Verknüpfungen ergänzt werden können. Der Generator sollte keinesfalls gewissermaßen gezwungen werden, nur die hier beschriebenen Operatoren verwenden zu dürfen. Das würde aber ja schon allein deshalb wenig Sinn machen, weil gerade solche Operatoren wie K ja auch programmtechnisch implementiert werden müssen. Sobald sich aber herausstellt, dass genau dessen Operation zum Ziel führt, ist offensichtlich seine Verwendung sehr viel übersichtlicher, als es irgendeine Zerlegung dieses Operators in logische Verknüpfungen wäre, die dasselbe Resultat liefern würde. Trotzdem muss dem Generator ohnehin die Möglichkeit gegeben werden, logische Verknüpfungen zu verwenden, also die Matrixoperatoren, falls sie auf Anhieb nicht reichen sollten mit den üblichen logischen ‚und‘-, ‚oder‘- bzw. ‚exklusiv-oder‘-Verknüpfungen zu ergänzen. Dieses Vorgehen erweist sich mitunter als sehr hilfreich und hat deshalb Priorität vor einer schlichten Ergänzung fehlender Elemente durch den Operator M. Wenn jedoch gar nichts mehr systematisch erkennbar scheint, wird letztlich stets ein Ausweg gesucht, eine solche Sondersituation doch noch irgendwie zu erfassen. Dieser Aspekt wird übrigens bei der Analyse von Schachzügen abermals auftauchen, denn auch dort werden letztlich alle Züge, die nicht automatisch und systematisch erfasst werden können, zuallerletzt, wenn es gar nicht anders geht, getrennt vermerkt.

Beim Schachspiel ist mit Blick auf die folgenden Abschnitte dabei insbesondere die Rochade oder das „Schlagen en passant"gemeint. Wichtig ist zu beachten, dass das Vorgehen des Systems
auf den ersten Blick ein wenig wie ein Verzweiflungsversuch erscheint; es ist aber nicht ganz unvernünftig, denn obwohl solche
Sondersituationen zunächst unerklärlich scheinen, führt das gesonderte Vermerken letztlich oft zum Erfolg, so dass das System
das gesamte Spiel mitspielen kann.

Mau-Mau – eine mögliche Repräsentation

Ein zentraler Aspekt der Wissenschaft besteht darin, komplexe Probleme zu betrachten. Sehr oft erweist es sich als hilfreich, sie zunächst aufzuteilen und die entstehenden Teile separat zu lösen. In genau diesem Sinn ist es oft zielführend, ein vereinfachtes Modell, welches aber bereits wesentliche Aspekte des Gesamtproblems beinhaltet, zu bilden, und dieses zunächst im Detail zu betrachten.

Das Ziel dieses Werkes ist es zu erklären, wie sich Computer selbst programmieren können. Eine Theorie, die dieses Vorgehen insgesamt erläutert und erklärt, wie solch ein selbstprogrammierendes System dabei vorgehen könnte, gibt es aber in aller Vollständigkeit noch nicht. Es ist ein wesentliches Merkmal der Repräsentationstheorie zur Simulation natürlicher Intelligenz, dass sie noch nicht vollendet ist. Die zuvor vorgestellten Matrixoperatoren sind sehr hilfreich, um Repräsentationen zu beschreiben, oder anhand von Teilen derer die gesamten Matrizen aufspüren zu können. Sie helfen dem System sozusagen „auf die Sprünge" , um selbst weiterzukommen. Im Zuge dieses Textes geht es also darum zu versuchen, Elemente, die nötig sein könnten, um einem Computer sozusagen das Denken beizubringen, im Detail zu entwickeln.

In diesem Sinne stellt das „Mau-Mau-Spiel" eine vereinfachte Version anderer Spiele oder dergleichen dar, anhand dessen Erkenntnisse bezüglich derer oder eigentlich sogar völlig allgemeiner Situationsfolgen gewonnen werden sollen.

Detaillierte Analyse des Spiels

Das Kartenspiel, das im Zentrum der Analyse steht, ist ein einfaches Modell, das lediglich darin bestehen soll, aus einer von 32 Karten eine geeignete Karte auszuwählen, um sie aufzulegen. Es gibt also nur einen Platz, wo Karten niedergelegt werden können, und die alleinige, modellartige Regel ist die, dass lediglich bestimmte Karten folgen können. Dabei ist es genau aufgrund dieser modelltechnischen Ambitionen egal, welche Karten schon gespielt worden sind. Weitere Komplikationen, die sich daraus ergeben könnten, müssten später noch berücksichtigt werden.

Das betrachtete Kartenspiel soll 8x4=32 Karten beinhalten, die jeweils zwei Merkmale tragen sollen, und zwar muss jede Karte

– Herz, Karo, Pik oder Kreuz als „Farbe"und

– 7, 8, 9, 10, Bube, Dame, König oder As als „Zahl"

aufweisen.

Es gibt also 4 „Farben" und 8 „Zahlen", was insgesamt 32 Merkmale ausmacht. Die stilisierte Regel des Spiels besteht darin, dass bei jedem Zug eines dieser beiden Merkmale erhalten bleibt, aber niemals beide. Also kann auf 7-Herz z. B. 7-Karo oder 9-Herz folgen, aber nicht 10-Pik und auch nicht 7-Herz selbst. Die Ausgangssituation ist also für den Computer derart, dass eine Karte auf dem einzigen Platz liegt, der vorhanden ist. Es gibt in dieser stilisierten Spielvariante keine zwei Plätze, und das Spiel besitzt daher keine topologischen Freiheiten, sozusagen: Die Karten können nur auf einem einzigen Stapel liegen. Und eine Karte davon soll oben liegen.

Das Beispiel ist natürlich deshalb so konstruiert, damit es einfacher erscheint, wesentliche Aspekte zu erkennen.

Die zuletzt aufgelegte Karte stellt also die aktuelle Situation dar, die das System beobachtet, und die folgende hat entweder die gleiche „Zahl" oder dieselbe „Farbe". Und wenn das System lange genug zugeschaut hat, soll es diese Regel erkennen und selbst mitspielen können.

Eine Situation wird dementsprechend durch einen 32-komponentigen Vektor dargestellt, dessen Komponenten allesamt gleich Null sind, außer einer einzigen Eins an der Stelle, die die entsprechende Karte signalisiert. Bevor das System einen solchen Vektor generieren kann, muss es sich entscheiden, wie es ihn darstellen möchte. Es muss die Karten durchnummerieren. Besonders geeignet erscheinen zwei Herangehensweisen, die sich beide an den Merkmalsausprägungen orientieren, und diese lediglich vertauscht darstellen.

Entweder nummeriert es derart, dass zunächst die erste Eigenschaft in den Vordergrund tritt, so dass es 7, 8, 9, 10, ..., As diesbezüglich vermerkt und dann Herz, Pik, Karo und Kreuz als Eigenschaften erfasst werden, oder es geht genau umgekehrt vor.

Das System könnte natürlich auch beliebig anders nummerieren. Aber die Situation stellt sich insbesondere zum Zweck der Illustration viel durchsichtiger und klarer dar, wenn es eine dieser beiden Varianten wählt.

Man kann es auch dazu bringen, indem die Dateinamen für die Nummerierung herangezogen werden. Oder durch eine vorgelagerte Mustererkennung. Eine völlig durcheinandergeworfene Darstellung besitzt zwar im gleichen Sinne wie bei den Darstellungen beliebiger Matrizen im vorangegangenen zweiten Abschnitt des Buches dieselbe Aussagekraft, würde aber, um die Verallgemeinerungsfähigkeit eines intelligenz-simulierenden Systems unterstützen zu können der „Diagonalisierung" bedürfen, damit die Matrizen wieder in einer möglichst einfach zu erkennenden Darstellung erscheinen.

Im Folgenden soll davon ausgegangen werden, dass eine vorgelagerte Mustererkennung die Merkmalsausprägungen der Karten erkannt hat, oder gleichwertig, dass sie der Einfachheit halber anhand der Dateinamen dementsprechend eingeordnet werden konnten.

Eine Situation muss dann durch einen Vektor mit 32 Komponenten mit nur einer Zahl ungleich Null dargestellt werden, nämlich da, wo die oben aufliegende Karte ist. In der ersten derart sortierten Variante wird die Situation, bei der die Karte 8-Herz oben liegt durch den umseitig vollständig dargestellten Beispielvektor beschrieben.

$$
\begin{bmatrix}
0 & (7 - Karo) \\
0 & (8 - Karo) \\
0 & (9 - Karo) \\
0 & (10 - Karo) \\
0 & (Bube - Karo) \\
0 & (Dame - Karo) \\
0 & (Koenig - Karo) \\
0 & (As - Karo) \\
0 & (7 - Herz) \\
1 & (8 - Herz) \\
0 & (9 - Herz) \\
0 & (10 - Herz) \\
0 & (Bube - Herz) \\
0 & (Dame - Herz) \\
0 & (Koenig - Herz) \\
0 & (As - Herz) \\
0 & (7 - Pick) \\
0 & (8 - Pick) \\
0 & (9 - Pick) \\
0 & (10 - Pick) \\
0 & (Bube - Pick) \\
0 & (Dame - Pick) \\
0 & (Koenig - Pick) \\
0 & (As - Pick) \\
0 & (7 - Kreuz) \\
0 & (8 - Kreuz) \\
0 & (9 - Kreuz) \\
0 & (10 - Kreuz) \\
0 & (Bube - Kreuz) \\
0 & (Dame - Kreuz) \\
0 & (Koenig - Kreuz) \\
0 & (As - Kreuz)
\end{bmatrix}
$$

In der anderen Nummerierung wird dieselbe Situation beschrieben durch:

$$
\begin{bmatrix}
0 & (7 - Karo) \\
0 & (7 - Herz) \\
0 & (7 - Pick) \\
0 & (7 - Kreuz) \\
0 & (8 - Karo) \\
1 & (8 - Herz) \\
0 & (8 - Pick) \\
0 & (...) \\
0 & As - Kreuz
\end{bmatrix}
$$

Die Folgesituation ist natürlich ebenfalls ein solcher, mathematischer Vektor, und weil das Spiel den beschriebenen Regeln
genügt, können auf einen Ausgangsvektor nur die diesen Regeln entsprechenden Vektoren folgen. Dementsprechend wird das
System eine Matrix konstruieren, die allen Ausgangsvektoren
sämtliche möglichen Folgevektoren zuordnet.

Weil auf eine Karte niemals eine solche folgen darf, die in beiden Ausprägungen identisch ist, darf die Matrix auf der Hauptdiagonalen ausschließlich Nullen aufweisen.

Es ist also genau eine Stelle im Vektor gleich Eins, und alle
anderen sind Null.

Nun soll es darum gehen, die Menge aller möglichen Folgesituationen zu repräsentieren. Und genau nur darum: Ohne
einen Gedanken zu verschwenden, welche Züge Sinn ergeben
könnten, lediglich alle überhaupt nur irgendwie möglichen Folgesituationen darstellen zu können. Eine Möglichkeit, das zu repräsentieren, besteht offensichtlich darin, die Ausgangssituationen durchzunummerieren, beginnend bei 7-Karo, dann 7-Herz,
7-Pik, 7-Kreuz, 8-Karo, ... bis allen der insgesamt 32 möglichen
Ausgangssituationen eine Zahl zugeordnet ist. Jede dieser Ausgangssituationen kann etliche Folgesituation haben.

Jeder überhaupt nur möglichen Ausgangssituation wird, wie bereits oben dargestellt, ein Einheitsvektor zugeordnet. Dadurch ergeben sich insgesamt 32 linear unabhängige Vektoren. Aufgabe des Systems, das die Spielregel erfassen möchte, wäre es dann, herauszufinden, welche Vektoren, die die Zielsituation beschreiben, auf einen irgendwie vorgegebenen Ausgangsvektor folgen können. Da es 32 Ausgangssituationen und genau so viele Folgesituationen gibt, muss die Matrix 32x32 Einträge haben, die allesamt nur 1 oder 0 sein können.

Die Matrixmultiplikation bewirkt dann, dass jeweils in einer Spalte der Matrix alle Folgesituationen stehen müssen. Beginnend mit 7-Karo folgen als mögliche Situationen 7-Herz, 7-Pik, 7-Kreuz, 8-Karo, 9-Karo, 10-Karo, Bube-Karo, Dame-Karo, König-Karo und das As-Karo. Dort müssen Einsen in der Matrix stehen, damit die Folgesituation genau erscheint. Nun ist die Matrixgestalt eigentlich bereits klar, aber sie soll noch etwas weiter verdeutlicht werden.

Angenommen, es liegt eine 7-Karo oben, Karte Nummer 1. Dann ist die Ausgangesituation (1,0,0...,0). Das Matrixprodukt liefert die Spalte ganz links als Ergebnis, es könnte also Karte Nr. 2,3,4,5,9,13,17,... folgen. Sofern dem System dies bekannt ist, bleibt nur noch, zu entscheiden, welche Karte aufgelegt werden soll. Und diese Entscheidung könnte es so treffen, dass es eine Karte wählt, die es hat, und ansonsten zufällig zwischen den möglichen Karten entscheidet.

Dadurch, dass eine der beiden Merkmalsausprägungen vier Elemente aufweist, zeigt die Matrix insgesamt eine blockartige Struktur und besteht jeweils aus 4x4-Untermatrizen. Der erste Block oben links zeigt alle Karten, die auf die Situationen 7-Herz, 7-Karo, 7-Pik und 7-Kreuz folgen können, mit (1000 00..., 0100 00, 0010 00..., 0001 00...) als Ausgangssituationen. Diese Submatrix hat dann die Gestalt

$$\begin{bmatrix} 0 & 1 & 1 & 1 \\ 1 & 0 & 1 & 1 \\ 1 & 1 & 0 & 1 \\ 1 & 1 & 1 & 0 \end{bmatrix}$$

Für alle anderen Zahlen gilt das auch, und deshalb wiederholt sich diese Submatrix auf der Hauptdiagonalen. Ansonsten muss aber auf z. B. 7-Herz immer eine Herz-Karte folgen und so weiter. Deshalb bilden alle anderen Matrix-Bestandteile auch 4x4-Matrizen, die aber Einheitsmatrizen sind.

Das gesamte Problem wird also repräsentiert durch

$$(4 \times 4)\bar{1}$$

Explizit lautet die Zuordnung der Folgesituation, wenn die entsprechende Matrix oben links beginnend, auszugsweise abgedruckt wird:

$$\vec{s'} = \begin{bmatrix}
0 & 1 & 1 & 1 & 1 & 0 & 0 & 0 & 1 & 0 & 0 & 0 & 1 & 0 & 0 & 0 \\
1 & 0 & 1 & 1 & 0 & 1 & 0 & 0 & 0 & 1 & 0 & 0 & 0 & 1 & 0 & 0 \\
1 & 1 & 0 & 1 & 0 & 0 & 1 & 0 & 0 & 0 & 1 & 0 & 0 & 0 & 1 & 0 \\
1 & 1 & 1 & 0 & 0 & 0 & 0 & 1 & 0 & 0 & 0 & 1 & 0 & 0 & 0 & 1 \\
1 & 0 & 0 & 0 & 0 & 1 & 1 & 1 & 1 & 0 & 0 & 0 & 1 & 0 & 0 & 0 \\
0 & 1 & 0 & 0 & 1 & 0 & 1 & 1 & 0 & 1 & 0 & 0 & 0 & 1 & 0 & 0 \\
0 & 0 & 1 & 0 & 1 & 1 & 0 & 1 & 0 & 0 & 1 & 0 & 0 & 0 & 1 & 0 \\
0 & 0 & 0 & 1 & 1 & 1 & 1 & 0 & 0 & 0 & 0 & 1 & 0 & 0 & 0 & 1 \\
1 & 0 & 0 & 0 & 1 & 0 & 0 & 0 & 0 & 1 & 1 & 1 & 1 & 0 & 0 & 0 \\
0 & 1 & 0 & 0 & 0 & 1 & 0 & 0 & 1 & 0 & 1 & 1 & 0 & 1 & 0 & 0 \\
0 & 0 & 1 & 0 & 0 & 0 & 1 & 0 & 1 & 1 & 0 & 1 & 0 & 0 & 1 & 0 \\
0 & 0 & 0 & 1 & 0 & 0 & 0 & 1 & 1 & 1 & 1 & 0 & 0 & 0 & 0 & 1 \\
1 & 0 & 0 & 0 & 1 & 0 & 0 & 0 & 1 & 0 & 0 & 0 & 0 & 1 & 1 & 1 \\
0 & 1 & 0 & 0 & 0 & 1 & 0 & 0 & 0 & 1 & 0 & 0 & 1 & 0 & 1 & 1 \\
0 & 0 & 1 & 0 & 0 & 0 & 1 & 0 & 0 & 0 & 1 & 0 & 1 & 1 & 0 & 1 \\
0 & 0 & 0 & 1 & 0 & 0 & 0 & 1 & 0 & 0 & 0 & 1 & 1 & 1 & 1 & 0
\end{bmatrix} \vec{s}$$

Auf der begleitenden Webseite ist die gesamte Matrix ebenfalls dargestellt und durch Nachspielen ist es dort möglich, Stück für Stück zu nachzuvollziehen, wie sie entsteht.

Es zeigt sich, dass $\vec{s'}$ an allen Stellen, die eine mögliche Folgesituation bedeuten, eine Eins aufweist. Ansonsten steht dort jeweils eine Null. $\vec{s}$ selbst stellt eine beliebige Ausgangssituation dar.

Angenommen, es liegt eine 7-Karo oben, Karte Nummer 1. Dann ist die Ausgangesituation (1,0,0...,0). Das Matrixprodukt liefert die Spalte ganz links als Ergebnis, es könnte also Karte Nr. 2,3,4,5,9,13,17,... folgen. Sofern dem System dies bekannt ist, bleibt nur noch, zu entscheiden, welche Karte aufgelegt werden soll. Und diese Entscheidung könnte es so treffen, dass es eine Karte wählt, die es hat, und ansonsten zufällig zwischen den möglichen Karten entscheidet. Auf welche Weise aber gelangt das Programm an die Matrixeinträge? Eine Möglichkeit, sie zu ergattern, besteht offenbar darin, anderen beim Vorspielen zuzuschauen. Und bei jedem Zug einen Eintrag in der Matrix vorzunehmen, solange, bis sie vollständig ist. Auf diese Weise erlernt das System mit der Zeit die Regeln des stilisierten Spiels, bis es das Spiel selbst fehlerfrei nachspielen kann. Das Gute daran ist, dass es egal ist, wie das System die Karten durchnummeriert hat, es wird die Regeln des Spiels unabhängig von der Nummerierung in jedem Fall früher oder später herausfinden. Aber die Vorgehensweise ist offensichtlich, so genial sie auch auf den ersten Blick erscheinen mag, zunächst noch mit demselben Makel behaftet, den auch bereits die Folgesysteme in den vorangegangenen Kapiteln aufweisen. Es müssten alle überhaupt nur möglichen Folgezüge einmal vorgespielt worden sein, damit das System die Regeln erkennen kann.

Symmetrien der Matrix

Wenn man aber sehr genau hinsieht, erkennt man bei diesem Beispiel, dass die Matrix hochgradig symmetrisch aufgebaut ist. Erfreulicherweise gilt dies für alle anderen Spiele im Folgenden in hohem Grade ebenfalls und ist deshalb bemerkenswert. Sie besteht aus Blöcken, die jeweils 4x4-Elemente umfassen, welche entweder die Einheitsmatrix sind, und zwar überall, außer auf der Hauptdiagonalen. Dort besteht sie ebenfalls aus gleichen Blöcken, die sich nach unten rechts wiederholen und genau gleich der „Anti-Einheits-Matrix" sind. Denn da sind alle Elemente auf der jeweiligen Hauptdiagonalen gleich Null, und sonst stehen überall Einsen. Es liegt also nahe zu vermuten, dass es einen Versuch wert ist, bereits weit bevor die Matrix vollständig erkannt ist, weil alle irgendwie möglichen Züge vorgespielt worden sind, die Matrix auf Symmetrien zu untersuchen; so dass das System, was versucht, die Spielregel zu erraten, einen Versuch starten kann, eine vollständige Matrix auszuprobieren, weit bevor das Spiel vollständig vorgespielt ist. In diesem Fall würde der Versuch gelingen, wenn das System die Matrix in Submatrizen zu je 4x4 Bauteilen unterteilt, und dann sagt, dass alle diese Matrizen sich „anch unten rechts" wiederholen; Für jede dieser 4x4-Submatrizen gilt aber sogar das gleiche, denn ist die oberste Zeile bekannt, können die Folgenden darunter ja gefunden werden, indem man alle Elemente um eins nach rechts verschiebt. Die Matrix besitzt offenbar eine hierarchische Symmetrie, die darin besteht, auf beiden Ebenen vorhandene Einsen nach unten rechts zu verschieben, um die anderen Einsen zu finden.

Diese Möglichkeit der Repräsentation lässt zu, dass das System die Regeln erkennen kann, wenn es nur lange genug zuschaut, und mit der Zeit alle Einsen in der Matrix gesetzt sind. Sie ist jedoch mit Problemen behaftet. Denn das Spiel muss sehr lange vorgespielt werden, bis alle Einsen gefunden sind. Die Darstellung mit den Matrixoperatoren ist recht komplex, und für den Rechner nicht einfach zu erraten. Einfachere Matrizen lassen sich viel leichter durch Ausprobieren von Matrix-Operatoren finden. Das geht zwar hier prinzipiell eigentlich durchaus schon, erfordert aber einen gewissen Aufwand.

Das Erraten der vollständigen Matrix mithilfe der Matrix-generierenden Operatoren ist eine zentrale Vorgehensweise, die es dem System ermöglicht, Regeln zu erkennen, auch wenn die Matrizen noch nicht vollständig sind. Es muss also versuchen, geeignete Kombinationen von Matrix-Operatoren durchzuprobieren, und deren generierte Matrizen mit der beobachteten zu vergleichen. Je größer die Ähnlichkeit ist, desto eher stimmt die Vermutung. Das Ganze wird aber viel einfacher, wenn die beiden Merkmale getrennt betrachtet werden. Denn dann zerfällt die Matrix in sehr simple, kleinere Matrizen, die ganz leicht zu erkennen sind. Dieses Verfahren ist Gegenstand des folgenden Kapitels.

Darstellung des Spiels mit elementareren Matrizen

Die Mau-Mau-Matrix erscheint recht komplex, und es wird für das System schwierig sein, aufgrund weniger Elemente herauszufinden, wie sie insgesamt aussieht. Das liegt vor allem an der Größe der Matrix. Eine alternative Möglichkeit für das System bestünde darin, für jeden inneren Freiheitsgrad, bzw. für jede Ausprägung der zwei Eigenschaften der Karten eine eigene Matrix zu generieren. Der Versuch könnte sich lohnen; was passiert, wenn das System es versuchen wollte, ist Gegenstand dieses Abschnitts. Gleichzeitig wird dabei deutlich, dass es wichtige Informationen für den Algorithmengenerator gibt, die anhand des Mau-Mau-Beispiels klar werden.

Jede Karte hat zwei Eigenschaften mit verschiedenen Ausprägungen. Einerseits wird in jeder Situation stets eine der Ausprägungen des ersten Merkmals auftreten, also

$$
\begin{bmatrix}
7 \\
8 \\
9 \\
10 \\
Bube \\
Dame \\
Koenig \\
As
\end{bmatrix}
$$

und andererseits eine des zweiten Merkmals

$$
\begin{bmatrix}
Karo \\
Herz \\
Pik \\
Kreuz
\end{bmatrix}
$$

Es liegt also nahe, statt der sehr großen Matrix zwei kleinere Matrizen zu erzeugen, bei jedem beobachteten Spielzug, und zwar für jedes der beiden Merkmale eine.

Eine der beiden Matrizen, die anhand der beobachteten Eigenschaften der auftauchenden Elemente erstellt werden, müsste $8 \cdot 8$ Komponenten haben, die andere $4 \cdot 4$. Die Dimension der Matrizen ergibt sich also aus der Anzahl der Ausprägungen der Merkmale, und kann für den Generator anhand der jeweiligen Bilder oder Dateinamen erkannt werden. Der Generator könnte im Fall von HTML-Aktivitäten das DOM absuchen und findet die Bilder. Sind sie nicht geeignet nummeriert, müsste er die Bilder vergleichen. Natürlich sind alle Beispiele auf der Webseite so konstruiert, dass dem Generator die Arbeit möglichst erleichtert wird, und deshalb sind die Dateien für die Mau-Mau-Karten entsprechend benannt. Mit den Unterstrichen zwischen den beiden Merkmalsausprägungen kann er herausfinden, wieviele Merkmale es gibt, und wie viele Ausprägungen diese besitzen.

Die Darstellung einer Ausgangssituation entspricht also einem direkten Produkt, das für den Herz-Buben beispielsweise diese Gestalt hätte

$$\begin{bmatrix} 0 \\ 0 \\ 0 \\ 0 \\ 1 \\ 0 \\ 0 \end{bmatrix} \otimes \begin{bmatrix} 0 \\ 1 \\ 0 \\ 0 \end{bmatrix}$$

Die Folgesituationen werden entsprechend ebenfalls zunächst mit Matrizen generiert, die mit einem direkten Produkt dargestellt werden müssen, damit eine Matrixmultiplikation definiert ist. Das klingt kompliziert, aber es gibt eine gute Nachricht: Es funktioniert!

Jede beobachtete Folge zweier Karten wird in den entsprechenden Matrizen eine Eins setzen.

Diese Einträge entsprechen natürlich den PDs der sequenziellen Netze. Man könnte auch, vorab bemerkt, jeder Eins den Matrizen ein PD des sequenziellen Netzes zuordnen, damit eine Verbindung zum sprachlich orientierten Netz besteht. Grundsätzlich stellen ja diese Matrizen eine Verbindung von Ausgangs- und Zielsituationen dar. Und solche Verbindungen werden in der natürlichen Sprache in aller Regel mit einem Verb wiedergegeben. Die Bestandteile der Situationen als solche entsprechen Substantiven des Satzes. Damit es für das System möglich ist, einen halbwegs sinnvollen Satz einer Folge zuzuordnen (man behalte bitte die Beispiele des Buches zunächst vor dem geistigen Auge), muss es aus der Menge schon vorhandener Sätze dann wieder einen heraussuchen, der so ähnlich aussieht. Und es kann dann mit natürlicher Sprache seine Aktion kommentieren.

Übrigens gibt es noch einen Punkt, der an dieser Stelle interessant ist: Wenn mehrere kleine Matrizen dasselbe darstellen, was eine große Matrix abbilden kann, sind diese Darstellung isomorph. Es kommt bei vielen Beispielen des Buches natürlich vor, dass Matrixeinträge auch anders gewählt werden könnten, ohne dass sich dadurch das Verhalten des Systems ändern würde.

Davon abgesehen soll nun das Mau-Mau-Spiel explizit weiter analysiert werden.

Beim ersten Versuch entstehen nach vielen Zugfolgen ohne weiteres Zutun zwei Matrizen. Sie repräsentieren sehr viele Folgesituationen, denn solange die Merkmale getrennt von dem System beobachtet werden, entstehen unabhängig von einander die Darstellungen der Figur (Nr).

Auf eine Dame kann immer eine Dame folgen, denn solange das zweite Merkmal verschieden ist, entspricht das den Regeln der Zugfolgemöglichkeiten des vereinfachten Mau-Mau-Spiels. Dasselbe gilt für die zweite Merkmalsausprägung. Auf jede Kreuz-Karte kann jede andere Kreuz-Karte folgen.

Deshalb würden zunächst zwei Matrizen resultieren, von der Gestalt

$$
\begin{bmatrix}
1 & 1 & 1 & 1 & 1 & 1 & 1 & 1 \\
1 & 1 & 1 & 1 & 1 & 1 & 1 & 1 \\
1 & 1 & 1 & 1 & 1 & 1 & 1 & 1 \\
1 & 1 & 1 & 1 & 1 & 1 & 1 & 1 \\
1 & 1 & 1 & 1 & 1 & 1 & 1 & 1 \\
1 & 1 & 1 & 1 & 1 & 1 & 1 & 1 \\
1 & 1 & 1 & 1 & 1 & 1 & 1 & 1 \\
1 & 1 & 1 & 1 & 1 & 1 & 1 & 1
\end{bmatrix}
$$

und

$$
\begin{bmatrix}
1 & 1 & 1 & 1 \\
1 & 1 & 1 & 1 \\
1 & 1 & 1 & 1 \\
1 & 1 & 1 & 1
\end{bmatrix}
$$

Was nicht stimmen kann, denn es könnte demgemäß auf irgendeine Karte jede andere folgen.

Es gibt aber einen Ausweg. Und der beruht darauf, dass nicht ein Matrix-Satz von zwei Matrizen verwendet wird, sondern mehrere. Es ist natürlich nötig für das System, dass es herausfinden kann, wann es erforderlich ist, einen weiteren Satz von Matrizen zu generieren, für jedes Merkmal jeweils eine.

Solch ein System braucht eine klare Ansage, und dafür gibt es den Repräsentationsgrad. Der Repräsentationsgrad berechnet den Anteil der beobachteten Situationsfolgen an allen Situationsfolgen, die insgesamt repräsentiert werden. Es ergibt keinen Sinn zu vermuten, dass einige Situationsfolgen nicht repräsentiert werden, denn das System wird jede Situationsfolge aufnehmen. Je näher der Wert des Repräsentationsgrad dem Wert Eins kommt, desto besser ist die Repräsentation. Alle falsch repräsentierten Situationsfolgen können nicht beobachtet werden.

Im obigen Beispiel gibt es insgesamt für jede Karte 7 Folgekarten aufgrund dessen erster Merkmalsausprägung und 3 Karten aufgrund der zweiten. Also können auf jede Karte nur 10 Karten folgen. Auf den Buben-Herz z. B. dementsprechend 7, 8, 9, 10, Dame, König, As-Herz, oder Bube Karo, Pik, Kreuz.

Das bedeutet, dass insgesamt auf die 32 Karten jeweils 10 Karten folgen können. Hat das System also lange genug zugeschaut, wird es irgendwann 320 mögliche Folgesituationen finden für das ganze Spiel. Solange es aber vermutet, dass nur ein Satz von zwei Matrizen ausreicht, findet es alle Karten als Folge jeder Karte in der Ausgangssituation. Damit hätte es insgesamt statt 320 möglichen Folgesituationen dem Spiel 32^2 Möglichkeiten zugeordnet. Und im Laufe des Prozesses wird der Repräsentationsgrad immer kleiner.

Das ändert sich aber schlagartig, sobald das System auf die Idee kommt, statt der vorhandenen Sätze von Matrizen einen weiteren zu generieren. Beim Mau-Mau-Spiel wird dieser Umstand besonders klar.

In dem Moment, wenn das System einen weiteren Satz Matrizen generiert, verbessert sich der Wert des Repräsentationsgrades.

Die elementare Darstellung im Detail

Die Darstellung der Matrizen des Mau-Mau-Spiels umfasst jeweils 32 x 32 Komponenten. Es ist schwer, Regelmäßigkeiten zu erkennen und einfach zu beschreiben, sowohl für uns, als auch für den Algorithmengenerator, der ein wesentlicher Teil der Matrix-System ist. Wenn die unmittelbar erkannten Matrizen recht komplex erscheinen, ist es aber oft möglich, sie zu zerlegen, so dass anhand der dabei erscheinenden, viel elementareren Matrizen Regelmäßigkeiten plötzlich offensichtlich werden. Ganz genau so ist es auch bei der Mau-Mau-Matrix, wie bereits gesehen.

Eine programmtechnische Realisation der Ausführungen in diesem Abschnitt findet sich auf der Webseite.

Der Kerngedanke, der der Vereinfachung der Mau-Mau-Darstellung zugrunde liegt, besteht darin, nicht alle Eigenschaften auf einen Schlag zu erfassen, und eine entsprechend große Matrix konstruieren zu lassen, sondern für jede Eigenschaft eine eigene Matrix zu haben. Bei dem Spiel gibt es zwei Eigenschaften, die eine hat acht, die andere vier Merkmalsausprägungen. Jede Karte besitzt einerseits die Eigenschaft, dass sie das Merkmal 7, 8, 9,... As aufweist, und andererseits eine Herz-, Karo-, Pik- oder Kreuzkarte sein kann. Deshalb besitzt ja auch die große Matrix, die wir zuerst betrachtet hatten, 32x32 Plätze. Was aber würde passieren, wenn das System nicht alle Realisationsmöglichkeiten in einer einzigen Matrix, sondern für jede Eigenschaft eine eigene generieren wollen würde?

Dann gäbe es offensichtlich in diesem Beispielfall 2 Matrizen, von denen die erste 8x8-Plätze haben müsste, und die zweite 4x4. Beobachtet das System einen Zug, würde es eine Eins an der Stelle setzen, wo die Situationsfolge eingetragen werden müsste.

Als Beispiel möge die Folge der Spielkarten 7-Herz zu Bube-Herz betrachtet werden. Das zweite Merkmal ändert sich nicht. Bevor eine Eins in die entsprechende Matrix eingetragen werden kann, muss aber bekannt sein, wo sie hingehört. Dazu muss ein repräsentatives System wie immer versuchen, die Merkmalsausprägungen durchnummerieren. In den Beispielen auf der Webseite folgt es dabei der Benennung der Dateinamen, damit es einfach nachzuvollziehen ist. Natürlich würde auch in dem Fall, wo es die Karten zunächst selbst erkennen, und die Merkmale selbst durchnummerieren müsste, nichts anderes resultieren. Es reicht schlichtweg jedenfalls, diesen weiteren Schritt der Mustererkennung an dieser Stelle zu umgehen, und die Bezeichnung heranzuziehen, um die Merkmalsnummern zu erkennen.

Also wird das erste Merkmal der Karten von 7 bis As mit den Ziffern 1 bis 8 im Dateinamen durchnummeriert, und das System kann das dann erkennen, wenn es den Bildschirm nach Bildern absucht. Diese sind im image-Objekt des Browsers gespeichert und dieser verfügt über die src-Eigenschaft, um die Dateinamen finden zu können. Das zweite Merkmal wird schlichtweg von 1 bis 4 durchnummeriert, und so gibt es insgesamt 32 verschiedene Karten.

Zum Beispiel: Folgt auf die 7-Herz der Bube-Herz, muss in der Matrix für die erste Eigenschaft von 7 zu Bube eine Eins gesetzt werden. Also in der 1. Spalte und 5. Zeile. Außerdem muss eine Eins in der Matrix für die Änderung der zweiten Eigenschaft gesetzt werden. Sie war Herz und bleibt Herz, und deshalb ist es eine 1 in der 3. Zeile und 3. Spalte.

Je länger das System dieser Vorgehensweise folgt, desto mehr füllen sich die Matrizen für die beiden Eigenschaften mit Einsen. Aber die Sache hat einen offensichtlichen Haken. Denn es kann auf jede Karte, die eine der ersten Merkmalsausprägungen aufweist, irgendeine Karte folgen, die eine beliebige dieser Ausprägungen hat. Beispielsweise kann auf einen König ein König folgen, zwar nicht mit der gleichen Ausprägung des zweiten Merkmals, also der gleichen Farbe im Beispiel, aber in anderen Ausprägungen schon. Heißt: Auf einen König Herz kann ein König

Pik folgen und dergleichen. Alle anderen Ausprägungen desselben Merkmals können ohnehin folgen, solange das zweite Merkmal unverändert bleibt. Und das bedeutet, wenn man etwas nachdenkt, dass klar wird: Das Verfahren kann so nicht funktionieren, denn die Matrizen werden komplett mit Einsen gefüllt und haben dann die Gestalt $\hat{Q}_{n \cdot n} 0$.

Dieses Dilemma wirkt sich insbesondere dadurch aus, dass diese Repräsentation es zulässt, dass auf irgendeine Karte jede andere folgen könnte. Die Repräsentation überdeckt also die Menge beobachtbarer Folgten maximal.

Genau aus dieser Beobachtung heraus ergibt sich interessanterweise auch ein Ausweg aus der beschriebenen Misere. Denn wenn statt nur eines Satzes von Matrizen für die Merkmale zwei solche Sätze vom System geschaffen werden, verbessert sich die Abbildung zwischen beobachteten und repräsentierten Situationsfolgen erheblich. Um herauszufinden, ob es überhaupt nötig ist, einen weiteren Satz von Matrizen pro Merkmal zu schaffen, berechnet das System den Repräsentationsgrad. Dieser ist ein quantitatives Maß für die Genauigkeit der Repräsentation; er erlaubt es dem System, zu entscheiden, ob eine Repäsentation genauer ist als eine andere, indem es für alle, die es vergleichen möchte, dieses Maß berechnet.

Das Konzept des Repräsentationsgrades basiert auf folgender Überlegung: Wie beim Mau-Mau-Spiel gibt es für das System eine gewisse Menge von beobachteten Folgen. Bei dem Spiel sind dies Folgen von jeweils zwei Karten. Diesen beobachteten Folgen entsprechen Einsen in der Matrix. Nachdem der Algorithmengenerator die Matrix ergänzt hat, entsteht aus dieser Menge eine weitere, Menge von Folgen, nämlich von denen, die repräsentiert werden.

Beispiel: Es sei $M_b = a, b, c$ eine Menge von $n_b = 3$ beobachteten Folgen und $M_r = a, c, d, f, h, j, k, l$ eine Menge von $n_r = 8$ repräsentierten Folgen. Dann sind die die zwei Elemente a, c beobachtet worden und werden auch repräsentiert. Der Anteil von beobachteten Folgen, die auch repräsentiert werden, ist demnach $R_I = \frac{n_I}{n_r} = \frac{1}{3}$. In der Menge der repräsentierten Folgen gibt es zwei Elemente, die auch beobachtet werden. Damit ergibt sich eine weitere anteilige, zweite Maßzahl $R_I I = \frac{n_I I}{n_r} = \frac{1}{4}$. Solange in der Praxis alle beobachteten Folgen auch repräsentiert werden, sind die beiden Maßzahlen gleich und es ergibt sich für den Repräsentationsgrad

$$R = \frac{n_b}{n_r} = \frac{1}{3}$$

als Anteil der beobachteten Folgen an den Repräsentierten. Im Fall $n_b = n_r = 0$, wird R per Definition gleich Null gesetzt. Ansonsten ist $0 \leq R \leq 1$, $n_r > 0$

Das System benutzt also nur eine Maßzahl, nämlich den Repräsentationsgrad. Verbessert sich diese Maßzahl duch die Aufteilung in mehrere Matrizen deutlich, erscheint es sinnvoll, genau derart vorzugehen. Und im Beispiel ist es sogar vollkommen zielführend.

Die beiden Sätze von Matrizen, die hierbei entstehen, sind insofern disjunkt für das System zu betrachten, als ein Satz primär die erste, der andere primär die Änderung der zweiten Merkmalsausprägung favorisiert, ansonsten ergibt es keinen Sinn. Beim Mau-Mau-Spiel bedeutet das, dass im ersten Satz Änderungen der ersten Eigenschaft (Zahl), und im zweiten Satz Änderungen der zweiten Eigenschaft (Farbe) erfasst werden. Und das lohnt sich, denn nach kurzer Zeit stellt sich heraus, dass durch die Aufteilung eine sehr einfache Darstellung erreicht wird.

Es entstehen zwei wichtige Matixkompenenten, die selbst Matrizen sind. Nämlich

$$_{8\times8}\bar{1} = \begin{bmatrix} 0 & 1 & 1 & 1 & 1 & 1 & 1 & 1 \\ 1 & 0 & 1 & 1 & 1 & 1 & 1 & 1 \\ 1 & 1 & 0 & 1 & 1 & 1 & 1 & 1 \\ 1 & 1 & 1 & 0 & 1 & 1 & 1 & 1 \\ 1 & 1 & 1 & 1 & 0 & 1 & 1 & 1 \\ 1 & 1 & 1 & 1 & 1 & 0 & 1 & 1 \\ 1 & 1 & 1 & 1 & 1 & 1 & 0 & 1 \\ 1 & 1 & 1 & 1 & 1 & 1 & 1 & 0 \end{bmatrix}$$

eine 8-komponentige $\bar{1}$-Matrix für die $\hat{e}_1$-Eigenschaft, und

$$_{4\times4}\bar{1} = \begin{bmatrix} 0 & 1 & 1 & 1 \\ 1 & 0 & 1 & 1 \\ 1 & 1 & 0 & 1 \\ 1 & 1 & 1 & 0 \end{bmatrix}$$

eine 4-komponentige $\bar{1}$-Matrix für die $\hat{e}_2$-Eigenschaft.

Außerdem zwei Einheitsmatrizen, eine 8×8-Matrix, und eine 4×4-Matrix. Insgesamt ergibt sich:

$$\begin{bmatrix} v_1' \cdot \hat{e}_1 \\ v_2' \cdot \hat{e}_2 \end{bmatrix} = \begin{bmatrix} \bar{1} & 1 \\ 1 & \bar{1} \end{bmatrix} \begin{bmatrix} v_1 \cdot \hat{e}_1 \\ v_2 \cdot \hat{e}_2 \end{bmatrix}$$

oder auch kürzer

$$s' = \begin{bmatrix} \bar{1} & 1 \\ 1 & \bar{1} \end{bmatrix} s$$

Diese Gleichungen sind ganz genau analog zu lesen, wie alle Matrix-Gleichungen bisher auch. $\bar{1}$ oben links hat 8×8 Elemente. Sie wird mit v_1 multipiziert, und dann kommt daran noch der Einheitsvektor $\hat{e}_1$. Die Einheitsmatrix darunter hat ebensoviele Elemente und wird ebenfalls mit v_1 matrixartig multipiziert. Die beiden Elemente der Matrix in der rechten Spalte haben jeweils 4×4 Elemente und werden mit der Komponente v_2 der Ausgangssituation multipliziert. Dadurch entsteht die Zielsituation, in der alle möglichen Folgesituationen eine 1, alle anderen mit einer 0 aufweisen. Und dann startet das System erneut, genau wie bei der vorherigen, komplexeren Darstellung, die ja nicht nur aus solchen einfachen Matrizen bestand, und sucht sich eine Folgesituation aus. Dabei kann es genau wie die Natur verfahren und Käpt'n Zufall ins Boot rufen. So dass jeweils nur eine Eins verbleibt in den beiden Komponenten der Folgesituation v_1 und v_2. Die gesamte Folgesituation hat also mitsamt den Einheitsvektoren $\hat{e}_1$ und $\hat{e}_2$ die gleiche Gestalt wie die Ausgangssituation, und sie ist gemäß den Regeln des stilisierten Spiels gebildet worden.

Es ist sehr erfreulich, dass diese Darstellung des Spiels sogar so simpel ist, dass der Algorithmengenerator sie sehr schnell korrekt erraten kann. An dieser Stelle möge eine eigentlich fast trivial erscheinende Aussage erwähnt werden: Je stärker das Spiel oder allgemeiner überhaupt die Umwelteindrücke einer Systematik folgen, desto einfacher wird es generell für das System, sie zu erkennen.

Natürlich ist es erforderlich, unmittelbar vor dem Verwerfen des Versuchs, mit einem neuen Matrixsatz bezüglich der Erkennung von vorn zu beginnen. Aber das lohnt sich!

Denn der Repräsentationsgrad ist nach der Erkennung dieser Matrizen gleich Eins, was eine optimale Deckung zwischen der Repräsentation und den Beobachtungen signalisiert. Besser kann ein System seine Umwelt unter Heranziehung dieses Maßes offenbar nicht abbilden.

Auf der Webseite ist das Verfahren in diesem Spezialfall fertig programmiert verfügbar. Neben der großen Mau-Mau-Matrix wird dort auch die automatische Aufteilung aufgezeigt, so dass erkennbar wird, dass es sinnvoll ist, den Repräsentationsgrad zu berechnen, um mithilfe des Algorithmengenerators das ganze Spiel erkennen zu können.

Abschließend zu diesem Abschnitt sei bemerkt, dass komplexe Matrizen des Öfteren entstehen, die sich analog zu der in diesem Abschnitt beschriebenen Matrix entfalten lassen, wodurch dann simplere, elementarere Matrizen zum Vorschein kommen, die denselben Informationsgehalt tragen. Die Entfaltung kann von Vorteil sein, wenn der Algorithmengenerator dadurch leichter auf die Gesamtgestalt der einzelnen Komponenten schließen kann. Sie kann aber auch den Nachteil haben, dass der Generator von sich aus schwerlich in die Lage zu versetzen sein kann, sie überhaupt zu erkennen und viel leichter die Ursprungsmatrizen als solche vervollständigen kann. Abgesehen davon ist natürlich auch die Umkehrung mitunter interessant, bei der erkennbar wird, dass die komplexere Matrix als eine Art Produkt der elementareren Matrizen aufgefasst werden kann.

Triviales Sortieren

Als ergänzendes Beispiel zu den Ausführungen über die Matrixsysteme soll noch kurz ein sehr einfacher Sachverhalt im Rahmen der Matrixrepräsentationen dargestellt werden. Dieser Abschnitt dient nur der Vollständigkeit und kann ohne Weiteres überschlagen werden.

Angenommen, es sollen 2 oder 3 verschiedene Zahlen sortiert werden. Also 1,2 → 1,2, 2,1 → 1,2 bzw. 2,3,1 → 1,2,3, 2,3,1 → 1,2,3 usw.

Es ist natürlich so trivial wie es aussieht, denn das Ergebnis ist immer dasselbe, weil die Zahlen, die sortiert werden sollen, verschieden sind. Die Situationen beinhalten die vollständige Information darüber, welche Zahl an welcher Stelle steht. So bedeutet

$$v = \begin{bmatrix} 1 \\ 0 \\ 0 \\ 1 \end{bmatrix}$$

eine 0 an erster und eine 1 an zweiter Stelle. Der umgekehrte Fall ist entsprechend:

$$v = \begin{bmatrix} 0 \\ 1 \\ 1 \\ 0 \end{bmatrix}$$

Ein Beispielvektor mit drei Zahlen 2,3,1 könnte lauten:

$$v = \begin{bmatrix} 0 \\ 1 \\ 0 \\ 0 \\ 0 \\ 1 \\ 1 \\ 0 \\ 0 \end{bmatrix}$$

Es ergibt sich damit für die ersten Beispiele

$$\begin{bmatrix} 1 & 1 & 0 & 0 \\ 0 & 0 & 0 & 0 \\ 0 & 0 & 1 & 1 \\ 0 & 0 & 0 & 0 \end{bmatrix}$$

und die Fälle mit drei Zahlen werden dargestellt gemäß der Matrix

$$\begin{bmatrix} 1 & 1 & 1 & 0 & 0 & 0 & 0 & 0 & 0 \\ 0 & 0 & 0 & 0 & 0 & 0 & 0 & 0 & 0 \\ 0 & 0 & 0 & 0 & 0 & 0 & 0 & 0 & 0 \\ 0 & 0 & 0 & 1 & 1 & 1 & 0 & 0 & 0 \\ 0 & 0 & 0 & 0 & 0 & 0 & 0 & 0 & 0 \\ 0 & 0 & 0 & 0 & 0 & 0 & 0 & 0 & 0 \\ 0 & 0 & 0 & 0 & 0 & 0 & 1 & 1 & 1 \\ 0 & 0 & 0 & 0 & 0 & 0 & 0 & 0 & 0 \\ 0 & 0 & 0 & 0 & 0 & 0 & 0 & 0 & 0 \end{bmatrix}$$

bzw. $\sum {}_{9\times9}\hat{V}_{0,0}({}_{3\times3}\hat{V}_{1,0})^j \, {}_{1\times3}\hat{P}_{0,1}1$, worin sich die Einträge auch leicht finden lassen, sobald v und v' bekannt sind. Mit etwas Glück errät der Algorithmengenerator den letzteren Operatorenausdruck, wodurch auch die Einträge größerer Matrizen dieser Art bestimmbar wären. Details zu diesem Verfahren folgen insbesondere im Kapitel über Komponenten vollständigerer Repräsentationen.

Eine Frage bleibt ganz offensichtlich in diesem Zusammenhang noch offen, denn es ist unklar, was passiert, wenn einige Zahlen gleich sind. Eine sinnvolle Lösung für das entstehende Dilemma besteht in der Deklaration einer Schwellenfunktion, die ohnehin von Zeit zu Zeit nützlich ist. Weil alle Matrixeinträge und sämtliche Einträge in den Darstellungen der Vektoren der Situationen stets 1 oder 0 sein sollen, aber bei der Matrixmultiplikation natürlich auch andere Zahlen resultieren können, benutzen wir eine Schwellenfunktion, die ebenfalls der Physik entnommen ist: Die Heavyside'sche Sprungfunktion. Die Funktion ist als Sprungfunktion definiert, und nimmt den Wert 1 an, wenn das Argument größer oder gleich Null ist, ansonsten ist sie gleich Null.

$$\theta(x) = \left\{ \begin{array}{ll} 0, & x < 0 \\ 1, & x >= 0 \end{array} \right.$$

Möchte man, dass $\theta(x) = 1$ nur resultiert, wenn x eine andere Schwelle überschreitet, muss dieser Schwellenwert offensichtlich vor der Ermittlung des Funktionswertes abgezogen werden:

$$\theta(x - \xi) = \begin{cases} 0, & x < \xi \\ 1, & x >= \xi \end{cases}$$

Der Schwellenwert ξ muss im aktuellen Fall für die Sortierung repräsentiert werden, das ist aber nicht schwer, denn die Einheitsmatrix genügt. Der Algorithmengenerator wird sie erkennen können und als $_{n \times n}1$ zurückliefern.

Um die Anwendung besser zu verstehen, sei ein Blick auf die Situationen geworfen. Es gibt vier mögliche Folgen von zwei Zahlen und sie werden durch vier verschiedene v-Vektoren dargestellt.

$$\begin{bmatrix} 1 \\ 0 \\ 1 \\ 0 \end{bmatrix}, \begin{bmatrix} 1 \\ 0 \\ 0 \\ 1 \end{bmatrix}, \begin{bmatrix} 0 \\ 1 \\ 0 \\ 1 \end{bmatrix}, \begin{bmatrix} 0 \\ 1 \\ 1 \\ 0 \end{bmatrix}$$

also respektive die Folgen 1,1, 1,2, 2,2, 2,1. Lediglich die letzte davon muss überhaupt geändert werden. Jetzt kommt der Einsatz der Sprungfunktion. Ein realistisches System müsste allerdings zunächst alle einfacheren Möglichkeiten ausgeschöpft haben, ohne dass es zu einer vollständigen Repräsentation gelangt ist. Sollte das der Fall sein (niemand weiß, ob es dem System nicht doch anderweitig gelingt, wenn es die Matrizen ordentlich aufpustet), versucht es den Ansatz

$$\theta(s, \begin{bmatrix} 0 & 0 & 0 & 0 \\ 0 & 0 & 0 & 0 \\ 0 & 0 & 0 & 0 \\ 0 & 0 & 0 & 0 \end{bmatrix})$$

128

und muss s und die Werte der Matrix herausfinden. Der hier zunächst entscheidende Teil der vollständigen Gleichung ergibt sich nach etwas Ausprobieren zu

$$v' = \theta(2, \begin{bmatrix} 1 & 0 & 1 & 0 \\ 1 & 0 & 0 & 1 \\ 0 & 1 & 1 & 0 \\ 0 & 1 & 0 & 1 \end{bmatrix}) \cdot v$$

so dass die Eingaben herausgefiltert werden und je nach Folge die v'-Vektoren

$$\begin{bmatrix} 1 \\ 0 \\ 0 \\ 0 \end{bmatrix}, \begin{bmatrix} 0 \\ 1 \\ 0 \\ 0 \end{bmatrix}, \begin{bmatrix} 0 \\ 0 \\ 1 \\ 0 \end{bmatrix}, \begin{bmatrix} 0 \\ 0 \\ 0 \\ 1 \end{bmatrix}$$

resultieren. Diese müssen über die offensichtliche Matrix in die Zielvektoren abgebildet werden

$$v'' = \theta(2, \begin{bmatrix} 1 & 1 & 1 & 0 \\ 0 & 0 & 0 & 1 \\ 1 & 0 & 0 & 0 \\ 0 & 1 & 1 & 1 \end{bmatrix}) \cdot v'$$

in der nur die dritte Spalte geändert ist. Es gibt keine erkennbare Systematik; durch Umsortieren ensteht sie ein Stück weit. Was den Parameter anbelangt, ist der aber ganz einfach zu erraten für den Generator, denn bei zwei Zahlen ist die Schwelle zwei, bei dreien drei und so weiter. Also wäre eine passende Matrix zur Repräsentation des Schwellwertes in der Tat eine Einheitsmatrix.

Zerlegung nach Matrixoperatoren

Genau wie Vektoren können auch Matrizen nach einem vollständigen Satz von Basismatrizen entwickelt werden. Dabei entspricht die Anzahl der Basismatrizen der Zahl der Elemente der zu entwickelnden Matrix. So bildet z. B.

$$a_1 = \begin{bmatrix} 1 & 0 \\ 0 & 0 \end{bmatrix}, a_2 = \begin{bmatrix} 0 & 1 \\ 0 & 0 \end{bmatrix}, a_3 = \begin{bmatrix} 0 & 0 \\ 1 & 0 \end{bmatrix}, a_4 = \begin{bmatrix} 0 & 0 \\ 0 & 1 \end{bmatrix}$$

eine Basis für $2x2$-Matrizen:

$$\begin{bmatrix} 3 & 0 \\ 0 & 2 \end{bmatrix} = 3 \cdot a_1 + 2 \cdot a_4$$

Die Matrix ist eine Linearkombination aus den Basismatrizen a_1 und a_2. Die Koeffizienten der Entwicklung sind die Zahlen 3 und 2.

In der Repräsentationstheorie ist es meist nicht unmittelbar entscheidend, ob ein Entwicklungssatz vollständig ist. Häufig sind die zu entwickelnden Matrizen hochsymmetrisch und es reichen geeignete, ebenfalls symmetrische Basiskomponenten. Der zentrale Punkt besteht vielmehr darin, dass die Basismatrizen Matrixoperatordarstellungen besitzen. Eine vorgegebene Matrix lässt sich dann soweit möglich nach Matrixoperatoren zerlegen, und anschließend vervollständigen. Die Zerlegung stellt ein Hilfsmittel für den Algorithmengenerator dar.

Um die Koeffizienten einer Zerlegung zu finden, wird das innere Produkt zwischen der Ausgangsmatrix und den Basismatrizen gebildet. Das ist interessant, denn der Algorithmengenerator verfährt sonst gerne derart, dass er Ansätze ausprobiert, mithilfe von Maßzahlen die Güte der geratenen Repräsentation abschätzt und sich durch Variationen an eine tatsächlich richtige Darstellung stückweise annähert.

Zur Illustration einer Zerlegung werde die Matrix

$$M = \begin{bmatrix} 0 & 0 & 0 \\ 1 & 1 & 0 \\ 1 & 1 & 0 \end{bmatrix}$$

betrachtet und ein Satz von neun Matrizen:

$$a_1 =_{3x3} V_{1,0} \;_{3x3}V_1,0 \;_{3x3}P_{1,1}1$$

$$a_2 =_{3x3} V_{1,0} \;_{3x3}P_{1,1}1$$

$$a_3 =_{3x3} P_{(1,1)}1$$

$$a_4 =_{3x3} V_{-1,0} \;_{3x3}P_{1,1}1$$

$$a_5 =_{3x3} V_{-1,0} \;_{3x3}V_{-1},0 \;_{3x3}P_{1,1}1$$

$$a_6 =_{3x3} P_{1,0}1$$

$$a_7 =_{3x3} V_{0,1} \;_{3x3}P_{1,0}1$$

$$a_8 =_{3x3} V_{0,1} \;_{3x3}V_{0,1} \;_{3x3}P_{1,0}1$$

$$a_9 =_{3x3} S_{1,1} \;_{3x3}P_{1,1}1$$

Ausgeschrieben haben sie die Gestalt:

$$a_1 = \begin{bmatrix} 0 & 0 & 0 \\ 0 & 0 & 0 \\ 1 & 0 & 0 \end{bmatrix}, a_2 = \begin{bmatrix} 0 & 0 & 0 \\ 1 & 0 & 0 \\ 0 & 1 & 0 \end{bmatrix}, a_3 = \begin{bmatrix} 1 & 0 & 0 \\ 0 & 1 & 0 \\ 0 & 0 & 1 \end{bmatrix}$$

$$a_4 = \begin{bmatrix} 0 & 1 & 0 \\ 0 & 0 & 1 \\ 0 & 0 & 0 \end{bmatrix}, a_5 = \begin{bmatrix} 0 & 0 & 1 \\ 0 & 0 & 0 \\ 0 & 0 & 0 \end{bmatrix}, a_6 = \begin{bmatrix} 1 & 0 & 0 \\ 1 & 0 & 0 \\ 1 & 0 & 0 \end{bmatrix}$$

$$a_7 = \begin{bmatrix} 0 & 1 & 0 \\ 0 & 1 & 0 \\ 0 & 1 & 0 \end{bmatrix}, a_8 = \begin{bmatrix} 0 & 0 & 1 \\ 0 & 0 & 1 \\ 0 & 0 & 1 \end{bmatrix} a_9 = \begin{bmatrix} 0 & 0 & 1 \\ 0 & 1 & 0 \\ 1 & 0 & 0 \end{bmatrix}$$

Die Basismatrizen werden zunächst normiert:

$$N = \sum_{i=1}^{N} \sum_{j=1}^{N} (a_{ij}^{*} \cdot a_{ij})$$

für eine beliebige Einheitsmatrix, die hier a genannt worden ist. Da im Rahmen der Repräsentationstheorie die Größen bisher immer reell sind, ist der Stern zur komplexen Konjugation, falls Matrixeinträge komplex sein sollten (z. B. i/-i) im Rahmen des Buches komplett überflüssig und darf gerne ignoriert werden.

Die Größe N ist der Normierungsfaktor. Zwischen zwei Matrizen ist ein inneres Produkt analog zu dem für Vektoren gegeben:

$$< a, b > = \sum_{i=1}^{N} \sum_{j=1}^{N} (\delta_{ij} \cdot a_{ij}^{*} \cdot b_{ij})$$

wobei der Stern auch hier weggelassen werden darf, solange keine komplexen Zahlen vorkommen. Hiermit lassen sich die Komponenten der Entwicklung herausprojizieren gemäß:

$$c_j = \frac{1}{N_j} < M, a_j >$$

mit dem Normierungsfaktor N_j für die j-te Basismatrix.

Schließlich ergibt sich eine solche Entwicklung im allgemeinen Fall zu:

$$M = \sum_{i=1}^{N} c_j \cdot a_j$$

Ein Rateversuch mit Basismatrizen, deren inneres Produkt mit der untersuchten Matrix von Null verschieden ist, liefert dem Generator unter der Voraussetzung dass alle Koeffizienten 1 oder -1 sein sollen, praktisch sofort:

$$M = \begin{bmatrix} 0 & 0 & 0 \\ 1 & 1 & 0 \\ 1 & 1 & 0 \end{bmatrix} = 1 \cdot a_9 - 1 \cdot a_5 + 1 \cdot a_2$$

Generell darf mit gutem Gewissen vermutet werden: Sind die Koeffizienten sämtlich Null oder Eins, ist die gewonnene Zerlegung der zu untersuchenden Matrix besonders zutreffend und die Matrix bedarf keiner weiteren Ergänzung.

Doch ein Wort wie der „Rateversuch" oder der Hinweis auf das „gute Gewissen" kommen nicht ohne Grund hier vor. Zwar trifft die letzte Bemerkung bezüglich der Koeffizienten tatsächlich im Großen und Ganzen zu, vor allem wenn die betrachteten Matrizen sehr groß sind, wie es im Rahmen der Repräsentationstheorie zumeist der Fall ist. Aber hinter dem „Rateversuch" verbirgt sich mehr, was deutlich wird, sobald man einen Versuch startet, selbst nachzurechnen.

An dieser Stelle sei bemerkt, dass es das Verständnis sowohl der theoretischen Ausführungen in den nächsten Kapiteln als auch der Beispielkapitel in keiner Weise beeinträchtigt, wenn die jetzt folgenden Betrachtungen zunächst übersprungen werden. Es darf also auch sogleich zu den „Komponenten vollständigerer Repräsentationen" weitergeblättert werden.

Zuerst lässt sich ganz leicht das innere Produkt der Matrix M mit sich selbst berechnen:

$$< M|M > = M \cdot M = \begin{bmatrix} 0 & 0 & 0 \\ 1 & 1 & 0 \\ 1 & 1 & 0 \end{bmatrix} \cdot \begin{bmatrix} 0 & 0 & 0 \\ 1 & 1 & 0 \\ 1 & 1 & 0 \end{bmatrix} = 4$$

wobei beide Darstellungen des inneren Produktes erwähnt sind. Manchmal eignet sich eine Darstellung besser, manchmal erscheint ein Ausdruck auch durch eine Kombination von beiden viel transparenter.

Wird die Matrix als Linearkombination von Einheitsmatrizen dargestellt, darf sich dieser Wert eigentlich nicht ändern, denn es bleibt ein und dieselbe Matrix, sie wird lediglich bezüglich anderer Basismatrizen entwickelt.

Genau wie immer bei Vektoren müssen jetzt die Komponenten der Darstellung ermittelt werden. Dazu müssen zuerst die Basismatrizen normiert werden. Die normierten Matrizen sollen mit $e_1...e_9$ bezeichnet werden:

$$e_1 = \begin{bmatrix} 0 & 0 & 0 \\ 0 & 0 & 0 \\ 1 & 0 & 0 \end{bmatrix} \quad e_2 = \frac{1}{\sqrt{2}} \begin{bmatrix} 0 & 0 & 0 \\ 1 & 0 & 0 \\ 0 & 1 & 0 \end{bmatrix}, e_3 = \frac{1}{\sqrt{3}} \begin{bmatrix} 1 & 0 & 0 \\ 0 & 1 & 0 \\ 0 & 0 & 1 \end{bmatrix},$$

$$e_4 = \frac{1}{\sqrt{2}} \begin{bmatrix} 0 & 1 & 0 \\ 0 & 0 & 1 \\ 0 & 0 & 0 \end{bmatrix}, e_5 = \begin{bmatrix} 0 & 0 & 1 \\ 0 & 0 & 0 \\ 0 & 0 & 0 \end{bmatrix}, e_6 = \frac{1}{\sqrt{3}} \begin{bmatrix} 1 & 0 & 0 \\ 1 & 0 & 0 \\ 1 & 0 & 0 \end{bmatrix}$$

$$e_7 = \frac{1}{\sqrt{3}} \begin{bmatrix} 0 & 1 & 0 \\ 0 & 1 & 0 \\ 0 & 1 & 0 \end{bmatrix}, e_8 = \frac{1}{\sqrt{3}} \begin{bmatrix} 0 & 0 & 1 \\ 0 & 0 & 1 \\ 0 & 0 & 1 \end{bmatrix} e_9 = \frac{1}{\sqrt{3}} \begin{bmatrix} 0 & 0 & 1 \\ 0 & 1 & 0 \\ 1 & 0 & 0 \end{bmatrix}$$

Damit können die inneren Produkte mit der Matrix M berechnet werden:

$$e_1 \cdot M = 1$$

$$e_2 \cdot M = \sqrt{2}$$

$$e_3 \cdot M = \frac{1}{\sqrt{3}}$$

$$e_4 \cdot M = 0$$

$$e_5 \cdot M = 0$$

$$e_6 \cdot M = \frac{2}{\sqrt{3}}$$

$$e_7 \cdot M = \frac{2}{\sqrt{3}}$$

$$e_8 \cdot M = 0$$

$$e_9 \cdot M = \frac{2}{\sqrt{3}}$$

Und für die entwickelte Matrix M würde sich ergeben:

$$\begin{bmatrix} \frac{1}{\sqrt{3}} + \frac{2}{\sqrt{3}} & \frac{2}{\sqrt{3}} & \frac{2}{\sqrt{3}} \\ \sqrt{2} + \frac{2}{\sqrt{3}} & \frac{1}{\sqrt{3}} + \frac{2}{\sqrt{3}} + \frac{2}{\sqrt{3}} & 0 \\ 1 + \frac{2}{\sqrt{3}} + \frac{2}{\sqrt{3}} & \sqrt{2} + \frac{2}{\sqrt{3}} & \frac{1}{\sqrt{3}} \end{bmatrix}$$

Das ist aber offensichtlich falsch. Weder ist das innere Produkt der Matrix mit sich selbst erhalten, noch stimmen die Komponenten. Der Grund ist natürlich, dass die Basismatrizen nicht senkrecht zueinander sind. Um das zu verdeutlichen, soll nach der gleichen ‚Logik' als Beispiel ein zweikomponentiger Vektor nach zwei Einheitsvektoren zerlegt werden.

$$\vec{v} = \begin{bmatrix} 2 \\ 0 \end{bmatrix}$$

$$\vec{e}_1 = \frac{1}{\sqrt{2}} \begin{bmatrix} 1 \\ 1 \end{bmatrix}$$

$$\vec{e}_2 = \frac{1}{\sqrt{5}} \begin{bmatrix} 2 \\ 1 \end{bmatrix}$$

Die inneren Produkte sind:

$$< \vec{e}_1 | \vec{v} > = \frac{2}{\sqrt{2}}$$

$$< \vec{e}_2 | \vec{v} > = \frac{4}{\sqrt{5}}$$

Die Überlagerung wäre

$$\begin{bmatrix} 1 \\ 1 \end{bmatrix} + \frac{4}{5} \cdot \begin{bmatrix} 2 \\ 1 \end{bmatrix}$$

und damit genau wie im komplexeren Fall der Matrizen wieder ein viel größerer Vektor als $\vec{v}$. Mathematisch lässt sich das Überlagerungsverfahren mit den inneren Produkten nur dann anwenden, wenn die Einheitsvektoren senkrecht zueinander sind. Das bedeutet, dass das innere Produkt aller Einheitsvektoren untereinander gleich Null sein muss und jedes solche Produkt eines Einheitsvektors mit sich selbst gleich Eins sein muss. Also müsste für die Anwendbarkeit im Falle der Einheitsmatrizen gelten

$$\vec{e}_i \cdot \vec{e}_j = \delta_{ij}$$

mit dem Kroneckersymbol δ_{ij}, das nur dann die Zahl Eins liefert, wenn die beiden ganzen Zahlen i, j gleich sind und ansonsten gleich Null ist.

Deshalb wird in der Mathematik in solchen Fällen ein Orthogonalisierungsverfahren angewendet. In der Repräsentationstheorie bringt aber eine Orthogonalisierung die Komplikation mit sich, dass sich auch die begleitende Operatorgestalt ändert, wenn die Matrizen orthogonalisiert werden.

Jedoch ist zumindest im vereinfachten Beispiel mit dem zweikomponentigen Vektor offensichtlich, dass eine Zerlegung existiert und eindeutig ist. Dazu braucht nur die Lösung des Gleichungssystems mit zwei Gleichungen in zwei Unbekannten gefunden werden:

$$\begin{bmatrix} 2 \\ 0 \end{bmatrix} = a_1 \frac{1}{\sqrt{2}} \begin{bmatrix} 1 \\ 1 \end{bmatrix} + a_2 \frac{1}{\sqrt{5}} \begin{bmatrix} 2 \\ 1 \end{bmatrix}$$

$$a_1 \frac{1}{\sqrt{2}} + a_2 \frac{1}{\sqrt{5}} = 0$$

$$a_1 = -\sqrt{\frac{2}{5}}a_2$$

Einsetzen in

$$2 = a_1\frac{1}{\sqrt{2}} + a_2\frac{2}{\sqrt{5}}$$

liefert

$$2 = -\sqrt{\frac{2}{5}}a_2 \cdot \frac{1}{\sqrt{2}} + a_2\frac{2}{\sqrt{5}}$$

$$2 = (-\frac{1}{\sqrt{5}} + \frac{2}{\sqrt{5}}) \cdot a_2$$

$$a_2 = \sqrt{5} \cdot 2, a_1 = -2 \cdot \sqrt{2}$$

Damit lautet die Entwicklung:

$$\begin{bmatrix} 2 \\ 0 \end{bmatrix} = -2 \cdot \sqrt{2}\frac{1}{\sqrt{2}} \begin{bmatrix} 1 \\ 1 \end{bmatrix} + 2\sqrt{5}\frac{1}{\sqrt{5}} \begin{bmatrix} 2 \\ 1 \end{bmatrix}$$

bzw.

$$\begin{bmatrix} 2 \\ 0 \end{bmatrix} = -2 \cdot \begin{bmatrix} 1 \\ 1 \end{bmatrix} + 2 \begin{bmatrix} 2 \\ 1 \end{bmatrix}$$

Genau so kann natürlich auch im Fall der obigen neun Matrizen, deren Operatorgestalt bekannt ist, verfahren werden.

Der Ansatz ist jetzt gegeben durch:

$$\begin{bmatrix} 0 & 0 & 0 \\ 1 & 1 & 0 \\ 1 & 1 & 0 \end{bmatrix} =$$

$$a_1 \begin{bmatrix} 0 & 0 & 0 \\ 0 & 0 & 0 \\ 1 & 0 & 0 \end{bmatrix} + a_2 \begin{bmatrix} 0 & 0 & 0 \\ 1 & 0 & 0 \\ 0 & 1 & 0 \end{bmatrix} + a_3 \begin{bmatrix} 1 & 0 & 0 \\ 0 & 1 & 0 \\ 0 & 0 & 1 \end{bmatrix} +$$

$$a_4 \begin{bmatrix} 0 & 1 & 0 \\ 0 & 0 & 1 \\ 0 & 0 & 0 \end{bmatrix} + a_5 \begin{bmatrix} 0 & 0 & 1 \\ 0 & 0 & 0 \\ 0 & 0 & 0 \end{bmatrix} + a_6 \begin{bmatrix} 1 & 0 & 0 \\ 1 & 0 & 0 \\ 1 & 0 & 0 \end{bmatrix}$$

$$a_7 \begin{bmatrix} 0 & 1 & 0 \\ 0 & 1 & 0 \\ 0 & 1 & 0 \end{bmatrix} + a_8 \begin{bmatrix} 0 & 0 & 1 \\ 0 & 0 & 1 \\ 0 & 0 & 1 \end{bmatrix} + a_9 \begin{bmatrix} 0 & 0 & 1 \\ 0 & 1 & 0 \\ 1 & 0 & 0 \end{bmatrix}$$

Für die Komponenten gelten die Beziehungen:

$$a_3 + a_6 = 0$$

$$a_7 + a_4 = 0$$

$$a_8 + a_5 + a_9 = 0$$

$$a_2 + a_6 = 1$$

$$a_3 + a_7 + a_9 = 1$$

$$a_8 + a_4 = 0$$

$$a_1 + a_6 + a_9 = 1$$

$$a_2 + a_7 = 0$$

$$a_3 + a_8 = 0$$

Das Gleichungssystem erlaubt die beliebige Wahl von a_2 oder a_1. Dem Generator bleibt also eine gewisse Freiheit.

Wird $a_2 = 0$ gesetzt, resultiert nach etwas Arithmetik die Zerlegung:

$$
\begin{bmatrix} 0 & 0 & 0 \\ 1 & 1 & 0 \\ 1 & 1 & 0 \end{bmatrix} = - \begin{bmatrix} 0 & 0 & 0 \\ 0 & 0 & 0 \\ 1 & 0 & 0 \end{bmatrix} - \begin{bmatrix} 1 & 0 & 0 \\ 0 & 1 & 0 \\ 0 & 0 & 1 \end{bmatrix} - \begin{bmatrix} 0 & 1 & 0 \\ 0 & 0 & 1 \\ 0 & 0 & 0 \end{bmatrix}
$$

$$
-2 \begin{bmatrix} 0 & 0 & 1 \\ 0 & 0 & 0 \\ 0 & 0 & 0 \end{bmatrix} + \begin{bmatrix} 1 & 0 & 0 \\ 1 & 0 & 0 \\ 1 & 0 & 0 \end{bmatrix} + \begin{bmatrix} 0 & 1 & 0 \\ 0 & 1 & 0 \\ 0 & 1 & 0 \end{bmatrix}
$$

$$
+ \begin{bmatrix} 0 & 0 & 1 \\ 0 & 0 & 1 \\ 0 & 0 & 1 \end{bmatrix} + \begin{bmatrix} 0 & 0 & 1 \\ 0 & 1 & 0 \\ 1 & 0 & 0 \end{bmatrix}
$$

Praktisch wird zwar kein vollständiger Entwicklungssatz für die sehr hochdimensionalen Matrizen zur Verfügung stehen, aber aufgrund der hochgradig symmetrischen Gestalt auftretender Matrizen ist das auch gar nicht nötig.

Komponenten vollständigerer Repräsentationen

In diesem Kapitel werden einige Elemente vorgestellt, die bei vollständigeren Repräsentationen des Öfteren zum Einsatz kommen. Dabei handelt es sich insbesondere um die topologischen $\hat{T}_{ij}$-Operatoren, die Gültigkeitsfunktionen sowie die Zielfunktionen.

Topologie-repräsentierende Operatoren

Die $\hat{T}_{ij}$-Operatoren ermöglichen es, den Zusammenhang zwischen räumlich benachbarten Positionen abzubilden. Sie werden bei den hier beispielhaft betrachteten Spielen anhand der Bewegungen von Spielfiguren erkannt und deshalb als topologisch-repräsentative Operatoren bezeichnet, weil sie Nachbarschaftsbeziehungen wiedergeben. Der Begriff der Topologie bezieht sich im gesamten Text dieses Buches ausschließlich auf räumliche Zusammenhänge, die von Situationen erfasst werden, insbesondere auf den Zusammenhang der Spielfelder. Damit wird also die Grundlage gelegt, um eine mögliche Bewegung einer Figur von irgendeiner Position auf dem Feld zu einer benachbarten Stelle zu erfassen. Aber auch andere Situationen können eine gleichartige Konnektivität aufweisen. In diesem Buch stehen als Beispiel der einfache Zauberwürfel und die Statue jeweils für einen solchen, etwas abstrakteren Fall. Auch diese Beispiele weisen topologische Freiheitsgrade auf, die mit dem räumlichen Verhalten der Elemente verbunden sind. Der topologische Zusammenhang koinzidiert dementsprechend offensichtlich im recht allgemeinen Kontext in allen betrachteten Fällen stets mit dem räumlichen Verhalten der Bestandteile des betrachteten Beispielsystems. Zumeist wird dabei die unmittelbare räumliche Nachbarschaft abgebildet. Es kommt aber auch vor, dass zwei Bestandteile einer Situation im Sinne eines Topologiebegriffs benachbart sind, also unmittelbar das eine von dem anderen aus erreicht werden kann, ohne dass sie auf einer Abbildung stets räumlich nebeneinander positioniert sind. Beim Würfel wird dies später noch besonders deutlich. Denn wenn man seine Zustände abzählt und versucht, aufeinanderfolgende Zustände miteinander zu verknüpfen, entsteht ein etwas abstrakteres Gebilde, was aber trotzdem im theoretischen Sinne topologischen Charakter besitzt. Deshalb gibt es diese etwas allgemein anmutende Bezeichnung für solche Operatoren. Sie werden im Zuge der Elemente des Schachspiels im Detail besprochen.

Gültigkeitsfunktionen

Bei den Spielen werden stets zwei Komponenten für mögliche Züge generiert. Zum einen die Operatordarstellung für den Zug selbst, in der die $\hat{T}_{i,j}$-Operatoren zum Einsatz kommen, und zum anderen eine Gültigkeitsfunktion. Die Letztere liefert für jeden zulässigen Zug den jeweils in der Repräsentation vermerkten Wert, z. B. 1 für einen gültigen Zug und ansonsten 0. Viele Züge sind beispielsweise deshalb ungültig, weil auf dem anvisierten Zielfeld bereits eine Figur steht. Oder es müsste für

einen Zug, bei dem eine Figur vom Feld verschwindet, eben diese an der richtigen Stelle auch vorhanden sein, ansonsten erscheint er zwar zunächst möglich, ist aber endeffektlich ungültig.
Das Konzept der Gültigkeitsfunktionen ist eine große Hilfe für
den Generator zur Erstellung einer Repräsentation. Der Wert
der Gültigkeitsfunktionen wird aus einer Gültigkeitsmatrix bestimmt, die anhand von Beobachtungen generiert werden muss.
Das System wird versuchen, die vollständige Form dieser Matrizen frühzeitig zu erraten.

Zielfunktionen: Sinn repräsentieren

Die Aufgabe der Zielfunktionen ist es, zu ermöglichen, dass der
Generator erkennen kann, worauf die eigenen Handlungen hin-
auslaufen sollen und ihn in die Lage zu versetzen, dementsprechend agieren zu können. Sie werden ebenfalls aufgrund der Beobachtungen, im Falle der Spiele durch die Kenntnis des Spiel-
verlaufs, generiert und sollen dem System dazu verhelfen, selbst
zielgerichtet handeln zu können.

Eine Zielfunktion bräuchte, wenn sie das endgültige Ziel beschreiben soll, beispielsweise lediglich zwei Werte anzunehmen,
nämlich Null oder Eins. Sie könnte gleich Null sein, sobald das
Ziel erreicht ist, andernfalls wäre ihr Wert gleich Eins. Sie würde
also dann schlagartig auf den Nullwert springen, sobald die gewünschte Zielsituation erreicht ist.

Die Zielfunktion muss repräsentiert werden, denn das System
muss in der Lage sein, seine Ziele selbst erkennen zu können.
Ein wesentliches Ereignis, das vom System beobachtet werden
kann, ist der Neubeginn des Spiels. Dies stellt einen Bruch des
Spielablaufs dar, weil sich die Spielsituation massiv ändert, ohne
dass diese Änderung regelkomform erfolgt. Fegt beispielsweise
jemand mit seinem Arm alle Spielfiguren vom Feld, lässt sich das
mit den Regeln nicht vereinbaren, und das System könnte davon

ausgehen, dass der Zustand unmittelbar vor diesem massiven Ereignis eine anzustrebende Zielsituation war.

Beim Schachspiel soll einfach davon ausgegangen werden, dass die Zielfunktion als Sprungfunktion repräsentierbar ist. Das geht ja auch, denn das Ziel ist, den gegnerischen König zu schlagen. Solche Situationen sollen als essenzielle Teilsituationen bezeichnet werden. Es handelt sich dabei im Fall des Schachspiels um die Menge aller Situationen, in denen der gegnerische König fehlt. Auf die restlichen Figuren kommt es nicht an, daher der Begriff der Teilsituation. In den Beispiel-Kapiteln werden die Zielfunktionen sowie einige weitere Mittel zur Repräsentation des Ziels eingehender erläutert. Dort kommen wir auch auf zugrunde liegende theoretische Überlegungen zurück und ordnen empirische Erkenntnisse in deren Rahmen ein.

Ein gutes Beispiel für eine Zielfunktion liefert die schon bekannte θ-Funktion, die während des Spiels den Wert Null annimmt und beim Erreichen des Ziels auf Eins springt. Das geschieht also dann, wenn in den Beispielen des Buches der Würfel seinen Ursprungszustand erreicht hat, die Statue wieder zusammengepuzzelt ist oder sobald drei Kreuze oder Kreise in einer Reihe erreicht sind. Ein solches System könnte natürlich sämtliche Zugmöglichkeiten durchprobieren, um dadurch festzustellen, ob es ihm gelingt, binnen der nächsten, möglichen Züge unter gleichzeitiger Vermeidung, zuvor zu verlieren, gewinnen zu können.

Es geht aber besser und deshalb lohnt es sich für das System, außer der oder den essenziellen Teilsituationen (im Falle des Statuenpuzzles ist das nur ein Zustand, im Fall des 4-Steinegewinnen-Spiels sind es aber schon ganz viele) auch charakteristische Teilsituationen und charakteristische Folgen zu vermerken. Dadurch lässt sich zum einen die effektive Zugtiefe erheblich erhöhen, zum anderen wird ein sinnvoller Zug aber auch viel schneller gefunden.

Eine charakteristische Teilsituation ist eine solche, die nur wenige Objekte der Zielsituation enthält, und die sich bereits einmal bewährt hat, weil es möglich war, von ihr aus zum Ziel, also zur essenziellen Teilsituation zu gelangen (in der der König geschlagen ist oder dgl.). Bei ihrer Erzeugung wird der Generator sich Situationen anschauen, die einige Zeit vor dem Spielende vorlagen, weil er davon ausgeht, dass sie dazu beitrugen, dass der Sieger der Spiele, die er analysiert, um sich über die Regeln zu informieren, durch ihre Präsenz erfolgreich war. Dann ermittelt er alle Elemente, die bis auf $\hat{V}$ oder $\hat{S}$-Änderungen gleich sind. Die restlichen Bestandteile lässt er weg, und was übrig bleibt, konstituiert die charakteristischen Situationen. Beim 4-Steine-gewinnen-Spiel ist dieses Verfahren beispielhaft explizit erklärt. Das 3-Steine-gewinnen-Spiel zeigt ein solches Vorgehen auch programmatisch umgesetzt auf der Webseite (dort zumindest für die essenzielle Teilsituation).

Ein weiterer Begriff ist der der charakteristischen Folge. Er bezieht sich auf eine Folge von PDs, also im Fall der Spiele auf eine Folge von Spielzügen. Insbesondere beim Beispiel des Statuenpuzzles tauchen charakteristische Folgen auf. Bevor es überhaupt beginnt, viele Möglichkeiten durchzuprobieren, lohnt es sich für das System, solche Folgen ins Augenmerk zu nehmen, die schon einmal erfolgreich waren. Es reicht dann nämlich, eine charakteristische Teilsituation zu erreichen, von der aus vermöge der charakteristischen Folge die Zielsituation sicher oder zumindest ziemlich sicher erreichbar sein dürfte.

Abgesehen davon ist die Zielfunktion oft viel besser abgebildet, wenn sie sich nicht sprunghaft ändert, sondern sich gemäß eines Maßes verhält, was um so näher an der Null liegt, je besser das Gesamtziel erreicht ist. Dergestalt wird diese Funktion auch anhand des Venuspuzzles noch näher erläutert werden. Die Hoffnung, dass es durch eine solche Verstetigung der Zielfunktion immer möglich ist, ans Ziel zu gelangen, wird aber enttäuscht.

Vielmehr wendet der Algorithmengenerator ein weiteres Verfahren an, das Schwarmverfahren, um zum Ziel zu kommen. Denn es stellt sich als notwendig heraus, sehr lange Zugfolgen im voraus zu ermitteln, damit das Ziel auch wirklich erreicht werden kann. Damit ist er aber in den Beispielen binnen kürzester Zeit, in allgemeineren Fällen auch insbesondere unter Zuhilfenahme der charakteristischen Teilsituationen, sehr erfolgreich. Es steht auf der Webseite zum Experimentieren bereit.

Beim Würfel kann als Zwischenziel auch die Fertigstellung der oberen Ebene vorgegeben werden. Natürlich ist das eigentlich eine charakteristische Teilsituation, und selbstverständlich führen von dort aus vorab gespeichterte PD-Sequenzen, also im Fall der Spiele Zugfolgen, die dem System mit etwas Erfahrung zur Verfügung stehen, zum Erfolg. Sie könnten auch allgemeiner gestaltet sein, wie es im Zuge einer Repräsentation ohnehin geschehen wird, und selbstverständlich würde solch ein System sehr viele solcher charakteristischen Situationen und Handlungsfolgen finden können. Programmatisch ist das auf der Webseite nicht realisiert, zumal dann nicht mehr leicht erkennbar ist, was überhaupt vor sich geht. Deshalb baut die Statue beispielhaft für die Illustration einer charakteristischen Situation und zugehöriger Folgen zuerst die rechte Hälfte zusammen, so dass die charakteristische Teilsituation dann auch optisch wieder leicht erkennbar ist.

Erstellen vollständiger Matrizen: Algorithmengenerator

Das Matrixsystem beobachtet das Geschehen auf dem Bildschirm und erzeugt daraus ein Programm. Insbesondere könnte ein vollständiges, repräsentatives Programm die fünf Beispiele dieses Buches durch Beobachten darstellen und mit der Matrixmethode programmieren. Es wird deshalb im Rahmen des Textes auch als Generator bezeichnet.

Dieser besitzt eine zentrale Funktion, deren Aufgabe es ist, unvollständige Matrizen durch Erraten der fehlenden Elemente zu komplettieren. Die Funktion probiert vorzugsweise einfache Kombinationen von Matrixoperatoren aus und ermittelt einen Deckungsgrad zwischen der erratenen Matrix $\hat{m}$ und der aus den Eingaben stammenden, unvollständigen Matrix $\hat{a}$. Dieses Maß berechnet sich für eine $m \cdot n$ - Matrix gemäß

$$d = \frac{1}{n \cdot m} \sum_{j=0}^{m} [\sum_{i=0}^{n} m_{ji} a_{ji} + (1 - m_{ji})(1 - a_{ji})]$$

weil nur 0 und 1 als Einträge für Matrizen infrage kommen, die mit dieser Funktion vervollständigt werden sollen. Verschiedene Einträge tragen nichts zum Maß bei, gleiche zunächst 1 unter der Summe, und der Faktor normiert das Maß so, dass bei völliger Übereinstimmung Eins resultiert und bei völliger Verschiedenheit Null.

Mit der Disko-Ampel wurde ein dynamisches System beschrieben, das als Skript programmiert beispielsweise eine Schleife von 1 bis 3 wiederholt abarbeiten könnte, wenn die Leuchten von oben nach unten der Reihe nach aufblinken. Jede Eins im Zustandsvektor soll in diesem Beispiel mit dem Aufleuchten einer der acht Lampen einhergehen. Es gibt also ein paar zusätzliche Leuchten und eine Skript-Schleife für den Ablauf der Ampelfolge könnte so aussehen:

$for(j = 1; j <= 8; j + +)$ aktiviereLeuchte(j);

Das bedeutet praktisch dasselbe wie

$$\vec{v}' = \begin{bmatrix} 0 & 0 & 0 & 0 & 0 & 0 & 0 & 0 \\ 1 & 0 & 0 & 0 & 0 & 0 & 0 & 0 \\ 0 & 1 & 0 & 0 & 0 & 0 & 0 & 0 \\ 0 & 0 & 1 & 0 & 0 & 0 & 0 & 0 \\ 0 & 0 & 0 & 1 & 0 & 0 & 0 & 0 \\ 0 & 0 & 0 & 0 & 1 & 0 & 0 & 0 \\ 0 & 0 & 0 & 0 & 0 & 1 & 0 & 0 \\ 0 & 0 & 0 & 0 & 0 & 0 & 1 & 0 \end{bmatrix} \cdot \vec{v}$$

in der Welt eines Matrixsystems, wenn der Vektor v mit einer 1 ganz oben beginnt (alle anderen Einträge Null). Vervollständigt die Funktion die Matrix zu $\hat{V}_1, 0_{8\times8} P_{1,1}$, falls noch ein oder zwei Einsen fehlen sollten, erzeugt sie sozusagen den gleichen Algorithmus wie ihn auch das Skript abarbeitet. Diese vervollständigende Funktion des Systems ist deshalb in der Regel gemeint, wenn vom Algorithmengenerator die Rede ist.

Sehr viele Matrizen der Beispiele des Buches haben eine geeignete Gestalt, um schnell gefunden werden zu können. Andere müssen mithilfe elementarerer Matrizen nachgebildet werden, die selbst wiederum einen einfachen Aufbau aufweisen, und im Bedarfsfall erraten werden können.

Natürlich ist bei der Entscheidung, ob eine erratene Matrix genutzt werden sollte, um eine Folgesituation zu finden, oder doch die rein empirisch gewonnenen Informationen dazu verwendet werden sollten, der Repräsentationsgrad nützlich.

Denn wenn die vervollständigte Matrix des Algorithmengenerators einen besseren Wert ergibt, sollte sie jedenfalls angewendet werden; sie kann auch ganz allgemein immer verwendet werden, solange der Algorithmengenerator dabei berücksichtigt, dass seine generierten Matrizen verglichen mit den aus Originaleingaben gewonnenen Matrizen das Maß an Übereinstimmung nicht verschlechtern.

Sobald offensichtlich falsche Folgesituationen erzeugt werden, müssen entweder Einsen nach der Vervollständigung durch Subtraktion einer weiteren Matrix wieder entfernt werden oder es wird auf die Vervollständigung bis auf Weiteres verzichtet.

Das Schachspiel als Beispiel

Nachdem in diesem Kapitel zunächst einige Begriffe und Verfahren der Repräsentationstheorie vorgestellt worden sind, soll im Folgenden das Problem der Repräsentation expliziter erläutert werden. Dazu wird das Schachspiel als grundlegendes Beispiel betrachtet. Das Ziel ist es, ein System so zu gestalten, dass es das Spiel nach ausreichend langer Beobachtung selbst mitspielen oder auch vorspielen kann. Prinzipiell soll der Algorithmengenerator in der Lage sein, durch hinreichend lange Beobachtung des Spielablaufs selbst einen Schachcomputer zu programmieren. Es besteht dabei, genau wie bei der Disko-Ampel natürlich die Möglichkeit, das Programm, bestehend aus HTML- und Javascript, abzuspeichern. Dabei werden dann keine Elemente des eigentlichen Generators mehr vorhanden sein. Allerdings muss eine immer gleiche Hilfsdatei natürlich inkludiert werden, die die Funktionen für die Matrix-Berechnungen bereitstellt. Vor diesem Hintergrund wird auch die Namensgebung für den Generator plausibel, denn es entsteht ein fertiges Programm, ohne dass ein Quellcode dazu nötig wäre. Der Generator ist prinzipiell in allen Beispielen dieses Buches einheitlich gestaltet und bedarf keiner Änderung, um auch für andere Beispielfälle ein fertiges Programm zu erstellen. Auf seine Komponenten wird im späteren Kapitel „Überblick über das Verfahren" im Anschluss an die Beispielkapitel noch eingegangen werden.

Das Schachspiel ist umfangreich genug, um auch tiefere Einblicke in die Theorie zu ermöglichen. Um es zu repräsentieren, werden alle bereits vorgestellten Komponenten vollständigerer Repräsentationen verwendet. Ob das letztlich überhaupt erfor-

derlich ist, ist zurzeit eine offene theoretische Frage. Es besitzt
ganz sicher aber verschiedene Darstellungen, was typisch für die
Repräsentationstheorie ist.

Einem völlig vergleichbaren Phänomen sind wir bereits in der
Physik begegnet, wo die Komponenten der auftretenden Vektoren und Matrizen, also der physikalischen Tensoren, je nach Bezugssystem verschiedene Werte annehmen, aber immer dieselbe
physikalische Situation beschreiben. Dort ist man stets bemüht,
eine möglichst geeignete Darstellung zu finden, damit sich die
Rechnungen vereinfachen. Aus genau diesem Grund verwendet
man in der Physik auch verschiedene Koordinatensysteme. Insbesondere als Beispiel Kugelkoordinaten für das sphärisch symmetrische Wasserstoffproblem. Dabei gilt es ja, Eigenfunktionen
und Eigenwerte des Elektrons zu berechnen, das zusammen mit
dem Kern, einem Proton, das Atom bildet. Fällt ein solches Elektron aus einem Zustand in einen anderen, niedrigeren, entsteht
bekanntlich ein Photon, welches die Energiedifferenz davonträgt,
so dass die Gesamtenergie erhalten bleibt, und die Frequenzen
solcher Elektronen lassen sich messen. Nachdem man in der Lage war, diese Werte zu berechnen, so dass sie mit den Messungen
des Spektrums in Einklang standen, war ein großer Schritt hin
zum Verständnis der Natur auf sehr kleinen Skalen, nämlich im
atomaren Bereich, getan.

Zu Beginn der Besprechung des Schachspiels stehen jetzt diejenigen Matrizen, die die Züge darstellen. Danach werden die
anderen Komponenten vorgestellt. Mehr Details zu ihnen sollen
in den anschließenden Kapiteln anhand der exemplarisch auch
auf der Webseite zur Verfügung stehenden Spiele besprochen
werden.

Die Repräsentation der Topologie

Ganz zu Beginn, wenn das System anfangen möchte, eine Repräsentation zu finden, stellt es sich dieselbe Frage wie jeder, der schon einmal morgens irgendwo aufgewacht ist und sich nicht unmittelbar an das erinnern konnte, was am Vorabend geschehen war: „Was ist los?". Im gleichen Sinne wird sich der Generator zu Beginn seiner Analyse fragen: „Gibt es irgendwelche Bilder, die für etwas gut sein könnten?", und wenn ja, „Wo sind sie?".

Im konkreten Fall des Schachspiels bedeutet das, dass er das Bilderobjekt absuchen wird, worauf er Zugriff hat (document.images[]). Dabei findet er heraus, dass Figuren vorhanden sind. In diesem Buch wird auf eine vorgelagerte Mustererkennung der Bilder als solche verzichtet, statt dessen findet das System anhand der Dateinamen heraus, um welche Art von Figuren es sich handelt. So wird eine Figur beispielsweise „figur-1-weiss"benannt, wenn es sich um einen weißen Turm handelt. Alternativ könnten die Bilder pixelweise verglichen und ihnen eine entsprechende Benennung zugeordnet werden.

Wo die Felder sein könnten, kann es erraten, wenn es die Positionen untersucht: Dort wo Figuren im vorgespielten Spiel stehen, sind vermutlich die Felder. Werden sie nicht immer genau mittig platziert, müssten Mittelwerte berechnet werden, um die vermuteten Stellplätze zu finden. Die Figur steht dann jeweils auf demjenigen Feld, zu dessen Mittelpunkt sie den geringsten Abstand hat. Insgesamt wird es dabei herausfinden, dass es 64 Felder sowie die jeweils 16 schwarzen und weißen Figuren gibt.

Danach beobachtet es die Veränderungen je Spielzug und bemerkt, dass sich jeweils eine Figur bewegt. Natürlich sind an der Rochade zwei Figuren beteiligt und daher muss diese Komplikation später noch aufgegriffen werden. Durch das Beobachten der Züge entstehen Matrizen für jede Figur, welche genau ihre Bewegungsmöglichkeiten wiederspiegeln und jetzt besprochen werden

Abbildung 11: Turm

sollen. Und wie bereits gesagt, gehört zu jeder Figur nicht nur
die topologische Matrix, sondern auch ein Gültigkeitsoperator,
der ebenfalls repräsentiert werden muss. Letztere sind bei vielen
Spielen schlichtweg Einheitsmatrizen und der Generator kann
versuchen, von vornherein davon auszugehen, dass dem so ist.
Beim Schachspiel befindet er sich damit allerdings auf dem Holz-
weg und müsste sie doch für jede Figur einzeln ermitteln. Mit
diesen Matrizen befassen wir uns im Anschluss an die zur Topologie des Spiels gehörigen Matrizen. Es soll bei allen Matrizen
hier angenommen werden, dass die Felder gemäß der Abbildung
12 nummeriert sind. In der gleichen Weise sind auch die klei-
neren Beispielfelder nummeriert, wie in Abbildung 11, mit dem
einzigen Unterschied, dass es dann nur 16 Felder gibt, damit die
Matrizen übersichtlicher sind.

Beispiel: Turm

Der Turm zieht sowohl horizontal als auch vertikal. Steht er zu
Beginn auf Feld 1, kann er nach dem nächsten Zug die Felder
1,2,3,4,5,6,7,8 sowie 9,17,25,33,41,49 und 57 erreichen. Die erste
Darstellung der Zugmöglichkeiten stellt alle Felder untereinander in einen 64-komponentigen Vektor. Je nachdem, wo die Figur
steht, erscheint dort eine Eins, alle anderen Komponenten sind
Null. Ist die Figur nicht auf dem Feld, sind alle Komponenten

57	58	59	60	61	62	63	64
49	50	51	52	53	54	55	56
41	42	43	44	45	46	47	48
33	34	35	36	37	38	39	40
25	26	27	28	29	30	31	32
17	18	19	20	21	22	23	24
9	10	11	12	13	14	15	16
1	2	3	4	5	6	7	8

Abbildung 12: Eine mögliche Nummerierung des Schachfelds

Null. Die erste Spalte der Matrix beginnt dementsprechend:

$$\begin{bmatrix} 1 \\ 1 \\ 1 \\ 1 \\ 1 \\ 1 \\ 1 \\ 1 \\ - \\ 1 \\ 0 \\ 0 \\ \ldots \end{bmatrix}$$

Von den Plätzen 2-8 können die Felder 1, 3-8 horizontal erreicht werden, beim vertikalen Ziehen werden jeweils Felder erreicht, die im Vektor nach und nach jeweils einen Platz tiefer vorkommen. Also beginnt die Turm-Matrix mit:

$$
\begin{bmatrix}
0 & 1 & 1 & 1 & 1 & 1 & 1 & 1 \\
1 & 0 & 1 & 1 & 1 & 1 & 1 & 1 \\
1 & 1 & 0 & 1 & 1 & 1 & 1 & 1 \\
1 & 1 & 1 & 0 & 1 & 1 & 1 & 1 \\
1 & 1 & 1 & 1 & 0 & 1 & 1 & 1 \\
1 & 1 & 1 & 1 & 1 & 0 & 1 & 1 \\
1 & 1 & 1 & 1 & 1 & 1 & 0 & 1 \\
1 & 1 & 1 & 1 & 1 & 1 & 1 & 0 \\
\hline
1 & 0 & 0 & 0 & 0 & 0 & 0 & 0 \\
0 & 1 & 0 & 0 & 0 & 0 & 0 & 0 \\
0 & 0 & 1 & 0 & 0 & 0 & 0 & 0 \\
0 & 0 & 0 & 1 & 0 & 0 & 0 & 0 \\
0 & 0 & 0 & 0 & 1 & 0 & 0 & 0 \\
0 & 0 & 0 & 0 & 0 & 1 & 0 & 0 \\
0 & 0 & 0 & 0 & 0 & 0 & 1 & 0 \\
0 & 0 & 0 & 0 & 0 & 0 & 0 & 1 \\
\hline
\cdots & & & & & & & \\
\hline
1 & 0 & 0 & 0 & 0 & 0 & 0 & 0 \\
0 & 1 & 0 & 0 & 0 & 0 & 0 & 0 \\
0 & 0 & 1 & 0 & 0 & 0 & 0 & 0 \\
0 & 0 & 0 & 1 & 0 & 0 & 0 & 0 \\
0 & 0 & 0 & 0 & 1 & 0 & 0 & 0 \\
0 & 0 & 0 & 0 & 0 & 1 & 0 & 0 \\
0 & 0 & 0 & 0 & 0 & 0 & 1 & 0 \\
0 & 0 & 0 & 0 & 0 & 0 & 0 & 1
\end{bmatrix}
$$

Analoge Überlegungen für die nächsten horizontalen Reihen des Spielfelds offenbaren die gesamte Matrix, nach der gleichen

Systematik wie gehabt

$$\begin{bmatrix}
0 & 1 & 1 & 1 & 1 & 0 & 0 & 0 & 1 & 0 & 0 & 0 & 1 & 0 & 0 & 0 \\
1 & 0 & 1 & 1 & 0 & 1 & 0 & 0 & 0 & 1 & 0 & 0 & 0 & 1 & 0 & 0 \\
1 & 1 & 0 & 1 & 0 & 0 & 1 & 0 & 0 & 0 & 1 & 0 & 0 & 0 & 1 & 0 \\
1 & 1 & 1 & 0 & 0 & 0 & 0 & 1 & 0 & 0 & 0 & 1 & 0 & 0 & 0 & 1 \\
1 & 0 & 0 & 0 & 0 & 1 & 1 & 1 & 1 & 0 & 0 & 0 & 1 & 0 & 0 & 0 \\
0 & 1 & 0 & 0 & 1 & 0 & 1 & 1 & 0 & 1 & 0 & 0 & 0 & 1 & 0 & 0 \\
0 & 0 & 1 & 0 & 1 & 1 & 0 & 1 & 0 & 0 & 1 & 0 & 0 & 0 & 1 & 0 \\
0 & 0 & 0 & 1 & 1 & 1 & 1 & 0 & 0 & 0 & 0 & 1 & 0 & 0 & 0 & 1 \\
1 & 0 & 0 & 0 & 1 & 0 & 0 & 0 & 0 & 1 & 1 & 1 & 1 & 0 & 0 & 0 \\
0 & 1 & 0 & 0 & 0 & 1 & 0 & 0 & 1 & 0 & 1 & 1 & 0 & 1 & 0 & 0 \\
0 & 0 & 1 & 0 & 0 & 0 & 1 & 0 & 1 & 1 & 0 & 1 & 0 & 0 & 1 & 0 \\
0 & 0 & 0 & 1 & 0 & 0 & 0 & 1 & 1 & 1 & 1 & 0 & 0 & 0 & 0 & 1 \\
1 & 0 & 0 & 0 & 1 & 0 & 0 & 0 & 1 & 0 & 0 & 0 & 0 & 1 & 1 & 1 \\
0 & 1 & 0 & 0 & 0 & 1 & 0 & 0 & 0 & 1 & 0 & 0 & 1 & 0 & 1 & 1 \\
0 & 0 & 1 & 0 & 0 & 0 & 1 & 0 & 0 & 0 & 1 & 0 & 1 & 1 & 0 & 1 \\
0 & 0 & 0 & 1 & 0 & 0 & 0 & 1 & 0 & 0 & 0 & 1 & 1 & 1 & 1 & 0
\end{bmatrix}$$

und damit die Mau-Mau-Matrix. Das ist eine gute Nachricht, bedeutet dies doch, dass wer Mau-Mau spielen kann, prinzipiell auch in der Lage ist, den Turm zu ziehen. Darüber wird sich der Algorithmengenerator natürlich freuen. Denn wenn er bei seinem ersten Versuch, die Matrixoperatoren zu finden, bereits erfolgreich ist, ist für ihn: Time to party!

Beispiel: Läufer

Etwas anders gestaltet sich die Lage, wenn das System die Läufer betrachet. Zwei von ihnen bewegen sich auf den hellen, die beiden anderen auf den dunklen Feldern. Die erste Spalte der Matrix hat 7 Einträge ungleich Null, denn vom Feld unten links kann nur diagonal nach oben rechts gezogen werden. Mit der gleichen Nummerierung wie zuvor resultiert die folgende Matrix:

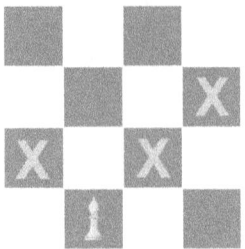

Abbildung 13: Läufer

$$\begin{bmatrix}
0 & 0 & 0 & 0 & 0 & 1 & 0 & 0 & 0 & 0 & 1 & 0 & 0 & 0 & 0 & 1 \\
0 & 0 & 0 & 0 & 1 & 0 & 1 & 0 & 0 & 0 & 0 & 1 & 0 & 0 & 0 & 0 \\
0 & 0 & 0 & 0 & 0 & 1 & 0 & 1 & 1 & 0 & 0 & 0 & 0 & 0 & 0 & 0 \\
0 & 0 & 0 & 0 & 0 & 0 & 1 & 0 & 0 & 1 & 0 & 0 & 1 & 0 & 0 & 0 \\
0 & 1 & 0 & 0 & 0 & 0 & 0 & 0 & 0 & 1 & 0 & 0 & 0 & 0 & 1 & 0 \\
1 & 0 & 1 & 0 & 0 & 0 & 0 & 0 & 1 & 0 & 1 & 0 & 0 & 0 & 0 & 1 \\
0 & 1 & 0 & 1 & 0 & 0 & 0 & 0 & 0 & 1 & 0 & 1 & 1 & 0 & 0 & 0 \\
0 & 0 & 1 & 0 & 0 & 0 & 0 & 0 & 0 & 0 & 1 & 0 & 0 & 1 & 0 & 0 \\
0 & 0 & 1 & 0 & 0 & 1 & 0 & 0 & 0 & 0 & 0 & 0 & 0 & 1 & 0 & 0 \\
0 & 0 & 0 & 1 & 1 & 0 & 1 & 0 & 0 & 0 & 0 & 0 & 1 & 0 & 1 & 0 \\
1 & 0 & 0 & 0 & 0 & 1 & 0 & 1 & 0 & 0 & 0 & 0 & 0 & 1 & 0 & 1 \\
0 & 1 & 0 & 0 & 0 & 0 & 1 & 0 & 0 & 0 & 0 & 0 & 0 & 0 & 1 & 0 \\
0 & 0 & 0 & 1 & 0 & 0 & 1 & 0 & 0 & 1 & 0 & 0 & 0 & 0 & 0 & 0 \\
0 & 0 & 0 & 0 & 0 & 0 & 0 & 1 & 1 & 0 & 1 & 0 & 0 & 0 & 0 & 0 \\
0 & 0 & 0 & 0 & 1 & 0 & 0 & 0 & 0 & 1 & 0 & 1 & 0 & 0 & 0 & 0 \\
1 & 0 & 0 & 0 & 0 & 1 & 0 & 0 & 0 & 0 & 1 & 0 & 0 & 0 & 0 & 0
\end{bmatrix}$$

Man kann es dem Algorithmengenerator nicht übel nehmen, wenn er an dieser Stelle kapituliert. Denn seine Versuche, Matrixoperatoren zu finden, dürften aufgrund der Matrixstruktur erstmal erfolglos bleiben. Dieser Umstand dürfte seiner durch die ausgiebige Turm-Party verursachten Katerstimmung noch

einmal einen zusätzlichen Dämpfer versetzen. Es gibt aber auch
Anlass zur Hoffnung. Denn zum Einen befinden sich vier Läufer
auf dem Feld, von denen jeweils zwei identische Matrizen haben, und diese unterscheiden sich untereinander lediglich durch
$\hat{V}_{01}$. Sie weisen zwar einige von Null verschiedene Einträge auf,
doch bei einer ausreichend großen Anzahl Partien könnten sie
vollständig werden.

Andererseits könnte man das Spielfeld um 45 Grad drehen
und würde vermuten, dass eine Art trunkierte Mau-Mau-Matrix
erscheint. Eine solche Transformation könnte der Generator zumindest versuchen und diese Matrix, sollte er sie finden, dann
für den Alltagsgebrauch zurücktransformieren (also um diese 45
Grad wieder zurück drehen, mit einer geeigneten Transformati-
onsmatrix, aber die kann er locker finden).

Abgesehen von diesen etwas krassen Überlegungen mag aber
noch auf einen weiteren Umstand hingewiesen werden, der mit
der Turm-Matrix in Zusammenhang steht. Die Mau-Mau-Matrix
ist reell-symmetrisch, also auch hermitesch und wird sich deshalb
diagonalisieren lassen, mit den 32 Eigenwerten auf der Hauptdiagonalen. Dann stellen sich einige Fragen:

– Welche Bedeutung haben die Eigenwerte? In der Physik
  sind sie ja ausgerechnet die wichtigsten Größen der Quan-
  ten-Probleme, denn sie stehen im unmittelbaren Zusammenhang mit den Messgrößen. Welche Bedeutung kommt
  ihnen aber bei diesen Spielen zu?

– Welche Gestalt haben dann die topologisch repräsentativen
  Operatoren des kommenden Abschnitts und wie transfor-
  mieren sich die Vektoren v^i für die Spielfeldplätze?

Die Rechnung dazu möge für's Erste dem lokalen Milch-
mädchen überlassen bleiben, zusammen mit der Interpretations-
frage.

Abbildung 14: König

Ganz ernst ist es also nicht gemeint, und statt weiter zu grübeln, soll der Abschnitt mit der schlichten Bemerkung beendet werden, dass die Dame als Kombination von Turm und Läufer ebenfalls eine 64 · 64 Komponenten umfassende Matrix benötigt, die an allen Stellen Einsen aufweist, sobald dort in einer der beiden anderen Matrizen eine Eins vorkommt.

König, Springer und Bauer

Da das Prinzip jetzt deutlich geworden ist, reicht es, sich bei der Erläuterung der verbleibenden Matrizen kürzer zu fassen. Auch hier soll jeweils nur der obere, linke Teil der Matrizen abgebildet werden.

Die Matrix für den König hat, nachdem sie vollständig erkannt ist, in der gleichen Art wie beim Läufer für das 4x4 Felder umfassende Spielbrett dargestellt, die Gestalt:

$$\begin{bmatrix}
0 & 1 & 0 & 0 & 1 & 1 & 0 & 0 & 0 & 0 & 0 & 0 & 0 & 0 & 0 & 0 \\
1 & 0 & 1 & 0 & 1 & 1 & 1 & 0 & 0 & 0 & 0 & 0 & 0 & 0 & 0 & 0 \\
0 & 1 & 0 & 1 & 0 & 1 & 1 & 1 & 0 & 0 & 0 & 0 & 0 & 0 & 0 & 0 \\
0 & 0 & 1 & 0 & 0 & 0 & 1 & 1 & 0 & 0 & 0 & 0 & 0 & 0 & 0 & 0 \\
1 & 1 & 0 & 0 & 0 & 1 & 0 & 0 & 1 & 1 & 0 & 0 & 0 & 0 & 0 & 0 \\
1 & 1 & 1 & 0 & 1 & 0 & 1 & 0 & 1 & 1 & 1 & 0 & 0 & 0 & 0 & 0 \\
0 & 1 & 1 & 1 & 0 & 1 & 0 & 1 & 0 & 1 & 1 & 1 & 0 & 0 & 0 & 0 \\
0 & 0 & 1 & 1 & 0 & 0 & 1 & 0 & 0 & 0 & 1 & 1 & 0 & 0 & 0 & 0 \\
0 & 0 & 1 & 0 & 1 & 1 & 1 & 0 & 0 & 1 & 0 & 0 & 1 & 1 & 0 & 0 \\
0 & 0 & 0 & 0 & 1 & 1 & 1 & 1 & 1 & 0 & 1 & 0 & 1 & 1 & 1 & 0 \\
0 & 0 & 0 & 0 & 1 & 1 & 1 & 1 & 1 & 0 & 1 & 0 & 1 & 0 & 1 & 1 \\
0 & 0 & 0 & 0 & 0 & 0 & 0 & 1 & 0 & 0 & 1 & 0 & 0 & 0 & 1 & 1 \\
0 & 0 & 0 & 0 & 0 & 0 & 0 & 0 & 1 & 1 & 0 & 0 & 0 & 1 & 0 & 0 \\
0 & 0 & 0 & 0 & 0 & 0 & 0 & 0 & 1 & 1 & 1 & 1 & 1 & 0 & 1 & 0 \\
0 & 0 & 0 & 0 & 0 & 0 & 0 & 0 & 1 & 1 & 1 & 1 & 0 & 1 & 0 & 1 \\
1 & 0 & 0 & 0 & 0 & 1 & 0 & 0 & 0 & 0 & 1 & 1 & 0 & 0 & 1 & 0
\end{bmatrix}$$

Das sind natürlich gerade auch gute Nachrichten für den Algorithmengenerator und vielleicht verlässt er dadurch seine depressive Phase. Offensichtlich sollte er aber auf einen Blick auf den Springer erstmal verzichten, denn dann ginge es womöglich wieder bergab, und niemand weiß, wozu ein depressiver Algorithmengenerator in der Lage sein könnte. Es geht aber auch alles viel einfacher, wie später in diesem Kapitel noch erläutert werden soll. Jedenfalls gibt es genau dazu, um dem Generator sein Werk zu erleichtern, die topologisch repräsentativen Operatoren.

Der Springer zieht gemäß Abbildung 15. Und auch wenn der Generator sie in seiner derzeitigen Verfassung bestimmt nur mit einem kurzen, despektierlichen Blick von der Seite betrachten möchte, sei sie trotzdem jetzt gezeigt.

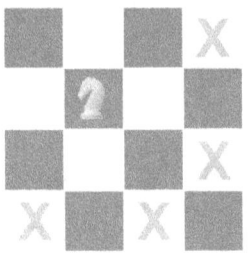

Abbildung 15: Springer

$$
\begin{bmatrix}
0 & 0 & 0 & 0 & 0 & 0 & 1 & 0 & 0 & 1 & 0 & 0 & 0 & 0 & 0 & 0 \\
0 & 0 & 0 & 0 & 0 & 0 & 0 & 1 & 1 & 0 & 1 & 0 & 0 & 0 & 0 & 0 \\
0 & 0 & 0 & 0 & 1 & 0 & 0 & 0 & 0 & 1 & 0 & 1 & 0 & 0 & 0 & 0 \\
0 & 0 & 0 & 0 & 0 & 1 & 0 & 0 & 0 & 0 & 1 & 0 & 0 & 0 & 0 & 0 \\
0 & 0 & 1 & 0 & 0 & 0 & 0 & 0 & 0 & 0 & 1 & 0 & 0 & 1 & 0 & 0 \\
0 & 0 & 0 & 1 & 0 & 0 & 0 & 0 & 0 & 0 & 0 & 1 & 1 & 0 & 1 & 0 \\
1 & 0 & 0 & 0 & 0 & 0 & 0 & 0 & 1 & 0 & 0 & 0 & 0 & 1 & 0 & 1 \\
0 & 1 & 0 & 0 & 0 & 0 & 0 & 0 & 0 & 1 & 0 & 0 & 0 & 0 & 1 & 0 \\
0 & 1 & 0 & 0 & 0 & 0 & 1 & 0 & 0 & 0 & 0 & 0 & 0 & 0 & 1 & 0 \\
1 & 0 & 1 & 0 & 0 & 0 & 0 & 1 & 0 & 0 & 0 & 0 & 0 & 0 & 0 & 1 \\
0 & 1 & 0 & 1 & 1 & 0 & 0 & 0 & 0 & 0 & 0 & 0 & 1 & 0 & 0 & 0 \\
0 & 0 & 1 & 0 & 0 & 1 & 0 & 0 & 0 & 0 & 0 & 0 & 0 & 1 & 0 & 0 \\
0 & 0 & 0 & 0 & 0 & 1 & 0 & 0 & 0 & 0 & 1 & 0 & 0 & 0 & 0 & 0 \\
0 & 0 & 0 & 0 & 1 & 0 & 1 & 0 & 0 & 0 & 0 & 1 & 0 & 0 & 0 & 0 \\
0 & 0 & 0 & 0 & 0 & 1 & 0 & 1 & 1 & 0 & 0 & 0 & 0 & 0 & 0 & 0 \\
0 & 0 & 0 & 0 & 0 & 0 & 1 & 0 & 0 & 1 & 0 & 0 & 0 & 0 & 0 & 0
\end{bmatrix}
$$

Die letzten Figuren des Schachspiels, die besprochen werden müssten, sind die Bauern. Ein Bauer hat grundsätzlich erstmal zwei Möglichkeiten, denn wenn er eine andere Figur schlagen möchte, zieht er diagonal seitlich, sonst einfach nach vorne. Dies bedeutet, wie bereits angedeutet, dass für die beiden Zu-

Abbildung 16:

garten verschiedene Matrizen generiert werden müssen. Außerdem unterscheiden sich die Matrizen schwarzer von denen weißer Bauern, weil die weißen jeweils nur ‚vorwärts' ziehen können, während die schwarzen Bauern nur ‚zurück' ziehen. Ganz abgesehen davon gibt es noch die Bauern-Umwandlung. Da das Ziel dieses Buch ist, überhaupt eine Repräsentation zu erläutern, soll auf die Erläuterung der Chancen seitens des Rechners, sie bis ins letzte Detail komplett zu erkennen, an dieser Stelle verzichtet werden. Jedenfalls stellt sich im Zuge experimenteller Beobachtungen heraus, dass sehr viele Partien erforderlich sind, um auch seltenere Zugvarianten großenteils vollständig repräsentieren zu können. Hat der Rechner aber beispielsweise 1.000 Partien parat, stehen die Chancen gar nicht mal so schlecht, alle Zugmöglichkeiten des Spiels tatsächlich komplett zu erkennen. Diese Bemerkung betrifft ganz besonders die selteneren Varianten der Bauernzüge. Daher ist für den kompletten Erfolg vorausgesetzt, dass solche Zugvarianten in ausreichender Zahl in den Partien vorkommen.

Die weitere Vorgehensweise zur Erklärung der Repräsentation des Schachspiels bedarf der Erläuterung zweier wesentlicher Komponenten. Einerseits müssen offensichtlich die Matrizen der Figuren mithilfe der topologischen Operatoren gewonnen werden können, um dem Algorithmengenerator das Leben zu erleichtern. Zwar sind topologische Merkmale, wenn die Matrizen erst einmal erkannt sind, eigentlich gleichwertig zu den Merkmalen innerer Freiheitsgrade, aber eben erst dann. Um sie zu erkennen, hilft es dem Generator enorm, zunächst zu versuchen, die Topologie des Spiels, oder worum auch immer es sich handeln mag, mit deren Unterstützung zu erkennen. Interessant in diesem Zusammenhang ist auch die Bemerkung, dass man die Felder des Schachspiels natürlich auch hätte anders nummeriert haben können. Nämlich von 11-18 für die unterste Reihe statt 1-8 zu wählen und dann folgend 21-28, 31-38 usw, statt 9-16, 17-24 und so fort. Es gibt aber gute Gründe, die Felder einfach abzuzählen. Für den Generator macht es zwar keinen großen Unterschied und er würde sich auch mit irgendeiner anderen sinnvollen Nummerierung abfinden, denn er könnte auch einige sinnvolle Transformationen durchprobieren. Sollte es ihm nicht gelingen, eine Matrix-Operator-Darstellung zu finden, wird er sich damit letztlich auch abfinden und seine daraus resultierende, schlechte Laune schlichtweg an uns weitergeben. Der eine Grund dieser Nummerierung ist, dass es keine gute Idee ist, die Vektoren (die nur eine Spalte haben) mit zwei Indizes zu benennen, denn das verwirrt. Wir verwenden zwei Indizes in diesem Buch grundsätzlich der Klarheit wegen immer für Matrizen bzw. Operatoren und halten uns dabei auch stets an die Regel, dass der erste Index die vertikalen Komponenten dieser Größen bezeichnet und der zweite die horizontalen. Der zweite Grund ist, dass es schlichtweg eigentlich egal ist, wie man sinnvoll durchnummeriert. Selbstverständlich werden die Matrizen beim ersten Versuch, sie aufzuschreiben oft viel einfacher aussehen, wenn man probiert, Bezeichnungen derart zu finden, dass nahe beieinander gelegene Felder auch vom Namen her möglichst ähnlich sind. Aber in der Matrix als solcher bemerkt man es endeffektlich ja doch nicht und es würde letztlich eher Verwirrung stiften, zweikomponentige Bezeichnungen für eindimensionale Vektoren zu verwenden.

Ohne jedoch die Matrizen mit den topologischen Operatoren noch einmal auf's Neue zu bestimmen, reichen die vorhandenen Matrizen soweit bereits, um zum Ziel zu kommen. Sie lassen sich lediglich für das System teilweise fast noch nicht finden. Das ist zwar eine essenzielle Voraussetzung für repräsentative Systeme, aber zur weiteren Beschreibung der Bestandteile des Schachspiels zunächst noch nicht erforderlich. Deshalb folgt nach den Bauernmatrizen zunächst einmal eine Darstellung weiterer Komponenten des Schachspiels, die es für das System ebenfalls noch aufzufinden gilt, um das Spiel zu repräsentieren. Insbesondere muss jede Spielsituation vollständig erfasst werden, also nicht nur die Position einzelner Figuren.

Dies soll anschließend zunächst erläutert werden, danach werden topologische Operatoren diskutiert und darauf folgt die Integration der Gültigkeitsoperatoren und der Cetafunktion. Weil die Zielfunktionen noch ausführlich anhand der Statue besprochen werden, sollen diese Funktionen hier nur kurz erwähnt werden. Im Zuge der Beispiele wird mit Blick auf diese Thematik noch explizit darauf eingegangen werden, wie genau der Generator ihre Darstellung auch im konkreten Fall finden kann. Auch die Gültigkeitsoperatoren muss der Generator immer repräsentieren können.

Die Situationen

Eine Situation beim Schachspiel besteht aus einer Vielzahl von Figuren, die sich auf den Feldern des Schachbretts befinden. Man könnte hingehen und jedem Feld entsprechende Eigenschaften zuordnen, also abspeichern lassen, ob dort eine Figur steht, und wenn ja, welche es ist. Obwohl diese Denkungsart sogar dem Vorgehen beim herkömmlichen Programmieren recht nahe kommt, soll hier doch die bisherige Systematik beibehalten werden, und daher unterscheiden wir zwischen den topologischen Eigenschaften jeder Figur und deren Merkmalen. Je Figur gibt es drei Komponenten:

- ihre Position auf dem Spielfeld

- die Art der Figur (Bauer ...)

- die Farbe der Figur (schwarz oder weiß)

Die erste Information kommt im schon bekannten Vektor v vor. Er hat 64 Komponenten, und genau da, wo die Figur steht, ist eine Eins im Vektor. Ist die Figur nicht auf dem Feld, sind alle Komponenten gleich Null, wie gehabt.

Die zweite Information ist ein weiterer solcher Vektor, der anhand der Dateinamen angelegt worden ist. Die Eins steht je nach Figur an der entsprechenden Stelle. Beispielsweise kann das System den Vektor für die Figuren (gemäß den Dateinamen, oder auch per Mustererkennung) wie folgt anordnen:

- Turm

- Läufer auf weißen Feldern

- Läufer auf schwarzen Feldern

- Dame

- König

- Springer

- Bauer mit weißer Matrixdarstellung

- Bauer mit schwarzer Matrixdarstellung

Der Vektor

$$u_1 = \begin{bmatrix} 0 \\ 0 \\ 0 \\ 1 \\ 0 \\ 0 \\ 0 \\ 0 \end{bmatrix}$$

bedeutet, dass eine Dame vorhanden ist. Gleichzeitig muss man natürlich wissen, wo sie ist. Aber eine weitere Information ist auch noch wichtig. Ist es eine weiße oder schwarze Figur? Hierfür ist eine weitere, in diesem Fall mindestens zweikomponentige Größe erforderlich.

$$u_{(2)} = \begin{bmatrix} 1 \\ 0 \end{bmatrix}$$

steht für eine weiße Figur. Weil all diese Größen voneinander unabhängig repräsentiert werden können, werden sie als direktes Produkt dargestellt, was bedeutet, dass die unabhängig für jede Figur vorhandenen Informationen zugleich gespeichert werden können und keinen Einfluss aufeinander haben. Jede Figur bekommt darüber hinaus noch einen Einheitsvektor. Die Darstellung für einen weißen Bauern auf dem Schachfeld E-5, also Feld Nr. 13 ist dementsprechend:

$$s_1 = \begin{bmatrix} 0 \\ 0 \\ 0 \\ 0 \\ 0 \\ 0 \\ 0 \\ 0 \\ 0 \\ 0 \\ 0 \\ 1 \\ 0 \\ 0 \\ \cdot\cdot \end{bmatrix} \otimes \begin{bmatrix} 0 \\ 0 \\ 0 \\ 0 \\ 0 \\ 0 \\ 1 \\ 0 \end{bmatrix} \otimes \begin{bmatrix} 1 \\ 0 \end{bmatrix} \hat{e}_1$$

Zusammenhang zwischen den $\hat{M}$- und $\hat{T}$-Operatoren

Zu Beginn des Prozesses der Repräsentation steht, wie bereits erwähnt worden ist, die Erkennung der Topologie des Spiels. Im Zuge dieser Erkennung werden die $\hat{T}_{ij}$-Operatoren erzeugt, von denen es je nach Spielfeld einige geben wird. Zunächst vermutet der Generator, dass Felder, die benachbart sind, auch bezüglich der $\hat{T}$-Operatoren unmittelbar voneinander erreichbar sind. Das ist auch bei allen Beispielen des Buches, mit Ausnahme des Würfels, der Fall. So gibt es beim Schachbrett 8 $\hat{T}$-Operatoren, die es einer Figur ermöglichen, vertikal, horizontal oder diagonal auf das Nachbarfeld zu ziehen. Auf die Erkennung der Konnektivität des Würfels wird in dem entsprechenden Kapitel eingangen werden. Er ist auch gerade deshalb als Beispielfall aufgenommen worden, weil es sinnvoll ist, andere Nachbarschaftsbeziehungen erkennen und abbilden zu können, ohne grundsätzlich neue Methoden entwickeln zu müssen als diejenigen, die bei den einfachen Spielfeldern bereits zur Repräsentation reichen.

Hier soll also zunächst das Schachfeld betrachtet werden, und der Generator vermutet, dass es folgende $\hat{T}$-Operatoren gibt:

- $\hat{T}_{1,0}$

- $\hat{T}_{-1,0}$

- $\hat{T}_{0,1}$

- $\hat{T}_{0,-1}$

- $\hat{T}_{1,1}$

- $\hat{T}_{-1,-1}$

- $\hat{T}_{1,-1}$

- $\hat{T}_{-1,1}$

Sie lassen eine Figur ein benachbartes Feld in acht Richtungen erreichen und werden zunächst probehalber erzeugt. Als Bemerkung sei angemerkt, dass sich herausstellt, dass nicht alle $\hat{T}$-Operatoren zugelassen sind. So ist es z. B. beim Mühlespiel der Fall, wo das System einige Verbindungen vermuten wird, anhand der Positionen der Spielsteine, die aber nicht sämtlich zulässig sind. Sie müssen im Rahmen des Verfahrens später ausgeschlossen werden. Natürlich sind auf dem Spielfeld in diesem Fall entsprechende Linien eingezeichnet, aber diese sind letztlich dann doch nicht notwendig, um die Regeln erkennen zu können. Wenngleich auch sicher sehr hilfreich; aber um sie nutzen zu können, bräuchte das System eine weitere Ergänzung für die Darstellung der Situationen, in der auch eingezeichnete

Linien auftauchen dürfen. Vermutlich wäre das sogar sehr hilfreich für die Erkennung von Spielregeln, aber es ist endeffektlich überflüssig.

Zuvor wurden Matrizen für ganze Züge einiger Figuren ermittelt. Und nun muss es offensichtlich aus mathematischen Gründen allein schon so sein, dass eine Folge der $\hat{T}$-Operatoren die bereits beschriebenen Matrizen ergibt. Und das ist auch so. Anhand des Springers soll das nachvollzogen werden. Diese Erläuterungen lassen sich mit dem Matrixrechner mit etwas Geduld auf der Webseite experimentell gut nachvollziehen.

Der Springer liefert ein besonders schönes Beispiel, um den Zusammenhang zwischen den topologischen Matrizen und denen der Figuren aufzuzeigen. Denn er könnte sein Ziel auf verschiedene Arten erreichen, von denen einige offensichtlich sind. Das Matrix-System muss aber raten und sollte versuchen, möglichst wenige $\hat{T}$-Operatoren zu verwenden. Dadurch beachtet es insbesondere die Konnektivität des vermuteten Feldes automatisch, repräsentiert also sofort korrekt, wenn benachbarte Felder sich auch im Spiel nebeneinander befinden. Dem Begriff der Konnektivität begegnet man ab und an, und er bezieht sich auf die Nachbarschaftlichkeit der Elemente einer Situation. Beim Würfel wird das System zum Beispiel versuchen, damit nicht zu viele Züge durchprobiert werden müssen, eine charakteristische Situation zu finden, die es sich lohnt, zuerst anzusteuern, noch bevor die essenzielle (Teil-) Situation erreicht ist. Dort teilt es den Würfel gemäß der Konnektivität auf und versucht zunächst, das halbe Ziel zu erreichen. Das ist im programmierten Beispiel auf der Webseite vorgegeben als eine Hälfte des Würfels, um das Verfahren zu verdeutlichen. Die Steine müssen benachbart sein, also miteinander sozusagen maximal perfekt unmittelbar verbunden, und das ist es, was mit dem Begriff der Konnektivität gemeint ist.

Zurück zum Springer. Seine Matrix könnte sich insbesondere aus diagonalen $\hat{T}$-Operatoren, gefolgt von einem vertikalen oder horizontalen zusammensetzen, die aufeinander folgen. Dann bräuchte das System nur zwei $\hat{T}$-Operatoren, um einen ganzen Springer-Zug abzubilden.

Es könnte gleichwertig auch aufgrund seiner Versuche herausfinden, dass der Springer zunächst zwei Felder vertikal oder horizontal zieht, und dann eines seitlich dazu. Oder erst ein Feld vertikal oder horizontal, und dann zwei Felder seitlich dazu. Das Produkt der $\hat{T}$-Operatoren bleibt natürlich immer genau gleich. Was nicht zum Erfolg führen würde, wäre der Versuch, weiter heraus zu ziehen, weil der Springer dann das Feld verlässt. Aber das bemerkt das System beim Ausprobieren, denn das Ergebnis des Versuchs, das Verhalten des Springers nachzubilden, ist dann erfolglos, steht also im Widerspruch zu den Beobachtungen, wenn er am Spielfeldrand positioniert ist. Dann liefert der entsprechende $\hat{T}$-Operator, der versucht, die Figur herauszuziehen, ein Null-Ergebnis, und das entspricht nicht dem beobachteten Zugverhalten der Figur.

Natürlich weist der Springer ein besonders komplexes Zugverhalten auf. Viel einfacher ist das des Bauern, das einfach ohnehin gleich $\hat{T}_{1,0}$ oder $\hat{T}_{-1,0}$ ist, also nur einen $\hat{T}$-Operator zur Repräsentation benötigt.

Auch der Turm ist einfacher, denn seine Matrix muss aus Operatoren wie $\hat{T}_{1,0}$ aufgebaut sein, die mehrfach hintereinander angewendet werden. Beim Läufer sind es $\hat{T}_{1,1}$, $\hat{T}_{-1,1}$, $\hat{T}_{1,-1}$ und $\hat{T}_{-1,-1}$, die mehrfach hintereinander angewendet werden müssen, um einen Zug zu repräsentieren. Die Dame ist nach wie vor eine Kombination davon und das Prinzip ist jetzt klar geworden.

Offensichtlich ist es bei einem solchen topologischen Freiheitsgrad (wenn es darum geht, ein räumlich beobachtetes Geschehen abzubilden für das System) nicht einmal nötig, den Algorithmengenerator zu belästigen, denn die $\hat{M}$-Matrizen lassen sich durch einfachst mögliche Produkte der ohnehin zur

Verfügung stehenden $\hat{T}$-Matrizen erstellen.

Gestaltung des Zugverhaltens

Vorab sei bemerkt: Obwohl sich die Ausführungen in diesem Abschnitt auf Spiele beziehen, ist es für das System vielverprechend, eine Verallgemeinerung auf möglichst generelle Fälle vorzunehmen, sofern es sich anbietet, gleichartig zu handeln, nachdem sich eine bestimmte Vorgehensweise bei den Spielen als erfolgreich herausgestellt hat. Anhand der Spiele ist es möglich, das Verhalten zu analysieren und besser zu verstehen, wie ein Matrix-System im innersten Selbst vorgehen könnte.

Nachdem also die Matrizen für das Zugverhalten der Figuren bekannt sind, wirft das System der Reihe nach einen Blick auf alle überhaupt möglichen Züge mit seinen Figuren. Es wird sie anhand der dann bekannten $\hat{M}^{(Figur)}$-Matrizen finden können. Wichtig ist die Erkenntnis, dass diese Matrizen das gesamte Zugverhalten abbilden, so dass auch die Randbedingungen eingehalten werden, also vor allem niemals eine Figur aus dem Feld heraus zieht und plötzlich wieder erscheinen kann.

Doch nicht alle möglichen Züge sind auch gültig. Zwar kann ein Springer beispielsweise viele Felder erreichen, aber er kann nur auf ein solches Feld ziehen, wo noch nicht bereits eine eigene Figur steht. Ein Turm kann zwar generell vertikal und horizontal ziehen und ebenfalls auf diese Art viele Felder erreichen, aber es darf keine eigene Figur im Weg stehen. Sollte das doch der Fall sein und sollte es darüberhinaus eine gegnerische Figur sein, muss sie bei diesem Spiel am Ende des Zuges stehen, um dort geschlagen werden zu können. Dasselbe gilt auch für den Läufer und die Dame. Ein Bauer kann nur nach vorn ziehen, wenn das Feld vor ihm leer ist. Der König kann nicht auf Felder ziehen, auf denen schon eigene Figuren stehen.

Um das abzubilden, gibt es einerseits die Z-Matrizen und

anderseits die Gültigkeitsfunktionen. Die Letzteren geben zu jedem Zug, der prinzipiell möglich ist an, ob er auch gültig ist, und müssen repräsentiert werden. Denn nur dann können die Spielregeln auch geeignet abgebildet werden. Übrigens wird hierbei auch der Algorithmengenerator reaktiviert, von dem zu hoffen ist, dass er noch nicht allzusehr begonnen hat, sich an seine neu gewonnenen Freiheiten zu gewöhnen und dem Müßiggang zu fröhnen.

Wichtig ist, dass das Vorgehen beim Schachspiel auch gleichzeitig alle anderen Beispiele des Buches zu repräsentieren hilft und dass sie dort zur Anwendung kommen.

Ein sehr wichtiger Baustein repräsentativer Systeme wird aber erst anhand der programmierten Beispiele im Detail besprochen, nämlich die Gestaltung der Zielfunktion. Sie muss ebenfalls repräsentiert werden, aber zur Vereinfachung der Dinge soll für dieses Spiel hier zunächst eine einfache Zielfunktion festgelegt werden, die schlichtweg sagt, dass eine Zugfolge gut ist, wenn der gegnerische König danach nicht mehr auf dem Feld steht und schlecht, wenn der eigene König fehlt. Ein repräsentatives System könnte weitere, charakteristische Teilsituationen finden, die insbesondere das Fehlen der Dame, eines Turms oder beider Türme, der Läufer, Springer, und zuletzt der Bauern betreffen könnten. Es reicht aber prinzipiell, das System so auszustatten, dass es ausschließlich darauf aus ist, den gegnerischen König zu plätten, unter Bewahrung des eigenen Königs auf dem Feld. Dies schränkt es zwar in seiner Handlungs- bzw. Denkungsfreiheit ein und beschränkt damit seine Repräsentationsmächtigkeit, erleichtert aber die Darstellung der Vorgehensweise.

Natürlich erscheint an dieser Stelle die Konkretisierung der Zielfindung anhand des Schachspiels sehr speziell. Tatsächlich muss ein repräsentatives System anhand massiver, beobachteter Brüche des Geschehens versuchen zu erkennen, ob ein mögliches

Ziel erreicht worden ist. Dieser Gedanke wird anhand der Spiele offensichtlich, denn dabei werden nach der Beendigung des Spiels schlagartig alle Figuren an ihre Ausgangsposition gestellt, ein Vorgang, der vollkommen konträr zu den Zugregeln des Spiels ist. Der Zustand unmittelbar vor dem Bruch müsste demnach also als Zielsituation aufgefasst werden.

Der wesentlich zu untersuchende Punkt an dieser Stelle bezieht sich auf die Repräsentation der Gültigkeit. Das System muss in der Lage sein, wenn es ausreichend viele Spielzüge beobachtet hat, herauszufinden, ob ein theoretisch aufgrund der $\hat{M}^{(Figur)}$-Matrix jeder Figur denkbarer Zug, bzw. eine anhand dieser Matrizen mögliche Handlung, um eine allgemeinere Einordnung anzudeuten, auch tatsächlich gültig ist. Dazu generiert es je Figur (allgemeiner gesprochen für alle Objekte beobachteter Situationen, die sich in einem Merkmal oder mehreren unterscheiden) verschiedene Matrizen. Eine recht allgemeine Möglichkeit mit Blick auf die Spiele besteht darin, vier Matrizen zu beobachten, nämlich $\hat{Z}$ und $\hat{Z}_0$, $\hat{\gamma}_I$ und $\hat{\gamma}_{II}$. Diese sollen nun der Reihe nach besprochen werden. Sie sind erforderlich, um repräsentieren zu können,

- welche Zugfolge tatsächlich stattgefunden hat, damit eine Figur überhaupt vom Startplatz zum Zielplatz gelangen konnte, was prinzipiell ist ja aufgrund der topologischen Überlegungen bereits oben dargestellt worden ist, aber erörterungsbedürftig verbleibt,

- wann eine Figur während des Zuges geschlagen worden sein könnte,

- ob unterwegs überhaupt die Gültigkeit des Zuges auf Zwischenfeldern geprüft werden muss,

- und welchen Wert die Gültigkeitsfunktion unterwegs auf diesen Zwischenfeldern annehmen müsste, damit er gültig ist.

Wie gesagt, bei dieser Aktion entsteht ein gewisses Arbeitspensum für den Algorithmengenerator, der sich aber hierbei trotz allem nicht überanstrengen sollte.

Topologisch repräsentative $\hat{Z}$-Matrizen

In den $\hat{Z}$-Matrizen vermerkt der Generator bereits während er die Topologie zu erkennen versucht, ausreichend viele Spalten für die topologischen Operatoren $\hat{T}$. Für ein bestimmtes Spiel ist dem Generator bekannt, wie viele solche $\hat{T}$-Operatoren es vermutlich geben müsste und dementsprechend reserviert er also eine ausreichende Zahl an Spalten in den $\hat{Z}$-Matrizen. Für jede Figur in dem Beispiel des Schach-Spiels generiert er die zur Repräsentation der Topologie erforderlichen Matrizen. Die acht Spalten entsprechen im Beispiel den oben aufgeführten 8 $\hat{T}$-Operatoren, weil der Generator zunächst versuchen würde zu vermuten, dass die Struktur der Konnektivität derart beschaffen ist, und in den Zeilen wird der Reihe nach die Zugfolge vermerkt. Die Vorgehensweise ist beim Schachspiel, aber auch in den Beispielen des Spiele ‚Vier-in-einer-Reihe ‘und ‚Drei-in-einer-Reihe ‘auf Anhieb erfolgreich. Jeder vermuteten Zugfolge wird eine Matrix zugeordnet. Nachdem die Spalten geeignet bezeichnet sind, könnte dadurch z. B. beim Läufer eine Matrix entstehen, die diese Gestalt hat, in der die ersten vier Komponenten für die Bewegungsfreiheit nach links, rechts, oben und unten stehen, und die verbleibenden vier Einträge erlauben, das $\hat{T}$-Operatoren berücksichtigt werden dürfen, die eine diagonale Bewegung repräsentieren:

$$\begin{bmatrix} 0 \\ 0 \\ 0 \\ 0 \\ 1 \\ 1 \\ 1 \\ 1 \end{bmatrix}$$

Das heißt, der Läufer kann sich diagonal bewegen. Insbesondere ist eine Zugfolge wie $\hat{T}_{1,1} \cdot \hat{T}_{1,1} \cdot \hat{T}_{1,1} \cdot \hat{T}_{1,1}$ sicher erlaubt.

Beim Versuch, die möglichen Züge bezüglich der Gültigkeit zu bewerten, ist diese Matrix hilfreich, denn sie schließt einige $\hat{T}_i j$-Operatoren von vorn herein aus. Zusammen mit der Kenntnis der Wirkung der Topologie-Operatoren und der Voraussetzung, möglichst wenige davon in Folge zu verwenden, gelingt es dem System im Fall der Beispiele des Buches, mithilfe dieser Matrizen alle Zugmöglichkeiten korrekt zu zerlegen. Sehr sinnvoll wäre es, wenn es die Matrix als solche ebenfalls zerlegen würde und zwar gemäß

$$\begin{bmatrix} 0 & 0 & 0 & 0 & 1 & 0 & 0 & 0 \\ 0 & 0 & 0 & 0 & 1 & 0 & 0 & 0 \\ 0 & 0 & 0 & 0 & 1 & 0 & 0 & 0 \\ 0 & 0 & 0 & 0 & 1 & 0 & 0 & 0 \\ 0 & 0 & 0 & 0 & 1 & 0 & 0 & 0 \\ 0 & 0 & 0 & 0 & 1 & 0 & 0 & 0 \\ 0 & 0 & 0 & 0 & 1 & 0 & 0 & 0 \end{bmatrix}$$

$= {}_{7\times 8}P_{1,0}(00001000).$

für diese diagonale Richtung und so weiter.

Das ist in der Praxis tatsächlich sogar sehr einfach zu bewerkstelligen, wenn vorausgesetzt wird, dass sämtliche, überhaupt repräsentierbaren Züge prinzipiell die einfache, allgemeine Gestalt

$$(\hat{T}_{i1})^{n1} \cdot (\hat{T}_{i2})^{n2}$$

annehmen können sollen. Dabei stehen i1 bzw. i2 für die erlaubten topologisch repräsentativen Operatoren. Es können also einige Züge in einer bestimmten Richtung hintereinander abgebildet werden, gefolgt von einigen weiteren Zügen in eine andere Richtung.

Hiermit ist das System in der Lage, das Zugverhalten aller Schachfiguren und der Spielsteine vieler weiterer Spiele zu erkennen. Einige Spezialfälle, im Fall des Schachspiels insbesondere auch die Rochade, passen regelmäßig allerdings nicht in solch ein Schema. Diese Fälle erkennt das System aber dennoch ebenfalls, denn es würde bei der Repräsentation Fehler machen, also Situationsfolgen generieren, die niemals beobachtet werden. Je nach Gemütslage desjenigen, der ein repräsentatives System anlegt, ist es möglicherweise am sinnvollsten, einen solchen Umstand bereits von Beginn an zu berücksichtigen. Wenn ein System derart konzipiert wird, dass es seiner Aufgabe, ein Spiel oder dergleichen erkennen zu können von vornherein nicht nachkommen kann, ist dessen Repräsentationsmächtigkeit eigentlich schon zum Zeitpunkt seiner Konzeption, also von Anfang an, zu gering bemessen. Trotzdem kann es scheinbar aber große Teile bereits repräsentieren.

Gleichzeitig zeigt das Beispiel jedoch auch, dass es sinnvoll sein kann, die Repräsentationsmächtigkeit nicht allzu großzügig anzulegen, denn durch eine entsprechend beschränkte Repräsentationsmächtigkeit wird das System geradezu gezwungen, Matrizen zu generieren, und dadurch Regeln der Spiele erkennen zu müssen. Was nicht in einen vorgegebenen Rahmen passt, könnte gesondert abgelegt werden. Im Fall des Schachspiels betrifft das insbesondere die Bauernumwandlung, das Schlagen en passant oder die Rochade.

Tatsächlich wird ein repräsentatives System zur Einordnung,

inwiefern seine Repräsentation die Vorgänge der beobachteten Realität angemessen wiederspiegelt, Repräsentationsgrade verwenden. Damit ist es selbst für die Einschätzung der Mächtigkeit seiner Repräsentationen zuständig und es sollte sich, allgemein gesprochen, allmählich vortasten, in seinem Versuch, möglichst perfekt zu werden. Sobald es ihm gelungen ist, seine Umwelteindrücke durch Anpassung der Matrixeinträge in einen Algorithmus zu verwandeln, der die beobachtete Eindrucksfolge der Realität tatsächlich recht vollständig wiedergibt, oder anders formuliert, die Problemstellung in diesem Sinne „verstanden" zu haben, hat sich der Aufwand für das System sicher gelohnt. Erkennbar ist die Rolle der Repräsentationsgrade, die dem System einen entscheidenden Hinweis zu geben vermögen, inwiefern seine Darstellung ein getreues Abbild der Realität sein könnte.

Die Programme auf der Webseite, allen voran ‚Drei-Steinegewinnen' oder die Statue, machen erstaunlich deutlich, dass trotz auf den ersten Blick komplexer theoretischer Überlegungen tatsächlich oft kein allzu großer softwaretechnischer Aufwand betrieben werden muss. Niemand muss sich den Kopf allzu sehr zermartern, es genügt, eine recht allgemeine Regel wie die obige topologische Formel aufzustellen und die Repräsentation herstellen zu lassen. Überhaupt stellt sich bei der Entwicklung repräsentativer Systeme immer wieder heraus, dass es schwieriger ist, deren Natur zu erklären, als sie technisch umzusetzen.

Interessant ist noch die naheliegende nächste Verallgemeinerung der obigen Zugformel. Sie hätte natürlich mehr topologische Elemente, also für drei Teilzüge beispielsweise:

$$(\hat{T}_{i1})^{n1} \cdot (\hat{T}_{i2})^{n2} \cdot (\hat{T}_{i3})^{n3}$$

Sie sei der Vollständigkeit halber an dieser Stelle angemerkt und könnte eine Figur repräsentieren, die dreimal in Folge in verschiedene Richtungen einen gegnerischen Spielstein überspringt.

Zusammenstellung des gesamten Formalismus

Elemente und Vorgehensweise

Nachdem nunmehr einige Komponenten vollständigerer Repräsentationen erläutert worden sind, soll in diesem Kapitel eine Zusammenstellung eines Gesamt-Formalismus aufgezeigt werden, anhand dessen es möglich ist, eine ganze Vielzahl von Spielen zu repräsentieren. Zur Konstruktion soll beispielhaft das Zugverhalten dreier Schachfiguren und einer hypothetischen Dame-Figur analysiert und eingeordnet werden. Dabei wird das Zugverhalten in ein Schema eingeordnet, so dass eine Repräsentation entsteht. Dieses Schema stellt eine Möglichkeit dar, zum Ziel zu gelangen, das darin besteht, möglichst viele Spiele repräsentieren zu können. Es wird anhand der Darstellung des Formalismus auch deutlich, was die Simulation natürlicher Intelligenz überhaupt ausmacht: Die Beobachtungen des Systems werden in ein Schema gequetscht, das einerseits allgemeingültig genug ist, um sehr viele Szenarien einzuordnen, andererseits aber auch engmaschig genug gestrickt ist, damit das System seine Beobachtungen geeignet einordnen kann.

Wichtig ist stets zu beachten, dass solche Schemata erweiterbar sind. Es muss aber stets beachtet werden, dass mögliche Erweiterungen nicht zu einer Zersplitterung führen sollten. Es gilt grundsätzlich, nach Möglichkeit einen kongruenten Rahmen zu erzeugen, in den möglichst alles passen kann. Die Zerteilung des Systems im Rahmen dieses Buches in sequenzielle und matrix-orientierte Bestandteile stellt bereits im Grunde genommen eine Zersplitterung dar.

Denn eigentlich könnte ein Matrixsystem die Aufgaben eines sequenziellen Netzes nolens volens übernehmen, also ob es möchte oder nicht. Es wäre aufgrund seiner Konzeption sogar eigentlich besser dazu geeignet. Trotzdem ist es sinnvoll, Aufgaben, für deren Erledigung keinerlei Repräsentation von Kausalität erforderlich ist, einem rein sequenziellen Netz zu überlassen.

Die Entscheidung, inwieweit das Gesamtsystem zersplittert sein soll, stellt immer aufs Neue eine Gratwanderung dar: Denn einerseits soll das Gesamtschema möglichst konform sein und so viele beobachtete Situationen wie möglich repräsentieren können und andererseits ist es insgesamt oft sehr schwierig, einen ausreichend allgemeinen schematischen Rahmen zu konstruieren, so dass man sich gezwungen sehen wird, das Schema zu zersplittern. Diese dadurch entstehende Polymorphie der Repräsentationen ist vermutlich aber sogar inhärenter Bestandteil des natürlichen Vorbilds und sollte insofern keinen grundsätzlichen Hindernisgrund bilden, die Theorie weiterzuentwickeln.

Um diese Gedanken noch einmal zu verdeutlichen, soll dieser Formalismus, der eine mögliche Repräsentation vieler Spiele darstellt, auf die Berechnung geometrischer Elemente analog angewendet werden können. Zum Beispiel könnte das System, welches alle Beobachtungen in diesen Rahmen zu quetschen versucht, probieren, einfache geometrische Aufgaben zu lösen. Ein schönes Beispiel ist das gute, alte Hörncheneis. Sein Volumen lässt sich leicht berechnen, nämlich als Summe des Hörnchens und einer halben Kugel Eis oben drauf

$$V = \frac{1}{3}\pi \cdot r^2 \cdot h + \frac{1}{2}\frac{4}{3}\pi \cdot r^3$$

,sofern das Hörnchen vollkommen mit Eis ausgefüllt ist. Das Beispiel lässt sich allerdings sogar mit etwas gutem Willen ein Stück weit in das Schema quetschen, aber wenn eine geeignete Variation bzw. Erweiterung des Schemas zur Verfügung gestellt wird, ist es viel einfacher, geometrische Formen einzuordnen ihnen jeweils einen mathematischen Ausdruck für die Ermittlung von Flächen oder Volumina zuzuordnen, diesen Zusammenhang also zu repräsentieren. Tatsächlich ist eine solche Änderung allerdings offensichtlich gar nicht allzu schwierig, nachdem eine geeignete Schnittstelle zur Kommunikation mit der Außenwelt für das Matrixsystem zur Verfügung steht. Es kann sogar, ähnlich wie bei den späteren Beispielen ein einfacheres Schema für ein breites Spektrum solcher Aufgabenstellungen bereits genügen, nachdem es dem Matrixsystem ermöglicht worden ist, analog zu den Karten, Spielsteinen oder sonstigen Elementen eine Zuordnung der Vektoren zu den geometrischen Formen und den entsprechenden mathematischen Ausdrücken herstellen zu können. Trotzdem bleibt der Grundgedanke natürlich gültig, dass das Schema als solches geeignet sein muss, damit eine Repräsentation möglich ist, denn aus diesem Grund gibt es spezifische, aber auch ausreichend allgemein angelegte Elemente für die Figuren, die im Folgenden erläutert werden.

Die Komponenten dieser Matrizen werden vom System aufgrund von Beobachtungen der „Spiele" aufgefunden, und im Folgenden soll ihre jeweilige, endgültige Gestalt aufgezeigt sowie ihre Funktion im Formalismus besprochen werden.

Zugmatrizen M^k

Die Zugmatrizen M^k verbleiben stets ohne jede Änderung genau dergestalt, wie sie bereits im vorangegangenen Kapitel zu

den Matrixsystemen dargestellt und erklärt worden sind. Sie liefern die Grundlage für die Ermittlung aller möglichen Züge der
einzelnen Figuren. Für jede denkbare Zugart einer Figur steht
in diesem Formalismus eine Matrix. Sie werden mit dem Index
k nummeriert. Das bedeutet, dass in diesem Kapitel insbesondere der Klarheit und Übersichtlichkeit wegen einigen Figuren
mehrere Zugarten zugeteilt werden, so z. B. dem Bauern. Diese
Matrizen ließen sich summieren, das Ergebnis wäre dann wieder identisch mit den unmittelbar beobachtbaren M-Matrizen.
Es ist also etwas Zusatzaufwand erforderlich, um sie programmtechnisch zu erzeugen. So zieht der Bauer auch schon qualitativ
auf völlig verschiedene Arten:

- Er kann ein Feld nach vorn ziehen, wobei kein innerer Freiheitsgrad betroffen ist.

- Er kann seitwärts ziehen und eine andere Figur entfernen:
  Deren entsprechender innerer Freiheitsgrad ändert sich dabei.

- Er könnte sogar auf die letzte Linie des Feldes vorziehen,
  und sich verwandeln. Dann wird eine Veränderung eines
  seiner eigenen, inneren Freiheitsgrade beobachtet, und eine
  entsprechende Matrix entsteht.

Nur in solchen Fällen werden die Gesamtmatrizen dann entsprechend aufgeteilt.

Zuordnungsmatrizen $\hat{\mu}$

Die $\hat{\mu}^{(n)}$-Matrizen erfassen alle Einheitsvektoren, die an den einzelnen Zugarten beteiligt sind. Sie besitzen so viele Zeilen wie
Einheitsvektoren in den Situationsvektoren enthalten sind und
setzen überall dort eine Eins, wo sich eine Spielfigur befindet,
auf die die k-te Zugart angewendet werden kann. Dabei entsteht

also eine einzige Matrix für ein gesamtes Spiel. Die Zahl ihrer Spalten entspricht der Anzahl der Zugarten. Für jede Spalte gibt es dann eine der zuvor beschriebenen Zugmatrizen M.

Topologisch repräsentative Matrizen

Hier gibt es eine Gruppe von Matrizen, die zur Auflösung der aus einer M-Matrix folgenden, möglichen Züge angelegt werden. Mit ihnen wird also der topologische Anteil der jeweiligen Zugoperatoren T erzeugt. Es sind:

- $\hat{Z}_{(0,k)}$ für die in Teilzügen vorkommenden tolopogischen Operatoren,

- $\hat{n}$ zum Vermerken von vorkommenden Längen von Teilzügen und

- $\hat{T}_{(i,j)}$, also die topologisch repräsentativen Operatoren als solche, die bereits zu Beginn generiert worden sind.

Matrizen mit Bezug auf innere Freiheitsgrade

- $Z_{n,k,\lambda}$ für die Positionen innerhalb der Repräsentation, wo innere Freiheitsgrade von einer Änderung betroffen waren.

- $T_{1,2,...}$ für die Matrizen, die zur Repräsentation vorhandener Beobachtungen in diesen Fällen eingesetzt werden müssen.

Die $T_{1,2,...}$-Matrizen werden prinzipiell mit einer Einbettung in den Zugoperator aufgenommen. Wie dabei verfahren wird, erklärt der nächste Abschnitt. Zwei Beispielrepräsentationen mit expliziten Matrizen bilden danach den Abschluss des Kapitels.

Matrizen für die Gültigkeitsprüfung

- $\hat{\gamma}_k$: Der Operator für die Gültigkeitsprüfung

- $\gamma_{I,k}$: Eine Matrix, bzw. bei mehrkomponentigen Situationsbestandteilen mehrere Matrizen. Das Auftreten von γ-Matrizen in der Repräsentation signalisiert, ob Handlungsvarianten gültig sind. Ergibt sich, dass kein gültiges Resultat vorliegt, wird, in der Sprache der Spiele, die ungültige „Zugart" verworfen.

Idealerweise sollte versucht werden, mit nur einem einzigen Gültigkeitsoperator für ein ganzes Spiel auszukommen, oder zumindest mit so wenigen wie möglich. Die Matrizen *gamma_I* sollten also nach Möglichkeit gar nicht erst in ihrer ganzen Pracht vollständig erzeugt, sondern durch einen kleinen Vermerk des Operators und dessen gültigen Resultates ersetzt werden. Das ist gerade dann recht problemlos möglich, wenn die Spiele einheitlichen Regeln folgen, und nicht, um es überspitzt zu formulieren, auf sämtlichen Feldern für gleichartige Figuren verschiedene Regeln gelten.

Generieren der Zugoperatoren

Im Zuge der Erklärung der vollständigeren Gestalt der Matrix fällt auf, dass dabei zwei Größen häufig auftauchen, die deshalb eine eigene Definition zugewiesen bekommen. Da ist zuerst das ohnehin oft vorkommende Kronecker-Symbol $\delta_{i,k}$, das immer nur dann gleich Eins ist, wenn $i = k$ und ansonsten Null. Es ist also z. B. $\sum_{n=0}^{30}(\delta_{n,5} \cdot n) = 5$.

Die zweite Größe in diesem Zusammenhang taucht aufgrund der typischen Gestalt des Situationsvektors im Rahmen der Repräsentationstheorie des Öfteren auf: $\phi_{i,j,k}$. Sie ordnet einem Situationsvektor bei vorgegebenen Werten i, j, k eine Zahl zu und ist definiert durch:

$$\phi_{i,j,j'}(\vec{s}) = u_i \cdot \hat{e}_j \cdot \vec{s}|e_{j'} \cdot \vec{s} >$$

bzw. nachdem $\vec{s}$ nach rechts ausgeklammert worden ist:

$$\phi_{i,j,j'}\vec{s} = < u_i \cdot \hat{e}_j \cdot |e_{j'} \cdot > \vec{s}$$

Dass diese Größe oft auftaucht, wird besonders offensichtlich, wenn man sich ihre Bedeutung vorstellt. Es ist zum einen immer $\vec{s} = \sum_{i=1}^{N} s_i \hat{e}_i$, wobei das Dach nur der Deutlichkeit halber bei den Einheitsvektoren hinzugefügt ist. Zum anderen gilt bezüglich der Einheitsvektoren $\hat{e}_n$ stets

$$\hat{e}_n \cdot \hat{e}_m = \delta_{m,n}$$

und das ist ihre zentrale Existenzberechtigung. Also wird mit dem inneren Produkt eine Komponente von $\vec{s}$ herausgefischt:

$$s_j = \hat{e}_j \cdot \sum_{i=1}^{i=N} s_i \hat{e}_i$$

Die Komponente s_j ist allerdings typischerweise Bestandteil eines direkten Produktes. Deshalb resultiert durch dieses innere Produkt in der Regel eine mehrkomponentige Größe. Anhand der Beispielrepräsentationen wird erklärt, wie dieser Umstand mathematisch berücksichtigt werden kann. Es klingt zwar auf den ersten Blick kompliziert, ist es aber tatsächlich nicht.

Beispielrepräsentationen

Zur beispielhaften Erläuterung sollen drei Darstellungen explizit aufgezeigt werden. Anhand derer wird dabei gleichzeitig deutlich werden, dass das Zugverhalten anderer Spielsteine ebenfalls in das erklärte Schema passt. Herausgegriffen werden soll das Zugverhalten eines Läufers und eines Springers beim Schachspiel

182

wobei der Läufer zweimal aufgenommen wird, nämlich einmal in einer Variante, in der er nur über leere Felder zieht und einmal einer Variante, in der er am Ende des Zuges eine andere Figur schlägt.

Vorabbemerkung zum Schema der Beispiele

Ein typischer Zug einer Spielfigur im Schachspiel könnte folgendermaßen aussehen:

$$\vec{s}_{t+1} = (\hat{T}_1 \hat{T}_{11}^k \hat{T}_{11}^k \hat{T}_{11}^k) \sum_{i=1}^{i=32} s_i \hat{e}_i$$

wobei die $\hat{T}$-Operatoren auf die k-te Figur wirken. Der Index k soll in diesen Beispielen für die Figur stehen, deren Zugverhalten analysiert werden soll. Die Position der k-ten Figur wird in diesem Beispiel drei Mal nach oben rechts verschoben und anschließend wird die dort befindliche, gegnerische Figur geschlagen. Die Summe rechts stellt den Zustand zum Zeitpunkt t dar, auch wenn dieser Index in der Gleichung rechts nicht explizit vermerkt ist. Die auftauchende Matrix $\hat{T}_1$ im obigen Ausdruck weist dort zunächst noch eher symbolischen Charakter auf, auch wenn klar ist, was sie bewirken soll. Ihre genaue Einbettung in den Formalismus folgt jetzt.

Mathematische Gestalt eines Zuges

Die allgemeinere Form eines Zuges sieht im Rahmen dieses Formalismus für den Fall, dass ein Zug der k-ten Figur repräsentiert werden soll, wie folgt aus:

$$\prod_{l=1}^{N_l}(\sum_{j=1}^{N}(1 - \delta_{jk} - \phi_{1jk}) < e_j| + \delta_{jk}\hat{T}_l < e_j| + T_1\phi_{1jk} < e_j|)^{n_l}$$

Der Index k bezieht sich auf die k-te Figur, hat also nichts mit dem Index k bei den topologischen Z-Matrizen oben zu tun. Außerdem wird vorausgesetzt, dass nur eine T_1-Matrix beobachtet worden ist. Das reicht für den Fall des Schachspiels. Ansonsten müsste sie entsprechend erweitert werden.

Der gesamte Ausdruck wird auf die Situation angewendet:

$$\vec{s} = \sum_{i=1}^{N} s_i \hat{e}_i$$

bzw. wenn die alternative Schreibweise des inneren Produktes auch bei der Situation berücksichtigt ist:

$$|\vec{s}> = \sum_{i=1}^{N} s_i |\hat{e}_i >$$

Auf den ersten Blick scheinen Ausdrücke wie $< e_i|$ oder $|e_j >$ zwar unpraktisch, aber dem ist nicht so. Genauso gut könnte der obige Ausdruck formell zwar auch etwas anders geschrieben werden, wobei diese Schreibweise in einem der Beispiele der Einfachheit halber noch einmal verwendet werden wird:

$$\prod_{l=1}^{N_l}(\sum_{j=1}^{N}(1 - \delta_{jk} - \phi_{1jk})e_j \cdot + \delta_{jk}\hat{T}_l e_j \cdot + T_1\phi_{1jk}e_j \cdot)^{n_l}$$

Formell sieht aber der Ausdruck mit der Verwendung der bra- und ket-Notation (so nennen sich die Bestandteile des inneren Produkts aufgrund der englischen Bezeichnung für eine Klammer „bracket"), in der die beiden Vektoren stehen, deren inneres Produkt gebildet werden soll, viel intuitiver aus. Beide Notationen sind natürlich gleichbedeutend und so ist, um es noch einmal hervorzuheben, z. B.:

$$< a_i | a_j >= a_i \cdot a_j$$

Sind die beiden Vektoren senkrecht zueinander und Einheitsvektoren, dann gilt für sie auch:

$$< a_i | a_j >= \delta_{ij}$$

wobei $\delta_{ij} = 1$ ist, wenn i=j ist. Ansonsten ist $\delta_{ij} = 0$. Damit wird das Kronecker-Delta definiert. Die beiden Indizes i,j sind immer ganze Zahlen und größer oder gleich Null.

Nebenbei sei bemerkt, dass es sich manchmal lohnt, ein und denselben Ausdruck mit formal verschiedenen Mitteln zu Papier zu bringen, weil man in einer der Darstellungen, obwohl sie alle das gleiche bedeuten, plötzlich auf eine neue Idee kommt. Als nächstes soll der mathematische Ausdruck für den Zug näher untersucht werden.

Dieser mathematische Ausdruck ist ein Operator. Er wirkt auf die Ausgangssituation und produziert eine neue Folgesituation. Jeder Zug, der im Rahmen des Operators darstellbar ist, besteht aus Teilzügen. Diese werden mit dem Index l abgezählt. Der Sinn dahinter besteht darin, repräsentieren zu können, dass einige Figuren nur mehrfach in ein und dieselbe Richtung ziehen können. Es muss also im Rahmen eines Teilzugs einer allgemeinen Figur berücksichtigt werden können, dass lediglich ein und derselbe topologische Operator auf die k-te Figur mehrfach hintereinander angewendet werden darf. Solche Figuren sind beim

Schachspiel der Läufer oder der Turm. Beim Springer ist es anders. Deshalb werden im Folgenden auch Matrizen für diese beiden Figuren aufgelistet. Sie zeigen ein verschiedenes Zugverhalten, sollen aber beide in den Rahmen des gleichen Formalismus passen. Der Exponent n_l ganz rechts im Operator-Ausdruck gibt an, wie oft die gleiche topologische Operation hintereinander angewendet werden soll. So kann der Läufer mehrfach in ein und dieselbe Richtung diagonal ziehen. Betrifft der Operator also solch eine Figur, wird ihr Zugverhalten durch die Wahl des Exponenten korrekt wiedergegeben und es ist nur ein Teilzug erforderlich. Der Springer zieht dagegen einmal seitlich und dann diagonal. Es sind also zwei Teilzüge erforderlich. Dies schlägt sich in den Matrizen entsprechend nieder.

An dieser Stelle besteht die Gefahr einer gewissen Verwirrung. Sie rührt daher, dass der Zugoperator zu sehr in den Mittelpunkt der Betrachtungen gerückt ist und die eigentlichen Zugmatrizen aus den Beobachtungen in Vergessenheit geraten sein könnten. Selbstverständlich stellen diese originären Zugmatrizen die Grundlage für die Konstruktion des Operators dar. Es dürfen nur solche Operatoren vom System überhaupt zusammengesetzt und getestet werden, die im Einklang mit den originären Zugmatrizen stehen. Ansonsten würde eine Figur auch das Feld schlichtweg verlassen können, wenn ein zulässiger Exponent für den topologischen Zugoperator groß genug ist bzw. die Figur nah genug am Rand des Spielfeldes steht. Solche Randbedingungen werden stets seitens des Generators dadurch berücksichtigt, das die originäre Zugmatrix die Grundlage für die Auflösung des Zuges im Sinne der Herstellung von zulässigen Operatoren darstellt. Trotz der grundlegenden Bedeutung ist diese Auflösung aber nötig. Der Eindruck, der sich womöglich aufdrängen könnte, dass die originären Zugmatrizen könnten komplett ausreichen, um das ganze Spiel zu repräsentieren, täuscht. Das Spiel besteht aus mehr als nur dem bloßen Zugverhalten der Figuren. So können niemals zwei Figuren beim Schachspiel auf ein und demselben Feld stehen. Eine weiße Figur kann nur schwarze Figuren schlagen. Und selbst obwohl der Springer sein Ziel unabhängig von anderen Figuren, die im Weg stehen erreichen kann, ist das für den Läufer oder die Dame nicht der Fall. Die Gesamtdarstellung des Spiels entsteht erst durch die Verschmelzung beider Komponenten der Repräsentation.

Als nächstes soll der Zugoperator in seine Komponenten zerlegt werden und die Bedeutung dieser jeweils kurz aufgezeigt werden. Wie bereits erklärt, ist das Produkt ganz außen dafür zuständig, dass Züge in mehrere Teilzüge aufgeteilt werden können, in denen jeweils nur ein und derselbe topologische Operator mehrfach hintereinander angewendet wird.

Es verbleibt, die Summe für einzelne Teilzüge zu betrachen:

$$\sum_{j=1}^{N}(1 - \delta_{jk} - \phi_{1jk}) < e_j| + \delta_{jk}\hat{T}_l < e_j| + T_1\phi_{1jk} < e_j|$$

Sie läuft über den Index j und damit über alle Basisvektoren der Situation. Für jeden solchen Basisvektor weist sie drei Bestandteile auf.

Die Bedeutung des mittleren Summanden

$$\delta_{jk}\hat{T}_l < e_j|$$

ist besonders offensichtlich. Durch ihn wird auf die k-te Figur der topologische Operator $\hat{T}_l$ des l-ten Teilzuges angewendet, denn δ_{jk} ist immer Null, wenn $i \neq j$ ist.

Der rechte Summand erlaubt die Anwendung des Operators T_1 auf die j-te Komponente, sofern dort eine Figur steht. Denn nur dann ist ϕ_{1jk} ungleich Null. Diese Funktion ist also für das repräsentative System eine Art Analogon zu δ{ij}.

Sollte beides nicht der Fall sein, muss der dann unveränderliche Bestandteil der Ausgangssituation übernommen werden und das erklärt die Präsenz des ersten Summanden im Operator.

Matrixrepräsentation der zwei Spielfiguren

Mithilfe dieser Überlegungen ist es jetzt nicht mehr schwer, die topologischen Matrizen für die Beispielfiguren aufzulisten. Auf die Gültigkeit wird im kommenden Abschnitt noch einmal eingegangen.

Es werden drei Zugarten bezüglich Schachfiguren betrachtet. Im Anschluss an diese findet noch ein hypothetischer Spielstein Erwähnung. Die ersten beiden Zugarten betreffen den Läufer und repräsentieren diesen einmal, wenn er lediglich von einem Feld auf ein anderes zieht und einmal, wenn er am Ende seines Zuges zusätzlich eine Figur schlägt. Die dritte Zugart bezieht sich auf einen Springer, der lediglich auf ein anderes Feld zieht.

Die Matrix $\hat{\mu}$ erfasst alle Einheitsvektoren, die von dem k-ten Zug erfasst werden. Sie besteht also aus 3 Zeilen, weil es 3 Zugarten gibt:

$$\hat{\mu} = \begin{bmatrix} 0 & 0 & 1 & 0 & 0 & 0 & 1 & 0 & 0 & 0 & 0 & 0 & 0 & 0 & 0 & 0 & \dots \\ 0 & 0 & 1 & 0 & 0 & 0 & 1 & 0 & 0 & 0 & 0 & 0 & 0 & 0 & 0 & 0 & \dots \\ 0 & 1 & 0 & 0 & 0 & 0 & 0 & 1 & 0 & 0 & 0 & 0 & 0 & 0 & 0 & 0 & \dots \end{bmatrix}$$

Es sind also die Läufer in den ersten beiden Zugarten betroffen und bei der dritten Zugart der Springer.

Die topologische Matrix für den Läufer hat die Gestalt:

$$Z_{0,1} = \begin{bmatrix} 0 \\ 0 \\ 0 \\ 0 \\ 1 \\ 1 \\ 1 \\ 1 \end{bmatrix}$$

und deshalb nur eine Spalte, weil für die Repräsentation der Spielfigur nur ein Teilzug erforderlich ist. Sie wird anhand der originären Matrix $\hat{m}$ aufgelöst, was in diesem Fall bewirkt, dass die Figur nicht ,kreuz und quer' ziehen kann. Um die Gestalt der Matrix besser zu verstehen, muss ein Blick auf die Tabelle geworfen werden, gemäß der sie gestaltet ist:

$T_{0,1}$	0
$T_{1,0}$	0
$T_{0,-1}$	0
$T_{-1,0}$	0
$T_{1,1}$	1
$T_{1,-1}$	1
$T_{-1,1}$	1
$T_{-1,-1}$	1

Beim Läufer können demnach im ersten Teilzug, für den die erste Spalte steht, die letzten vier Operatoren vorkommen. Aber sie können nicht durcheinander vorkommen, weil der erste Teilzug mit einem von etlichen, beobachteten Exponenten einhergehen wird. Diese werden in der Matrix $\hat{n}$ vermerkt. Für den Läufer kommen bis zu sieben Bewegungen innerhalb des einzigen Teilzuges infrage und daher ist:

$$\hat{n}_1 = \hat{n}_2 = \begin{bmatrix} 1 & 0 & 0 & ... \\ 1 & 0 & 0 & ... \\ 1 & 0 & 0 & ... \\ 1 & 0 & 0 & ... \\ 1 & 0 & 0 & ... \\ 1 & 0 & 0 & ... \\ 1 & 0 & 0 & \end{bmatrix}$$

Denn es gibt nur einen Teilzug und für diesen sind Werte für den Exponenten von 1...7 beobachtet worden. Mehr als sieben Felder hat sich der Läufer niemals am Stück bewegt. Darüberhinaus ist

$$Z_{0,2} = Z_{0,1}$$

Denn es ist topologisch im Sinne dieser Matrizen betrachtet egal, ob der Läufer am Ende seines Zuges eine Figur schlägt oder nicht.

Es fehlt noch die Information über die Möglichkeit, die beobachteten $\hat{T}^1$-Operatoren für die Änderung des inneren Freiheitsgrades einzubauen. Dazu gibt es die Matrizen Z_1. Sie zeigen, dass der Läufer nur zum Schluss des Zuges beim Schlagen beobachtet worden ist:

$$\hat{Z}_{1,2,2} = \begin{bmatrix} 0 & 1 & 0 & 0 & 0... \\ 0 & 0 & 1 & 0 & 0... \\ 0 & 0 & 0 & 1 & 0... \\ 0 & 0 & 0 & 0 & 1... \end{bmatrix}$$

während $\hat{Z}_{1,1}$ natürlich verschwinden muss, denn diese Zugart impliziert eine reine Zugbewegung, ohne dass eine Figur dabei geschlagen wird. Diese Matrix sagt aus, dass bei einem Zug mit einer Komponente $\hat{T}_1$ nach dieser ersten Bewegung beobachtet worden ist. Bei Zügen mit zwei Komponenten wurde er nach der zweiten Komponente beobachtet und so fort.

Die beobachtete Matrix $\hat{T}_1$ stellt je nach Darstellung der Komponenten der Situation die betreffende Figur schlichtweg vom Feld. Exemplarische Matrizen zu deren Darstellung folgen in den Beispielkapiteln.

Damit ist der Läufer abgehandelt. Die Matrizen des Springers sollen nur kurz aufgelistet werden. Wichtig ist, zu bedenken, dass das Zugverhalten des Springers im Gegensatz zu dem des Läufers nicht nur aus einem, sondern zwei Teilzügen besteht.

In der Matrix $\hat{\mu}$ ist er bereits berücksichtigt.

Also verbleiben $\hat{n}_3$ (weil zum Springer die 3. Zugart gehört), $Z_{0,3}$ und $Z_{1,3,2}$ mit der 1 als drittem Parameter, wenn diese beobachtete Matrix den mit einer Änderung des zweiten inneren Freiheitsgrad einhergegangen ist. Das soll beispielsweise hier so vom Generator repräsentiert worden sein. Die Matrix sieht dann völlig analog zu den entsprechenden Matrizen der Beispielkapitel aus.

Es ist:

$$\hat{n}_3 = \begin{bmatrix} 1 & 0... \\ 1 & 0... \\ 0 & 0... \end{bmatrix}$$

Solche Matrizen brauchen natürlich nicht mit mehr Komponenten abgespeichert werden, als notwendig sind. Trotzdem sind die Punkte als Fortsetzungszeichen der Vollständigkeit halber vermerkt.

$$\hat{Z}_{0,3} = \begin{bmatrix} 1 & 0 & 0 & 0 & 0... \\ 1 & 0 & 0 & 0 & 0... \\ 1 & 0 & 0 & 0 & 0... \\ 1 & 0 & 0 & 0 & 0... \\ 0 & 1 & 0 & 0 & 0... \\ 0 & 1 & 0 & 0 & 0... \\ 0 & 1 & 0 & 0 & 0... \\ 0 & 1 & 0 & 0 & 0... \end{bmatrix}$$

Wenn der Springer eine Figur schlagen würde, wäre die verbleibende Matrix

$$\hat{Z}_{1,4,2} = \begin{bmatrix} 0 & 0 & 0 & 0 & 0... \\ 0 & 1 & 0 & 0 & 0... \\ 0 & 0 & 0 & 0 & 0... \\ 0 & 0 & 0 & 0 & 0... \end{bmatrix}$$

und der Zug müsste als vierte Zugart komplett erfasst werden. Sie zeigt, dass die Matrix, die den inneren Freiheitsgrad im Zug ändert, nur im zweiten Teilzug auftaucht. Und das geschieht, nachdem der topologische Operator ausgeführt wurde. Also zieht der Springer zuerst gemäß $\hat{Z}_{0,4}$ zur Seite und der Exponent ist immer Eins, genau wie in dritten Fall, wo er keine Figur schlägt. Er ist also nur derart beobachtet worden, dass er im ersten Teilzug lediglich ein einziges Feld seitlich zurücklegt und sich dann im zweiten Teilzug ein Feld diagonal weiterbewegt. Sein Gesamtzug muss dabei im Einklang mit der originären Zugmatrix $\hat{M}_{Springer}$ stehen. Deshalb kann er sich nicht diagonal zurückbewegen oder beispielsweise sogar das Feld komplett verlassen. Und aufgrund einer Matrix wie $\hat{Z}_{1,4,2}$, wie sie oben für eine mögliche vierte Zugvariante des Spiels abgedruckt ist, kann er dann gegebenenfalls eine Figur nach dem zweiten Teilzug schlagen.

Schlägt er keine Figur, wie es bei der dritten, angenommenen Beispielzugart der Fall ist, so wird diese Matrix schlichtweg einfach eine Nullmatrix sein und braucht eigentlich gar nicht erst erwähnt oder mit mehreren Elementen gespeichert werden.

Wird abschließend eine hypothetische Spielfigur betrachtet, die analog zu einem Stein beim Damespiel mehrfach hintereinander andere Steine diagonal überspringen darf, wobei auch Richtungswechsel vorkommen, so ergibt sich für diese

$$\hat{n}_5 = \begin{bmatrix} 0 & 1 & 0 \\ 0 & 1 & 0 \\ 0 & 1 & 0 \end{bmatrix}, \ \hat{Z}_{0,5} = \begin{bmatrix} 0 \\ 0 \\ 0 \\ 0 \\ 1 \\ 1 \\ 1 \\ 1 \end{bmatrix}$$

und je nachdem, ob die übersprungenen Steine entfernt werden oder nicht:

$$\hat{Z}_{1,5,2} = \begin{bmatrix} 0 & 0 & 0 \\ 0 & 0 & 0 \\ 0 & 0 & 0 \end{bmatrix}, \ \hat{Z}_{1,5,2} = \begin{bmatrix} 0 & 1 & 0 \\ 0 & 1 & 0 \\ 0 & 1 & 0 \end{bmatrix}$$

Denn die Figur würde im Anschluss an die zweite Komponente jedes Teilzugs entfernt.

Gültigkeit

Zuletzt verbleibt die Besprechung der Gültigkeitsmatrizen und Gültigkeitsoperatoren. Mit Blick auf die Gültigkeit müssen einerseits alle Züge im Einklang mit den $\hat{M}$-Matrizen stehen, wodurch sicher gestellt ist, dass topologische Randbedingungen jedenfalls erfüllt sind.

Darüber hinaus wird die γ-Matrix anhand von Beobachtungen reeller Spielzüge generiert. Tatsächlich stellt sich zumeist heraus, dass γ aufgeteilt werden sollte, denn beim Ausprobieren verschiedener $\hat{\gamma}$-Operatoren ergeben sich mehrere Sätze für entsprechende γ-Matrizen. In den Beispielfällen reichen zwei γ-Matrizen, γ_I und γ_{II}. Beim Schachspiel ergeben sie sich deswegen separat, weil die Figuren zunächst nur über freie Felder ziehen können und erst zuletzt eine gegnerische Figur schlagen dürfen. Obwohl das recht abstrakt klingen mag, ist der Ansatz für den Algorithmengenerator gar nicht allzu schwer umzusetzen und die Einträge der Matrizen werden sogar erstaunlich schnell gefunden. Selbstverständlich kann es sein, dass durch den Ansatz, stets mehrere γ-Matrizen zu repräsentieren, einige überflüssige Matrizen entstehen. Es ist aber oft in der Naturwissenschaft so, dass es einfacher ist, zunächst einen Ansatz zu verwenden, der zumindest hinreichend ist. Das ist auch der Grundgedanke, welcher das Verfahren, den Gültigkeitsoperator zunächst generell aufzusplittern, rechtfertigt. Denn die Repräsentation wird jedenfalls vollständig sein.

Der Generator kann jedoch gelegentlich seine Freizeit dazu nutzen, etwas Detektivarbeit zu leisten und unnötige Matrizen aufspüren. Die Elimination solcher Redundanzen kommt einerseits gelegen, weil die Repräsentation knapper und übersichtlicher wird. Andererseits ist sie natürlich gerade auch deshalb vorteilhaft, weil dadurch die spätere Anwendung der Matrizen mit weniger Zeitaufwand verbunden sein wird.

In allen drei Beispielen ist die γ-Matrix aufgesplittet, weshalb γ_I und γ_{II} zusammen mit den dazugehörigen zwei γ-Operatoren aufgelistet sind. Tatsächlich gibt es auch nicht-redundante Darstellungen für die Gültigkeit. Man darf aber niemals ganz außer Acht lassen, dass der Generator im Rahmen der Darstellung des Buches eine fest verdrahtete Instanz im Matrixsystem ist, also nicht repräsentiert wird. Und unter dieser Voraussetzung ist seine Verfahrensweise programmatisch viel leichter umzusetzen, auch wenn dabei zunächst einige Redundanzen in Kauf genommen werden und diese anschließend, soweit es möglich ist im Rahmen des fest vorgegebenen Algorithmus für den Generator, eliminiert werden.

Die Gültigkeitsmatrizen werden formal ganz analog zu den Matrizen Z^1, Z^2... in die Darstellung eines Zuges aufgenommen. Dahinter steht die Philosophie, dass der Generator herausfinden möchte, welche Folge es hätte, wenn der Zug ausgeführt würde. Folgt daraus eine Situation, die nicht beobachtet worden ist, ist der Zug bzw. das PD womöglich ungültig.

Zumeist entstehen die Gültigkeitsmatrizen ohne Zeitaufwand praktisch sofort anhand von Beispieldaten. Es klingt also viel komplizierter, als es endeffektlich ist.

Bevor der Generator versucht, Gültigkeitsmatrizen zu repräsentieren, probiert er einige Standardmatrizen aus, wie $_{nxn}1$ oder $_{nxn}\bar{0}$ und dergleichen. Fast immer ist er damit erfolgreich und braucht nicht sämtliche Situationen und deren Folgen zu untersuchen, um eine Repräsentation herzustellen. Mit jedem Standardversuch entsteht zu jedem Versuchsoperator eine Gültigkeitsmatrix γ_I, γ_{II} und so fort.

Bei jedem Standardversuch, anhand eines ausprobierten Operators die Werte der entsprechenden Gültigkeitsmatrix zu finden, entstehen aufgrund der Tatsache, dass das direkte Produkt zur Repräsentation einer Situation drei Komponenten hat, drei Werte. Fast immer genügen die Standardversuche, das heißt, dass der Generator in aller Regel mit dem Versuch, die Einheitsmatrix oder eines ihrer Gegenstücke auszuprobieren, erfolgreich ist.

Als Beispiel sollen die Gültigkeitsmatrizen des Läufers aufgezeigt werden und zwar für den ersten Fall, in dem keine gegnerische Figur im Weg steht.

Dann reicht sogar schon eine Gültigkeitsmatrix, die sich auf den zweiten inneren Freiheitsgrad bezieht. Unterwegs darf niemals eine Figur beobachtet worden sein, also muss der Wert der Gültigkeit, der bezüglich dieses Freiheitsgrades bei jedem Teil eines Zuges anhand der Matrix

$$\begin{bmatrix} 1 & 1 & 0 \\ 1 & 1 & 0 \\ 1 & 1 & 0 \end{bmatrix}$$

ermittelt worden ist, gleich Null sein. Alle anderen Gültigkeitsprüfungen verlaufen analog.

Die meisten Gültigkeitsmatrizen sind schlichtweg Einheitsmatrizen oder $\bar{0}$. Oder sie haben eine Gestalt, die analog zur obigen Matrix ist.

Allgemeinere Repräsentationen

Obwohl die Darstellung sich im Rahmen des Buches zu großen Teilen auf die Spiele konzentriert, ist die Repräsentationstheorie als solche allgemeinerer Natur. Es ist auch möglich, völlig andere Beobachtungen zu repräsentieren. In der Praxis resultiert dabei häufig ein kombinatorisches Problem, dessen Lösung interessante Einblicke in die Repräsentationstheorie ermöglicht. Herausgegriffen werden soll die Repräsentation einfacher, algebraischer Elemente der Mathematik. Ein dabei zutage tretendes Prinzip zeigt sich aber auch bei völlig anderen Aufgabenstellungen, weit jenseits der elementaren Mathematik.

Repräsentation von Zahlen

Zwei offensichtliche Arten, natürliche Zahlen zu repräsentieren, drängen sich unmittelbar auf. Einerseits könnten sie ziffernweise im Situationsvektor dargestellt sein, andererseits könnte für die gesamte Zahl nur genau eine Komponente verwendet werden, in der eine einzige Eins an der entsprechenden Stelle im Vektor steht. Im ersten Fall würde also z. B. die Zahl 53 repräsentiert durch:

$$\begin{bmatrix} 0 \\ 0 \\ 0 \\ 0 \\ 0 \\ 1 \\ 0 \\ 0 \\ 0 \\ 0 \end{bmatrix} \otimes \begin{bmatrix} 0 \\ 0 \\ 0 \\ 1 \\ 0 \\ 0 \\ 0 \\ 0 \\ 0 \\ 0 \end{bmatrix} \tag{1}$$

Soll jetzt eine Rechnung abgebildet werden, in der zwei zweistellige Zahlen addiert oder multipliziert werden, so würde einem vierstelligen Vektor, der die beiden Ausgangszahlen enthält, für das Ergebnis wieder ein vierstelliger Vektor zugeordnet. Dementsprechend ergibt sich analog für 99*99=9801:

$$\hat{\vec{M}}\left(\begin{bmatrix} 0 \\ 0 \\ 0 \\ 0 \\ 0 \\ 0 \\ 0 \\ 0 \\ 0 \\ 1 \end{bmatrix} \otimes \begin{bmatrix} 0 \\ 0 \\ 0 \\ 0 \\ 0 \\ 0 \\ 0 \\ 0 \\ 0 \\ 1 \end{bmatrix} \otimes \begin{bmatrix} 0 \\ 0 \\ 0 \\ 0 \\ 0 \\ 0 \\ 0 \\ 0 \\ 0 \\ 1 \end{bmatrix} \otimes \begin{bmatrix} 0 \\ 0 \\ 0 \\ 0 \\ 0 \\ 0 \\ 0 \\ 0 \\ 0 \\ 1 \end{bmatrix} \right) = \begin{bmatrix} 0 \\ 0 \\ 0 \\ 0 \\ 0 \\ 0 \\ 0 \\ 0 \\ 0 \\ 1 \end{bmatrix} \otimes \begin{bmatrix} 0 \\ 0 \\ 0 \\ 0 \\ 0 \\ 0 \\ 0 \\ 0 \\ 1 \\ 0 \end{bmatrix} \otimes \begin{bmatrix} 0 \\ 0 \\ 0 \\ 0 \\ 0 \\ 0 \\ 0 \\ 0 \\ 0 \\ 0 \end{bmatrix} \otimes \begin{bmatrix} 1 \\ 0 \\ 0 \\ 0 \\ 0 \\ 0 \\ 0 \\ 0 \\ 0 \\ 0 \end{bmatrix} \tag{2}$$

Der vermittelnde Operator $\hat{\vec{M}}$ lässt sich mit den bisherigen Mitteln offenbar nicht unmittelbar finden. Aber es ist interessant, den anderen naheliegenden Weg zu beschreiten und schlichtweg alle Möglichkeiten zu berücksichtigen.

Elementare Algebra repräsentieren

Geht man wie gehabt in der Repräsentationstheorie derart vor, dass jede Kombination von zwei solcher Zahlen durch einen Vektor abgebildet wird, der nur an einer einzigen Stelle den Wert Eins aufweist und ansonsten komplett gleich Null ist, so lassen sich alle Kombinationen der jeweils 100 möglichen Zahlen mit einem 10.000-komponentigen Vektor abbilden. Die Zahlen des Ergebnisses liegen im Bereich von 0 bis 10.000, können also ebenfalls mit solch einem Vektor dargestellt werden.

Es zeigt sich, dass die Matrix sehr groß wird, sobald große Zahlen ins Spiel kommen. Um sie dennoch zu konstruieren, werden die möglichen Ausgangssituationen geeignet sortiert. Und damit taucht das angesprochene, allgemeinere Prinzip auf. Denn auch viele andere Aufgabenstellungen lassen sich, obwohl sie auf den ersten Blick völlig verschiedener Natur zu sein scheinen, durch Sortieren aller möglichen Ausgangssituationen und entsprechende Zuordnung der Folgesituationen auflösen, so dass im Wesentlichen ein kombinatorisches Problem verbleibt.

Dabei wird stets mit möglichst einfachen Situationen für die Nummerierung begonnen. Sollte ein komplexeres algebraisches Problem attackiert werden, könnte prinzipiell ganz analog vorgegangen werden. Auch in vielen dieser Fälle könnten alle überhaupt vorkommenden Gleichungen nach der Zahl der Unbekannten sortiert werden, so dass nach und nach immer komplexere Gleichungen durch eine Eins immer weiter unten im Situationsvektor repräsentiert würden. Selbst bei einfachen sprachlichen Übersetzungsaufgaben, obwohl sie auf den ersten Blick völlig verschiedener Natur zu sein scheinen, ergibt sich ein Lösungsansatz.

Für den Fall der Addition zweier positiver, ganzer Zahlen ist eine denkbare Nummerierung wie folgt erreichbar: Begonnen wird mit der einfachsten Variante, wo das Resultat gleich

Null ist. Dieser Fall braucht zwei Einträge im Situationsvektor, nämlich den für die Zahl Null als solche und damit der ersten Möglichkeit überhaupt. Deshalb bekommt diese Situation eine Eins an der ersten Stelle. Dann könnte es sich um eine Addition zweier Zahlen handeln, die einzige Möglichkeit bei zwei nicht-negativen Zahlen ist $0 + 0$, und diese Variante bekommt die zweite Eins im Situationsvektor. Die nächste Möglichkeit, zwei Zahlen zusammenzuzählen, ergibt Eins. Also muss sie repräsentiert werden durch

$$\begin{bmatrix} 0 \\ 0 \\ 1 \\ 0 \\ \cdots \end{bmatrix} \tag{3}$$

Möglich sind $1 + 0$ oder $0 + 1$, also zwei weitere Situationen. Dann folgt die Zahl 2. Sie kann erreicht werden vermittels $0 + 2$, $1 + 1$ und $2 + 0$. Die Zahl 3 folgt also nach diesem Abzählmuster geordnet nach der Simplizität der beobachteten Situationen an zehnter Stelle.

Die nächste Aufgabe besteht darin, die vermittelnde Matrix zu ermitteln. Sie ergibt sich offensichtlich gemäß der schematischen Darstellung:

$$
\begin{bmatrix} 0 \\ 0+0 \\ 1 \\ 1+0 \\ 0+1 \\ 2 \\ 2+0 \\ 1+1 \\ 0+2 \\ 3 \\ \cdots \end{bmatrix} = \begin{bmatrix} 1 & 1 & 0 & 0 & 0 & 0 & 0 & 0 & 0 \\ 0 & 0 & 0 & 0 & 0 & 0 & 0 & 0 & 0 \\ 0 & 0 & 1 & 1 & 1 & 0 & 0 & 0 & 0 \\ 0 & 0 & 0 & 0 & 0 & 0 & 0 & 0 & 0 \\ 0 & 0 & 0 & 0 & 0 & 0 & 0 & 0 & 0 \\ 0 & 0 & 0 & 0 & 0 & 1 & 1 & 1 & 1 \\ 0 & 0 & 0 & 0 & 0 & 0 & 0 & 0 & 0 \\ 0 & 0 & 0 & 0 & 0 & 0 & 0 & 0 & 0 \\ 0 & 0 & 0 & 0 & 0 & 0 & 0 & 0 & 0 \\ 0 & 0 & 0 & 0 & 0 & 0 & 0 & 0 & 0 \\ \cdots \end{bmatrix} \begin{bmatrix} 0 \\ 0+0 \\ 1 \\ 1+0 \\ 0+1 \\ 2 \\ 2+0 \\ 1+1 \\ 0+2 \\ 3 \\ \cdots \end{bmatrix} \quad (4)
$$

$$
=[(5\text{x}5)\text{V}(0,0)\ (1\text{x}2)\text{P}(0,1)\ (1\text{x}1)1] + [(5\text{x}5)\text{V}(0,1)\ (5\text{x}5)\text{V}(0,1)
$$
$$
(5\text{x}5)\text{V}(1,0)\ (5\text{x}5)\text{V}(1,0)\ (3\text{x}3)\text{V}(0,0)\ (1\text{x}3)\text{P}(0,1)\ (1\text{x}1)1]\ \cdots
$$

Es wird also jede mögliche Kombination von 2 positiven, ganzen Zahlen auf das Summationsergebnis abgebildet.

In einer ähnlichen Form erscheinen manchmal auch völlig andersartige Fälle bei allgemeineren Repräsentationen. Es ist nicht einmal allzu schwierig für den Generator, die Situationen geeignet durchzunummerieren, und selbst wenn Abweichungen resultieren, lassen sie sich als Ausnahmen vermerken. Die Matrizen sehen aus der Vogelperspektive allesamt zwar ziemlich ähnlich aus, aber der Algorithmengenerator muss schon sehr genau hinschauen, um keine Fehler bei der Repräsentation zu machen. Es ist ihm aber zumutbar, aufgrund der Tatsache, dass die Entwicklung oft genau gleichartig aufgebaut ist. Manchmal tauchen zum Beispiel ausgefüllte Rechtecke auf, aber vom Aufbau her sieht die Entwicklung anhand der Matrixoperatoren stets fast genau gleich aus.

Generieren von Skripten

An dieser Stelle ist jetzt klar geworden, dass Matrixsysteme ihre Umgebung analysieren, indem sie Situationen abbilden und Operatoren benutzen, um wiedergeben zu können, welche Folgesituationen denkbar sein könnten. Es ist damit auch ein Zusammenhang zu den zuvor vorgestellten sequenziellen Systemen erkennbar geworden. Denn die Matrizen, bzw. Eins-Einträge in ihnen ordnen Ausgangssituationen Folgesituationen zu und stellen damit in der Sprache der Folgenetze PDs dar. Tatsächlich lässt sich natürlich jedes sequenzielle Netz mit der Matrixmethode abbilden, weshalb man auch behaupten kann, dass obwohl beide Ansätze für solche Systeme Repräsentationsfähigkeit aufzeigen, die Matrixsysteme über eine größere Repräsentationsmächtigkeit verfügen. Denn sie können die sequenziellen Systeme inkorporieren, umgekehrt geht das aber nicht. Die beiden erwähnten Begrifflichkeiten sind qualitativer Natur. Die Mächtigkeit erlaubt es zu versuchen, Vergleiche zu bewerkstelligen. Ein System kann über eine größere Repräsentationsmächtigkeit verfügen, weil seine Erkenntnisbereitschaft die des anderen übersteigt; wenn es mehr Sachverhalte getreu abbilden kann als das andere. Die Repräsentationsfähigkeit als solche betrifft im Kern die Frage, ob ein System überhaupt in der Lage ist, sich an die Umwelt anzupassen; anders formuliert, in dem Sinne, der bereits ganz zu Beginn dargestellt wurde, den Algorithmus, nach dem es arbeitet aus seinen Eingaben zu gewinnen.

Ein klares Gegenstück liefert ein Waschmaschinenprogramm, das die Stellung des Drehschalters nutzt, um zu entscheiden, in welcher Weise die Trommel gedreht und das Waschmittel hinzugefügt werden soll. Da es immer genau gleich vorgeht, ist es nicht repräsentationsfähig. Bei anderen technischen Anwendungen ist es aber oft nicht ganz so einfach, darüber zu entscheiden. Der Begriff der Repräsentationsfähigkeit ist ein qualitativer Begriff und seine Bedeutungsreichweite ist nicht in allen Fällen deutlich umrissen.

Abgesehen davon: Eine prinzipiell sinnvolle Erkenntnis war bereits im Kapitel über die Disko-Ampel gewonnen worden. Ihr Verhalten kann ganz genau in der Art, wie Schachfiguren sich bewegen können, mithilfe der Matrixoperatoren beschrieben werden, die der Algorithmengenerator liefert. Werden die Leuchten der Reihe nach eingeschaltet, entspricht das einer Matrix, die unterhalb oder oberhalb der Hauptdiagonalen Einsen aufweist und ansonsten nur Nullen. Weit bevor alle Situationen schon einmal vorgekommen sind, wird der Algorithmengenerator versucht haben, die eigentliche Gestalt der Matrizen zu erraten und er wird erfolgreich gewesen sein.

Dabei entstehen Operatoren, die Ausgangssituationen Folgesituationen zuordnen. Genau in der Art, wie diese Operatoren offensichtlich einem Skript entsprechen, ist es auch bei allen anderen Matrixoperatorkombinationen, also auch bei all denen des Schachspiels oder der noch folgenden Beispiele.

Um ein Skript in dieser Art zu generieren, muss das Matrixsystem zunächst vorgehen wie immer, bis der Algorithmengenerator die vorkommenden Matrizen und Operatoren mit hinreichend guter Wahrscheinlichkeit, dass sie wirklich stimmen könnten, erraten hat. Aber alle Operatoren sind sehr elementar aufgebaut und entsprechen vollkommen offensichtlich Skriptbestandteilen, so dass der Algorithmengenerator auch gleich hingehen könnte und statt nur die Matrixoperatoren auszugeben, ebenfalls gleich ein Skript erzeugen.

Bei der Diskoampel ist ein solches Skript bereits beschrieben worden. In allen anderen Beispielfällen geht das aber prinzipiell auch.

Abgesehen davon ist etwas klarer geworden. Denn an dieser Stelle beginnen wir noch besser zu verstehen, was Simulation natürlicher Intelligenz bedeuten könnte. Der Konjunktiv ist natürlich Absicht. Denn niemand weiß, was Intelligenz ist, sie ist eine Eigenschaft aller Lebewesen und könnte von Natur aus verbunden sein mit anderen unerklärlichen Eigenschaften, die insbesondere jeder Mensch empfindet. Jemand könnte auch versuchen, einen Text über die Simulation natürlicher Selbstexistenzempfindung zu verfassen. Aber hier geht es um die Repräsentationstheorie und deren Zielsetzung ist es, zu versuchen die natürlich angeborene Intelligenzeigenschaft zu simulieren.

Klarer geworden ist, dass ein Matrixsystem bei allen Beispielen eingeengt und dadurch gezwungen wird, die Fortentwicklung der Situationen erkennen zu müssen. Dieser Zwang entsteht einerseits durch eine gewisse Vielzahl an beobachteten Situationen, die tatsächlich aufeinander gefolgt sind und andererseits durch die Vorgabe eines „Rasters", in das die Situationen und deren Aufeinanderfolge passen müssen. Ohne eine solche Vorgabe wäre es unmöglich für das System, Matrizen eindeutig finden zu können. Es braucht harte Randbedingungen zusammen mit einigen beispielhaften Situationen, die schon einmal aufeinander gefolgt sind, um eine allgemeinere Repräsentation finden zu können. Nur durch das Zusammenspiel der Eingrenzung der Möglichkeiten zur Repräsentation mit den beobachteten Situationsfolgen kann ein solches System bei seinem Repräsentationsversuch überhaupt erfolgreich sein.

Niemand weiß selbstverständlich, was natürliche Systeme machen; deshalb heißt es im Titel des Buches auch „Simulation natürlicher Intelligenz". Mehr dazu im Epilog.

Aber es soll in diesem Abschnitt noch etwas zur Analogie der Matrizen und Skripte, die anstelle derer generiert werden könnten gesagt werden. Um diese Bemerkungen besser einordnen zu können, sei zur Verdeutlichung des Sachverhalts bemerkt, dass vollständige Skripte immer generiert werden können, aber dies geschieht dann zumeist über den Umweg der Matrixrepräsentation. Natürlich kann solch ein System versuchen, sämtliche Situationen zu erfassen und aufgrund der beobachten Folgen dieser Situationen Matrizen generieren, die ganz genau das wiedergeben, was es beobachtet hat. Und dann den Bestandteilen der Matrixrepräsentation Skriptbestandteile zuordnen.

Selbstverständlich ist es sogar sinnvoll, genau so vorzugehen, um ein Skript erstellen zu lassen. Möchte man beispielsweise von solch einem System nachprogrammieren lassen, was auf einer Webseite passiert, ist jetzt eigentlich klar geworden, was dazu erforderlich wäre. Die Situationen müssen von dem System repräsentiert werden können und deren Aufeinanderfolge muss anhand der Matrizen wiedergespiegelt werden. Beim Schachspiel hat der Automat zwar nur das image-Objekt abgesucht, um herauszufinden, wo sich welche Bilder befinden und anhand der Dateinamen die Eigenschaften herausgefunden, aber dasselbe Vorgehen funktioniert natürlich auch allgemeiner. Um in der Lage zu sein, allgemeinere Abfolgen nachprogrammieren lassen zu können, muss aber das gesamte DOM abgesucht werden. Dabei wird alles gefunden, was auf dem Bildschirm ist oder sein könnte, sowie sämtliche andere Elemente der Webseite. All diesen Elementen müssen die üblichen Einheitsvektoren zugeordnet werden. Wird also z. B. ein Textelement gefunden, an einer bestimmten Position auf dem Bildschirm im DOM, wird das System herausfinden können, an welcher Position es ist und welchen Inhalt es hat. Gibt es Checkboxen oder Radiobuttons, werden sie ebenfalls vermerkt sein und beim Absuchen werden sie gefunden. Natürlich ist vorausgesetzt, dass das System die Webseite beobachten kann. Und wenn sich alles, was dort vor sich geht, in den Rahmen der bereits in diesem Buch dargestellten Spiele einordnen lassen sollte, wird es die Regeln ohnehin kapieren. Ansonsten wird es versuchen, seine Nachbildung so genau anzufertigen, wie das in dem ihm zugänglichen Rahmen möglich ist.

Drei Steine gewinnen

Nachdem viele Elemente zur Repräsentation im Rahmen von Matrixsystemen vorgestellt worden sind, soll mit ‚Drei-Steine-gewinnen' ein vollständiges Beispiel besprochen werden. Nach den vielen theoretischen Überlegungen besteht die Aufgabe jetzt darin, aufzuzeigen, wie diese Überlegungen praktisch, oder in der Sprache der Physik experimentell umsetzbar sind. Zuallererst könnte der Generator versuchen, das ‚Drei-Gewinnt-Spiel' komplett analog zum modellartig besprochenen Mau-Mau-Spiel zu repräsentieren.

Modelle stellen ein wichtiges Mittel im Rahmen der wissenschaftlichen Forschung dar. Würde man Forscher spielen, könnte man genau so wie der Algorithmengenerator beginnen: Es soll eine Matrix gefunden werden, die alle möglichen Folgesituationen auf irgendwelche Ausgangssituationen dieses Spiels zeigt.

Das ist prinzipiell ganz einfach für den Automaten und vielleicht schafft es der Algorithmengenerator sogar eines Tages, seine Herkulesaufgabe zu bewältigen, die darin besteht, mithilfe der Matrix-Operatoren eine gigantische Matrix darzustellen, um sämtliche Möglichkeiten zu erfassen.

Die Ausgangssituation ist ein komplett leeres Feld. Da es sich nur um eine einzige Situation handelt, wird sie vom Generator als

$$\vec{s} = \begin{bmatrix} 1 \\ 0 \\ 0 \\ 0 \\ 0 \\ ..., \end{bmatrix}$$

erfasst.

Daraufhin kann jeder Platz durch einen Kreis oder ein Kreuz neu besetzt werden und es folgt für die Matrix der obere linke Eintrag:

$$\hat{M}_{oben\ links} = \begin{bmatrix} 1 \\ 1 \\ 1 \\ 1 \\ 1 \\ 1 \\ 1 \\ 1 \\ 1 \\ 1 \end{bmatrix}$$

Dann kann ein Stein (Kreis oder Kreuz) irgendwo gesetzt werden. Die Matrix zur Repräsentation der folgenden Situationen muss zu jeder Ausgangssituation jeweils acht Folgesituationen ermöglichen, in denen genau ein Stein auf einem der noch nicht besetzten Plätze zu stehen kommt. Also müsste dieser Teil der Matrix beginnen mit:

$$\hat{M} = \begin{bmatrix}
1 & 1 & 1 & 1 & 1 & 1 & 1 & 1 & 1 \\
1 & 1 & 1 & 1 & 1 & 1 & 1 & 1 & 1 \\
1 & 1 & 1 & 1 & 1 & 1 & 1 & 1 & 1 \\
1 & 1 & 1 & 1 & 1 & 1 & 1 & 1 & 1 \\
1 & 1 & 1 & 1 & 1 & 1 & 1 & 1 & 1 \\
1 & 1 & 1 & 1 & 1 & 1 & 1 & 1 & 1 \\
1 & 1 & 1 & 1 & 1 & 1 & 1 & 1 & 1 \\
1 & 1 & 1 & 1 & 1 & 1 & 1 & 1 & 1 \\
1 & 1 & 1 & 1 & 1 & 1 & 1 & 1 & 1 \\
1 & 1 & 1 & 1 & 1 & 1 & 1 & 1 & 1 \\
1 & 1 & 1 & 1 & 1 & 1 & 1 & 1 & 1 \\
1 & 1 & 1 & 1 & 1 & 1 & 1 & 1 & 1 \\
1 & 1 & 1 & 1 & 1 & 1 & 1 & 1 & 1 \\
1 & 1 & 1 & 1 & 1 & 1 & 1 & 1 & 1 \\
1 & 1 & 1 & 1 & 1 & 1 & 1 & 1 & 1 \\
1 & 1 & 1 & 1 & 1 & 1 & 1 & 1 & 1 \\
\cdots
\end{bmatrix}$$

Denn auf jede Ausgangssituation, in der nur ein Stein auf dem Feld ist, folgen 8 mögliche Folgesituationen, bei denen jeweils ein zweiter Stein hinzukommt. Offensichtlich ist hierbei nicht berücksichtigt, dass es verschiedene Spielsteine gibt, nämlich Kreuze und Kreise. Aber es ist trotzdem interessant, sich diese Matrix der möglichen Folgeplätze für den nächsten Zug vorzustellen.

Denn die Situationen werden vom Generator zunächst genau analog zum Mau-Mau-Spiel durchnummeriert. Und es gibt nur eine Situation mit keinem Stein auf dem Feld, aber 9 Situationen mit genau einem Stein. Die Teilmatrizen werden offenbar mit jedem Zug geradezu explosionsartig größer.

Ist bereits ein Stein vorhanden, muss ein weiterer Spielstein folgen. Die Zahl der Folgesituationen für zwei Steine insgesamt ist 9*8=72, weil immer noch 8 Plätze frei für den zweiten Stein bleiben. Und der erste Stein konnte ja auf einem von 9 Plätzen stehen. Dadurch ergibt sich ein Rechteck rechts unterhalb der letzten Teilmatrix. Aus diese 72 Möglichkeiten folgen weitere 72*7 Möglichkeiten, so dass ein weiteres Rechteck für den nächsten möglichen Zug in der Matrix entsteht. Es ist wichtig zu beachten, dass diese Überlegungen lediglich eine Matrix erklären, welche die noch freien Felder für den nächsten Zug wiedergibt. Sie ist offenbar aufgebaut aus immer größer werdenden Rechtecken aus Einsen, nach rechts unten, bis zum letzten Zug, wenn alle neun Felder besetzt sind. Und sie betrachtet lediglich die Möglichkeiten eines Folgezuges, hat aber bereits $9!^2$ Elemente, also etwa 100 Milliarden.

Deshalb war von einer Herkules-Aufgabe für den Algorithmen-Generator die Rede. Weil sie hochsymmetrisch ist, könnte er sie dennoch möglicherweise bewältigen. Es geht aber einfacher, nämlich analog zum Schachspiel mit dessen Komponenten. Denn diese erlauben solch einem System, mit viel weniger Aufwand das ganze Gebilde darzustellen, ohne dass Informationen verloren gehen.

Eine vollständige Repräsentation

Obwohl bereits viele Elemente zur Repräsentation von Beobachtungen im theoretischen Rahmen besprochen worden sind, kommen im Zuge des Beispiels auch einige neue, theoretische Überlegungen ins Spiel. Dadurch wird das Modellbeispiel aber auch gleichzeitig interessanter.

Seine Gestalt soll möglichst analog zum bereits besprochenen Mau-Mau-Modellspiel bleiben, aber natürlich mit Blick auf die vorangegangenen Abschnitte jetzt analog zu diesem allgemeineren, theoretischen Rahmen gestaltet sein, deren Grundlage Elemente des Schachspiels gebildet haben.

Dementsprechend widmet sich dieses Kapitel also einer Repräsentation des 3-Gewinnt-Spiels, in dem es darum geht, drei Kreuze oder Kreise in einer Reihe zu haben. Wie gehabt, sollen die üblichen Elemente repräsentiert werden:

1. jede mögliche Spielsituation

2. die Matrizen zum Generieren aller möglichen Folgesituationen

3. die Gültigkeitsoperatoren zur Darstellung der Gültigkeitsfunktion und

4. die Zielfunktionen.

Auch bei diesem Spiel schaut das System zunächst zu, generiert dabei die Komponenten, versucht die Regeln zu erraten und kann es dann auch selbst mitspielen. Das Beispiel steht auf der Webseite zum Experimentieren zur Verfügung.

Die Spielsituationen repräsentieren

Die Spielsituationen bestehen aus einer Reihe von Elementen, die jeweils einen inneren Freiheitsgrad besitzen (Kreis/Kreuz) und einen äußeren (die Position auf dem Feld). Eine interessante Beobachtung ist die Tatsache, dass der äußere Freiheitsgrad sich in diesem Fall für das System nicht von einem weiteren Inneren unterscheiden lässt, denn die Kreuze oder Kreise können nicht verschoben werden; es verfügt durch die Beobachtungen nicht über entsprechende Informationen, von welchem Feld aus ein anderes erreicht werden könnte. Der einzige Hinweis, dass es sich um einen äußeren Freiheitsgrad handelt, leitet sich aus der Tatsache her, dass die Kreuze und Kreise an bestimmten Stellen auf einem Feld vorgefunden werden, genau wie die Figuren des Schachspiels. Die Repräsentation braucht also keine topologisch repräsentativen Operatoren, und wenn das System versuchen sollte, welche zu generieren, wären diese Komponenten der $\hat{T}$ - Operatoren mitunter schlichtweg Einheitsmatrizen. Die relevanten Elemente der Situationen sind zweidimensional und so ist z. B. die Situation

$$\begin{bmatrix} X & - & - \\ - & - & - \\ - & O & - \end{bmatrix}$$

in der ein Kreis und ein Kreuz vorkommt, beschrieben durch

$$\vec{s} = \begin{bmatrix} 1 \\ 0 \\ 0 \\ 0 \\ 0 \\ 0 \\ 0 \\ 0 \\ 0 \end{bmatrix} \otimes \begin{bmatrix} 1 \\ 0 \end{bmatrix} \hat{e}_1 + \begin{bmatrix} 0 \\ 0 \\ 0 \\ 0 \\ 0 \\ 0 \\ 0 \\ 1 \\ 0 \end{bmatrix} \otimes \begin{bmatrix} 0 \\ 1 \end{bmatrix} \hat{e}_2 \qquad (11.1)$$

Matrizen zum Erzeugen der möglichen Folgesituationen

Ein neuer Kreis oder ein neues Kreuz kann auf jedes Feld gesetzt werden, das noch frei ist. Eine mögliche Matrix ist dementsprechend

$$s_i' = (\hat{Q} \otimes \begin{bmatrix} 0 & 1 \\ 1 & 0 \end{bmatrix}) s_i$$

Dadurch stehen überall Einsen, wo zuvor Nullen im ersten Bestandteil des Situationsvektors waren, denn das ist ja die Wirkungsweise des $\hat{Q}$-Operators. Er soll eingefügt werden, damit repräsentiert werden kann, dass nur auf leere Felder ein neuer Stein gesetzt werden kann.

Weil solche Fälle sehr oft vorkommen, ist es offensichtlich für den Generator durchaus möglich, die Matrizen durch Ausprobieren zu erraten, denn sie sind schlichtweg:

$\hat{Q}(9*9 0)$ und $\hat{Q}(2*2 0)$

wobei die 9 der Anzahl der Felder und die 2 der Zahl der Merkmalsausprägungen entspricht. Es kommen also zwei Eigenschaften zum Tragen, die regelmäßig ohnehin beim Erraten von Gesamt-Matrizen verwendet werden.

Ceta-Funktion und Gültigkeitsfunktion

Das Spiel erzeugt zwei Zielfunktionen. Die erste entsteht aus der Matrix

$$\begin{bmatrix} 1 & O & O \\ 1 & O & O \\ 1 & O & O \end{bmatrix}$$

durch die Operatoren $\hat{V}^n$ sowie $\hat{S}_{1,1}\hat{V}^n$, jeweils mit $n \in 0, 1, 2$, wobei der Buchstabe O für irgendeine Besetzung des Feldes steht. Die zwei fehlenden Matrizen sind

$$M_1 = \begin{bmatrix} 1 & O & O \\ O & 1 & O \\ O & O & 1 \end{bmatrix}$$

und $\hat{S}_{1,-1}M_1$, also

$$M_2 = \begin{bmatrix} O & O & 1 \\ O & 1 & O \\ 1 & O & O \end{bmatrix}$$

Wie bereits angedeutet, sind diese Matrizen allerdings vermittels Abbildungen aus dem Raum der Situationen gewonnen, die eigentlich ja eine andere Gestalt haben.

Aber sie lassen sich leicht aus der vektoriellen Darstellung der Situationen erzeugen und sollten grundsätzlich durchprobiert werden. Das Verfahren erleichtert es dem Programm, die essenziellen Zielsituationen zu finden. Um die Lage ganz deutlich zu machen, kann vermittels des Programms auf der Webseite das Verfahren auch explizit noch einmal erprobt werden. Es ist interessant zu beobachten, wie und wann die essenziellen Teilsituationen gefunden werden und dass die Matrizen beim weiteren Vorspielen konstant verbleiben, wenn sie einmal aufgefunden sind. Außerdem möge auch bei diesem Spiel noch einmal auf den entscheidenden Aspekt hingewiesen sein, dass es sich oft lohnt, die durch die üblichen Matrix-Operatoren erzeugten Matrizen auszuprobieren, um die Spielregel zu erkennen, lange bevor sehr viele Situationen eingespielt worden sind. Zur Falsifikation der Annahme, dass die so erratenen Matrizen stimmen, kann offenbar erneut, genau wie beim Mau-Mau-Spiel der Repräsentationsgrad herangezogen werden.

Den Vektor für die Spielsituationen erzeugen

Um den Vektor für die Repräsentation der Spielsituation zu erzeugen, wird in einem ersten Schritt abermals anhand vorhandener Bildschirmelemente einer typischen Spielsituation mit einigen Kreuzen und Kreisen der Vektor für die Situationen erzeugt. Dessen Darstellung ist schlichtweg ganz analog zu allen anderen Beispielen. Nach dem Auffinden der Grafiken im Image-Objekt und der Spielfelder, die in diesem Fall einfach Tabellenzellenelemente sind, wird zunächst das Spielfeld der Reihe nach durchnummeriert und dann jedem Feld ein Einheitsvektor für die Situationen zugeordnet. Die Situationen besitzen jetzt 9 solche Basis-Vektoren, und weil auf jedem Feld 3 verschiedene Zustände vorkommen, was einem Merkmal pro Feld mit drei Ausprägungen entspricht, haben die Situationen die Gestalt:

$$\vec{s} = s_1\hat{e}_1 + s_2\hat{e}_2 + s_3\hat{e}_3 + s_4\hat{e}_4 + s_5\hat{e}_5 + s_6\hat{e}_6 + s_7\hat{e}_7 + s_8\hat{e}_8 + s_9\hat{e}_9$$

Anschließend werden komplette Spiele betrachtet. Dabei entstehen die $\hat{M}$-Matrizen, zwei einfache Darstellungen von γ_I, γ_{II} und der entsprechenden Gültigkeitsoperatoren $\hat{\gamma}_I$ und $\hat{\gamma}_{II}$.

Die möglichen Spielzüge analysieren

Zu Beginn sind alle Felder frei. Stehen die drei Komponenten von $\vec{s}_i$ jeweils der Reihe nach für ein leeres Feld, ein Kreuz und einen Kreis, so ergibt sich für die Ausgangssituation ausführlich:

$$\vec{s} = \begin{bmatrix} 1 \\ 0 \\ 0 \end{bmatrix} \hat{e}_1 + \begin{bmatrix} 1 \\ 0 \\ 0 \end{bmatrix} \hat{e}_2 + ... + \begin{bmatrix} 1 \\ 0 \\ 0 \end{bmatrix} \hat{e}_9$$

Beim Spiel wird abwechselnd gezogen, was sich darin bemerkbar macht, dass es eine Matrix gibt, die die Zugfolge angibt:

$$\tau' = \begin{bmatrix} 0 & 1 \\ 1 & 0 \end{bmatrix} \cdot \tau$$

mit dem zweikomponentigen $\tau \in \left\{ \begin{bmatrix} 1 \\ 0 \end{bmatrix}, \begin{bmatrix} 0 \\ 1 \end{bmatrix} \right\}$. Jedem τ wird ein Satz $\hat{M}^n(\tau)$ zugeordnet, von denen sich herausstellt, dass sie für alle Werte von $n = \{1...9\}$ gleich sind. Sucht das System also eine solche Matrix, so wird es alle bereits kennen. Glücklicherweise ist das bei diesem Spiel ganz einfach und schon nach nur zwei Zügen stehen die beiden Matrizen fest. Dazu vergleicht das System die Situation nach einem Zug mit derjenigen unmittelbar davor. Ermittelt es die Differenz, ergibt sich, dass sich bei jedem Zug nur eine Komponente (k) von $\vec{s}$ ändert:

$$\Delta\vec{s} = \Delta s_k \cdot \hat{e}_k$$

Hierfür ist, ganz genau analog zur Darstellung beim Schachspiel, wo die $\hat{T}$-Operatoren die Änderung der s-Komponente der Figuren und damit deren Position auf dem Feld bewirken, diese Matrix die einzige, entsprechende Komponente des $\vec{s}$-Vektors. Wird aus einem leeren Feld eins mit einem Kreis, gilt für die zu suchende Matrix:

$$\begin{bmatrix} 0 \\ 1 \\ 0 \end{bmatrix} = \begin{bmatrix} m_{11}^1 & m_{12}^1 & m_{13}^1 \\ m_{21}^1 & m_{22}^1 & m_{23}^1 \\ m_{31}^1 & m_{32}^1 & m_{33}^1 \end{bmatrix} \begin{bmatrix} 1 \\ 0 \\ 0 \end{bmatrix}$$

Für den anderen Fall, wo ein Kreuz auf dem leeren Feld erscheint, entsprechend:

$$\begin{bmatrix} 0 \\ 0 \\ 1 \end{bmatrix} = \begin{bmatrix} m_{11}^2 & m_{12}^2 & m_{13}^2 \\ m_{21}^2 & m_{22}^2 & m_{23}^2 \\ m_{31}^2 & m_{32}^2 & m_{33}^2 \end{bmatrix} \begin{bmatrix} 1 \\ 0 \\ 0 \end{bmatrix}$$

Die oberen Indizes stehen für die zwei möglichen Zustände von τ, die ja anzeigen, wer am Zug ist. Damit steht jeweils die linke Spalte der beiden Matrizen fest. Züge wie

$$\begin{bmatrix} 1 \\ 0 \\ 0 \end{bmatrix} = \begin{bmatrix} m_{11}^2 & m_{12}^2 & m_{13}^2 \\ m_{21}^2 & m_{22}^2 & m_{23}^2 \\ m_{31}^2 & m_{32}^2 & m_{33}^2 \end{bmatrix} \begin{bmatrix} 0 \\ 1 \\ 0 \end{bmatrix}$$

$$\begin{bmatrix} 1 \\ 0 \\ 0 \end{bmatrix} = \begin{bmatrix} m_{11}^2 & m_{12}^2 & m_{13}^2 \\ m_{21}^2 & m_{22}^2 & m_{23}^2 \\ m_{31}^2 & m_{32}^2 & m_{33}^2 \end{bmatrix} \begin{bmatrix} 0 \\ 0 \\ 1 \end{bmatrix}$$

oder auch

$$\begin{bmatrix} 0 \\ 1 \\ 0 \end{bmatrix} = \begin{bmatrix} m_{11}^2 & m_{12}^2 & m_{13}^2 \\ m_{21}^2 & m_{22}^2 & m_{23}^2 \\ m_{31}^2 & m_{32}^2 & m_{33}^2 \end{bmatrix} \begin{bmatrix} 0 \\ 0 \\ 1 \end{bmatrix}$$

werden nicht beobachtet. Der Fall, dass Ausgangskomponente und Endkomponente gleich sind, kann hier nicht eintreten, denn es wird ja eine der veränderten Komponenten von $\vec{s}$ betrachtet. Man könnte auch feststellen: Die Matrix repräsentiert einen Zug, um ein Kreuz oder einen Kreis einfach nur unverändert stehen zu lassen, kommt nicht vor. Es ergibt sich für die beiden Fälle

$$\vec{s}'_k = \begin{bmatrix} 0 & 0 & 0 \\ 1 & 0 & 0 \\ 0 & 0 & 0 \end{bmatrix} \vec{s}_k$$

bzw.

$$\vec{s}'_k = \begin{bmatrix} 0 & 0 & 0 \\ 0 & 0 & 0 \\ 1 & 0 & 0 \end{bmatrix} \vec{s}_k$$

.

für die Änderung der k-ten Komponente bei einem Spielzug. Diese Matrizen stellen das Analogon für die $\vec{T}$-Matrizen beim Schachspiel dar, auch wenn sich hier natürlich die Änderung auf einen inneren Freiheitsgrad bezieht, und nicht auf eine Änderung einer räumlichen Position.

Abschließend sei in diesem Zusammenhang noch angemerkt, dass ein Fehler beim Erstellen der Repräsentation durch Ermittlung eines geeigneten Repräsentationsgrades, ganz analog zum Mau-Mau-Spiel aufgespürt und mittels "trial and error" beseitigt werden müsste. Manchmal macht es sich auch endeffektlich gar nicht bemerkbar, wenn an einer Stelle eine 1 oder 0 gesetzt wird, weil beide Varianten gleichermaßen funktionieren. Dann braucht natürlich nichts geändert werden.

Die Gültigkeit repräsentieren

Das System geht zunächst davon aus, dass bei jedem Teil eines Zuges dessen Gültigkeit geprüft werden sollte. Möchte es das Spiel versuchen, das Spiel in den Rahmen der Formel

$$(\hat{T}_{i2})^{n2} \cdot (\hat{T}_{i1})^{n1}$$

zu quetschen, wird es feststellen, dass $n1 = 1$ ist und $n2 = 0$. Für $i1$ kommt nur eine Variante in Frage je nach Möglichkeit, welcher Spieler am Zug ist. Es kann also guten Gewissens die Matrix für γ_I vergessen, und gar nicht abspeichern. Oder es könnte die Zahl 1 speichern, und dann bei jedem Zug prüfen, ob sie gleich 1 ist, und dann die Gültigkeitsprüfung vornehmen. Das ist zwar umständlicher, führt aber ans Ziel. Der 1-Eintrag ist grundsätzlich die Standardvorgabe für den Test auf Gültigkeit.

Jetzt wird es versuchen, eine Gültigkeitsmatrix zu finden, so dass das Ergebnis der Prüfung lauten soll: $\gamma_I = 1$, wenn der Zug gültig ist und $\gamma_I = 0$ falls nicht.

Die Gültigkeitsprüfung erfolgt völlig analog zur Darstellung im letzten Kapitel. Es muss also für einen potenziell auszuführenden Zug festgestellt werden können, ob dieser mit den Beobachtungen in Einklang steht. Der Zustand nach dem potenziellen Zug ist dabei zu vergleichen mit dem, was an der Stelle, die sich durch den Zug ändert vor diesem potenziellen Zug befindet. Und, wie gesagt, gültige Züge sollen den Wert 1, ungültige den Wert 0 ergeben.

Das Ergebnis eines gültigen Zuges kann nur

$$s_k = \begin{bmatrix} 0 \\ 1 \\ 0 \end{bmatrix}$$

oder

$$s_k = \begin{bmatrix} 0 \\ 0 \\ 1 \end{bmatrix}$$

sein. Die Ausgangssituation eines gültigen Zuges, so wie alle vorgespielten Züge es sind, ist immer

$$s_k = \begin{bmatrix} 1 \\ 0 \\ 0 \end{bmatrix}$$

.

Das System geht in diesem Beispiel beim Erkennen der Regeln stets erstmal davon aus, dass die vorgespielten Züge regelkonform sind, solange es die Regeln und den Sinn des Spiels noch nicht kennt. Ansonsten würde es zusätzliche Maßnahmen benötigen, um mithilfe statischer Bewertungen, nämlich der Reaktionsrelevanz, der wir schon bei den sequenziellen Systemen begegnet sind, trotzdem die Spielregeln zu finden. Nebenbei bemerkt fällt dann natürlich auf, dass es eine Grenze gibt, jenseits der die Regeln nicht mehr gefunden werden können. Denn wenn die Zahl der falsch vorgespielten Spiele größenordnungsmäßig an die der richtigen heranzuragen beginnt, wird die Messgrenze, die sich aus der Reaktionsrelevanz ergibt gesprengt, und das System wird in dieser Umwelt versuchen, Regeln zu repräsentieren, die insgesamt möglichst allgemein gelten. Die Regeln des Spiels dann zwar eigentlihc andere. Dennoch erscheint es vernünftig, in solch einem Fall derart zu verfahren. Es ist ein repräsentatives System, und wenn es seinen Kommunikationspartnern egal ist, wie die Regeln eines Spieles sind, im Zuge es dem System zu erklären, kann es sie nicht erkennen, sondern nur das, was ihm dann gezeigt wird, so gut es das repräsentieren kann.

Jetzt gilt es, eine Gültigkeitsmatrix zu finden. Für einen gültigen Zug, so wie alle aus der Menge des beobachteten Spiels es sind, muss beispielsweise

$$< \begin{bmatrix} 1 \\ 0 \\ 0 \end{bmatrix}, \begin{bmatrix} \gamma_{11}^2 & \gamma_{12}^2 & \gamma_{13}^2 \\ \gamma_{21}^2 & \gamma_{22}^2 & \gamma_{23}^2 \\ \gamma_{31}^2 & \gamma_{32}^2 & \gamma_{33}^2 \end{bmatrix} \begin{bmatrix} 0 \\ 1 \\ 0 \end{bmatrix} > = 1$$

gelten, wobei die spitzen Klammern wieder das innere Produkt bedeuten, wie in Teil II des Buches beschrieben, und γ geschrieben worden ist, um die Komponenten des $\hat{\gamma}$-Gültigkeits-Operators zu bezeichnen. Das Ergebnis der Gültigkeitsprüfung muss wie gesagt γ_{II} entsprechen, also in diesem Fall 1 oder 0 sein, je nachdem, ob der Zug gültig oder ungültig ist. Die erste Zeile kann nur

$$\begin{bmatrix} 0 & 1 & 1 \end{bmatrix}$$

lauten. Weitere Informationen sind nicht vorhanden, also muss die Matrix probeweise vorab ausgefüllt werden. Das System könnte sie sicherheitshalber mit 1-Einträgen vorgeben.

Und damit liegt es richtig, denn die einzige Möglichkeit, mithilfe der zuvor generierten $\hat{M}$-Matrizen einen ungültigen zu bewirken würde im Ergebnis

$$s_k = \begin{bmatrix} 0 & 0 & 0 \end{bmatrix}$$

resultieren, nämlich dann, wenn das Feld nicht frei war, sondern schon ein Kreis oder ein Kreuz an der Stelle in der Situation eingetragen war. Dann aber ist das Ergebnis der Gültigkeitsprüfung, beispielsweise

$$\begin{bmatrix} 0 \\ 1 \\ 0 \end{bmatrix} = \begin{bmatrix} \gamma_{11}^2 & \gamma_{12}^2 & \gamma_{13}^2 \\ \gamma_{21}^2 & \gamma_{22}^2 & \gamma_{23}^2 \\ \gamma_{31}^2 & \gamma_{32}^2 & \gamma_{33}^2 \end{bmatrix} \begin{bmatrix} 0 \\ 0 \\ 0 \end{bmatrix}$$

trivialerweise immer Null, und deshalb reicht die Repräsentation und wird jeder Prüfung vermittels Repräsentationsgraden standhalten.

Die Zielfunktion finden

Beim Erkennen der essenziellen Zielsituation wird anhand dieses Beispiels besonders deutlich, was die Simulation natürlicher Intelligenz bedeutet. Das System wird einerseits ausreichend ausgestattet, um möglichst allgemein reichend Zielsituationen auffassen zu können, andererseits aber gezwungen, die allgemeinen Situationen einzuordnen, worin auch immer, und sei es ein selbst erdachtes Muster, so dass die Beobachtungen in dieses Schema passen und dementsprechend Sinn machen. Zur Not muss es das Schema anpassen, aber der Zwang zur Einordnung ist es nicht zuletzt, der es dem System hilft, einen Sinn zu erkennen.

Natürlich besteht der Sinn des 3-gewinnt-Spiels darin, drei gleiche Steine in einer Reihe zu haben. Aber das weiß das System nicht. Es kennt nur die vorgespielten Partien. Um das Ziel überhaupt erkennen zu können, ist es nötig mitzuteilen, ob das Spiel gewonnen bzw. verloren war, oder unentschieden ausgegangen ist. Das passiert im normalen Leben ohnehin auch, denn wenn ein Spieler gewonnen hat, wird er das irgendwie kundtun. Die entscheidende Information, die nötig ist, ansonsten wird die Erkennung nämlich viel schwieriger, besteht darin, dass einer der Spieler gewonnen hat, oder das Spiel unentschieden ausgegangen ist. Es soll davon ausgegangen werden, dass diese Information vorhanden ist, und darüber hinaus zunächst dass bekannt ist, wer gewonnen hat. Es ist in diesem Beispiel natürlich klar, dass es sich um ein Spiel mit zwei Merkmalen handelt, und dass das System austesten wird, ob die Repräsentation des Ziels noch stimmt, wenn es die beiden Merkmale vertauscht. Da es so sein wird, geht das System jetzt davon aus, dass das Spiel mit dem letzten Zug gewonnen worden ist, und versucht herauszufinden, ob es eine Gemeinsamkeit aller Abbilder gewonnener Spiele gibt, wenn es nur die Spielsteine betrachtet, von denen der letzte gespielt wurde, unmittelbar bevor das Spiel gewonnen war. War also zuletzt ein Kreuz gesetzt worden, untersucht es insbesondere die Kreuze, sonst die Kreise. Beim Schachspiel wird es insbesondere ebenfalls die am letzten Zug vor dem Spielende beteiligten Figuren betrachten. Dort findet es die essenzielle Zielsituation ($\hat{e}_5$ oder $\hat{e}_{29}$ ist nicht mehr in der Folgesituation) besonders einfach, aber hier ist es schwieriger. Allerdings wird deutlich, dass der Algorithmengenerator bereits für diese Beispiele zwei einzelne Programmelemente benötigt, um Zielfunktionen finden zu können. Es ist eine seiner Aufgaben, denn es handelt sich wieder um einen Rateprozess, bei dem in der Regel von den Matrixoperatoren Gebrauch gemacht werden muss, also eine Aufgabe für den Algorithmengenerator. Dieser kann verschieden mächtig ausgestattet sein. Um das Prinzip zu erklären, besitzt er im Beispiel auf der Webseite, das hier erklärt wird, die nötige Weitsicht, um das 3-gewinnt-Spiel zu erkennen, und kann auch 4-gewinnt finden.

Damit sind zwei zentrale Aufgabenbereiche des Algorithmengenerators nunmehr abgesteckt. Einerseits soll er Matrizen in Darstellungen mit matrixgenerierenden und -manipulierenden Operatoren zerlegen können und andererseits mithilfe dieser Operatoren in der Lage sein, Zielfunktionen zu ermitteln. Sein Reservoire an auszutestenden Alternativen und Vorgehensweisen für diese Aufgaben kann unterschiedlich ausgestattet sein, und er wird dementsprechend seinen Aufgaben mehr oder weniger erfolgreich nachkommen können. Es möge insbesondere vorab noch darauf hingewiesen sein, dass er nicht stets alle irgendwie möglichen Kombinationen ausprobieren muss, sondern insbesondere mit Maßzahlen wie Deckungsgraden oder einem Repräsentationsgrad selbst bei umfangreicheren Aufgaben mitunter zügig zum Ziel gelangen kann. Der Algorithmengenerator ist zunächst eine gesetzte Instanz im Matrixsystem, und seine Komponenten werden nicht aus einer Repräsentation gewonnen. Manchmal gibt es aber frei einstellbare Parameter, für die das

System durchaus Werte austesten könnte, um Zielfindungsprozesse zu optimieren.

Die wesentlichen Maßzahlen zum Auffinden der essenziellen Teilsituation, deren Vorkommen das Spiel beendet, weil es gewonnen bzw. verloren ist, sobald sie vorhanden ist, sind die Deckungsgrade. Dahinter verbirgt sich anschaulich gesprochen ein Maß, das um so größer ist, je genauer sich Bilder decken. Im Prinzip werden mehrere, gleich große Bilder folienartig aufeinandergelegt, und dann das Gesamtbild betrachtet. Die Maßzahl reicht von Null bis Eins, wobei Null für minimale, Eins für maximale Übereinstimmung steht.

Die abgebildeten Smilies veranschaulichen den Grundgedanken:

Obwohl die Bilder frei gezeichnet wurden sind, und sich unterscheiden, können sie halbwegs zur Deckung gebracht werden.

Sie werden dazu zunächst auf eine einheitliche Größe gebracht, und dann jeweils so lange folienweise verschoben, bis sie sich so gut wie möglich decken. Bei den anderen Smilies resultiert ein Bild wie in Abb. 16.

Jetzt ist mit eine nette Anwendung möglich, bei der der Nutzer zeichnet etwas zeichnet, und das Programm vergleicht das

Abbildung 17:

Bild, nachdem es auf eine Standardgröße gebracht worden ist, mit einem Vorrat von Bildern verschiedener Motive, von denen idealerweise jeweils zwei oder drei zur Verfügung stehen. Die Bezeichnung des Bildes mit dem besten Deckungsgrad wird als Rateversuch, was die Zeichnung darstellen soll, ausgegeben. Gemäß der üblichen Vorgehensweise kann natürlich das neue Bild in den Vorrat der Motive aufgenommen werden, insbesondere, wenn der Rateversuch des Programms erfolglos war, und es etwas anderes darstellt. Dann muss der Nutzer natürlich die Auflösung geben, und dem Programm mitteilen, was es darstellt.

Eine andere Anwendung wäre das Auffinden einer Ziffer wie in Abb. 17.

Beim Versuch, sie zu erkennen, bringt das Programm zunächst einen kleinen Kreis maximale Deckung mit dem Ziffernbild. Dabei verschiebt solange, bis der Deckungsgrad zunächst von seinem wahrscheinlichen Startwert Null verschieden wird, und dann in die Richtungen, die den Deckungsgrad maximieren. Schließlich skaliert es den Kreis mit demselben Ziel. Dann ersetzt es ihn der Reihe nach durch Versuchsziffern, und dreht, verschiebt und skaliert sie in Richtung steigenden Deckungsgrades. Die Ziffer mit der maximalen Deckung gibt dann den Rateversuch dieses Algorithmus her.

Wer die Fouriertransformation aus der Mathematik kennt, kann, nebenbei bemerkt, natürlich auch diese als Funktion von zwei Variablen berechnen lassen und deren Eigenschaft ausnutzen, dass die Skalierung der transformierten Funktion im Wesentlichen einer Multiplikation mit dem Skalierungsfaktor gleichkommt. Aber die Buchstabenerkennung funktioniert auch ohne sie halbwegs.

Es ist oft etwas Geduld und Tüftelei im Zusammenhang mit solchen Bilderkennungsversuchen erforderlich, und die erzielten Ergebnisse sind häufig auch bei weitem nicht so perfekt, wie man sich das wünschen würde. Genau so ist es auch beim 3-gewinnt-Spiel, dessen essenzielle Zielsituation jetzt gefunden werden soll. Das Verfahren kann auf der Webseite ausprobiert werden. Dabei kann man sich dann auch mit dieser, dort ebenfalls auftauchenden Problematik vertraut machen. Die Spielendsituationen müssen schon zumindest teilweise deutlich erkennbar drei Steine in einer Reihe aufweisen. Bevor man aber enttäuscht ist, dass die gewünschte Situation nicht erscheint, sondern eine andere werfe man einen gezielten Blick auf die einzelnen vorgegebenen Spiel-Endsituationen. Denn ergibt sich z. B. statt einer Reihe aus drei Steinen eine Ecke aus drei Kreuzen mit einem weißen Kreis an einem Ende, dann ist es geradezu erheiternd, genau diese Formation tatsächlich in verschiedenen Variationen in den vorgegebenen Bildern wiederzufinden. In diesem Fall hat nicht der Erkennungsmechanismus versagt, sondern genau die herausgefilterte Formation ist tatsächlich anscheinend das Spielziel.

Abgesehen davon möge auf zwei Aspekte hingewiesen werden, bevor die Diskussion des Spiels im Detail fortgesetzt wird. Natürlich steht das Erkennen von Mustern unter anderem zentral im der Mittelpunkt des Interesses bei der Simulation natürlicher Intelligenz. Es ist jenseits der Beispiele des Buches auch denkbar, ein System größere Matrizen anlegen zu lassen mit dem Ziel Bildelemente zu erkennen. Idealerweise sollte das Motiv zwischendurch auf ein Muster abgebildet werden, dass für den Algorithmengenerator erkennbar ist, so dass er die abgebildeten Motive auch dann, wenn sie nur sehr unvollständig vorhanden sind, erraten kann. Darauf, wie auf einige andere Aspekte der Simulation natürlicher Intelligenz, könnte in einem weiteren Band des Buches im Detail eingegangen werden. Wir werden im Anschluss an die Beispiele im Kapitel zum Überblick über das Verfahren und in der Zusammenfassung weiteren interessanten Thematiken begegnen, bezüglich derer es sich lohnen könnte, sie ausführlicher zu analysieren. Andererseits muss man stets als Verantwortlicher für eine Internetpräsenz im Hinterkopf behalten, dass möglicherweise irgendwann Automaten existieren könnten, die Sicherheitsmechanismen umgehen könnten. Es ist keineswegs gesagt, dass ausgerechnet Daten, die vollkommen zugänglich sind für Automaten, besonders sicher sein müssen. Ein Stück Papier mit einem Sicherheitscode, das komplett unzugänglich für sie aufbewahrt ist, könnte, langfristig gesehen, mitunter mehr Sicherheit bieten, als der gewiefteste, ausgeklügelste Verschlüsselungsmechanismus, den die Automaten Tag und Nacht zu Tausenden auszutesten versuchen könnten.

Das Erkennen der essenziellen Teilsituation erfolgt im Beispiel in mehreren Schritten. Es ist schwieriger als beim Schachspiel, wo sehr schnell, nachdem die Differenz der beiden letzten Spielsituationen in einer Reihe von komplett zu Ende gespielten Partien nur eine einzige Gemeinsamkeit herausgefiltert werden kann. Denn der eine Spielstein ist immer wieder mal ein anderer, aber der andere ist immer $\hat{e}_5$ oder $\hat{e}_2 9$ auf verschiedenen Positionen. Es macht also Sinn, zuerst die Einheitsvektoren getrennt von den Komponenten der mitunter über ein direktes Produkt dazugehörigen Vektoren (wie beim Schachspiel, da ist es ja sogar ein doppeltes direktes Produkt) zu betrachten, damit Fälle wie das Schachspiel erfolgreich bearbeitet werden können. Bei diesem Versuch ergibt ein Vergleich der Endsituationen, dass die Vektoren insbesondere bezüglich der Position der beiden am letzten Zug beteiligten Figuren, aber auch der Art der einen Figur, die kein König ist, jedesmal verschieden ist.

Aber die am häufigsten vorkommenden Einheitsvektoren sind eben $\hat{e}_5$ oder $\hat{e}_{29}$, und je nachdem, welche Figur gemäß τ-Vektor den Spielern zugeordnet wird, ist das Spiel dann entweder gewonnen oder verloren. Die essenzielle Teilsituation heißt in diesen Fällen natürlich deswegen so, weil ihr Vorkommen in einem Spielverlauf unabhängig von den restlichen Elementen der Spielsituation das Spiel in jedem Fall beendet.

Beim 3-gewinnt-Spiel gibt es selbstverständlich auch so eine essenzielle Teilsituation. Sie besitzt für den Fall, dass sie nicht so einfach zu erreichen ist, die charakteristischen Teilsituationen als Pendant. Diese sind Situationen, die kurz vor der essenziellen Teilsituation bereits beobachtet und herausgefiltert worden sind. Die kommenden Beispiele nutzen charakteristische Teilsituationen, um zum Ziel der essenziellen Teilsituation als Bestandteil der anzustrebenden Endsituation enthalten. Bei dem Statuen-Puzzle und dem Würfel werden sie notgedrungen generiert, weil es dadurch überhaupt erst möglich wird, ans Ziel zu gelangen. Sie erleichtern das Ansteuern des Gesamtziels durch vorgelagertes Ansteuern eines Zwischenziels. In den kommenden Beispielen werden sie insbesondere im Mittelpunkt der Diskussion stehen. Aufgrund dieses Schwerpunkts der Beispiele ergibt sich auch deren Reihenfolge, denn der Komplexitätsgrad bei der Darstellung der charakteristischen Teilsituationen nimmt nach und nach zu. Die Webseite bietet die Möglichkeit, mit ihnen und dem Zielfindungsmechanismus zu experimentieren.

Den Beginn bei der Erkennung macht ein erster, wichtiger Schritt. Die gesamte Situation wird auf eine Matrix abgebildet, analog dazu wie es ohnehin erforderlich ist, damit angezeigt werden kann, welchen Zug das System sich zuletzt ausgedacht hat, also aus einer Situation, die in Vektorschreibweise vorhanden ist, eine Matrix zu machen. Solche Matrizen hat das System natürlich auch beim Schachspiel ausprobiert, aber sie sind immer verschieden, wohingegen der Algorithmengenerator bei seinem Vergleich der beteiligten Einheitsvektoren erfolgreich ans Ziel gelangte. Mit diesem Vorgehen scheitert er aber bei diesem Spiel, so dass es nötig ist, einen Schritt weiter zu gehen, und die Vergleichsmatrizen der Abschlussspielstellungen zu erstellen.

Als Beispielsituationen für gewonnene Spiele dienen folgende sechs Abschluss-Spielsituationen:

$$
\begin{bmatrix} 0 & 0 & 1 \\ 2 & 2 & 2 \\ 1 & 0 & 1 \end{bmatrix},
\begin{bmatrix} 2 & 1 & 0 \\ 0 & 2 & 0 \\ 1 & 0 & 2 \end{bmatrix},
\begin{bmatrix} 2 & 2 & 2 \\ 1 & 1 & 0 \\ 1 & 2 & 1 \end{bmatrix},
\begin{bmatrix} 1 & 0 & 1 \\ 1 & 2 & 1 \\ 2 & 2 & 2 \end{bmatrix},
$$

$$
\begin{bmatrix} 0 & 1 & 2 \\ 1 & 2 & 2 \\ 2 & 0 & 1 \end{bmatrix},
\begin{bmatrix} 2 & 1 & 0 \\ 2 & 1 & 0 \\ 2 & 0 & 0 \end{bmatrix}
$$

Die Zwei steht für die Spielsteinsorte, mit der das Spiel gewonnen worden ist. Nötigenfalls werden also beim Zusammenstellen der Matrizen Kreise und Kreuze vertauscht. Da alle Matrizen die entscheidende essenzielle Teilsituation enthalten, kann davon ausgegangen werden, dass die erste sie jedenfalls enthält. Es erweist sich als zweckmäßig, jetzt alle anderen Matrizen maximal in Deckung zur ersten Matrix zu bringen. Dementsprechend betrachten wir jetzt den Deckungsgrad genauer. Es gibt verschiedene Versionen, die aber alle gemäß dem gleichen Prinzip aufgebaut sind. Er kann die Deckungsgleichheit von nur zwei Matrizen beschreiben (im Skript auf der Webseite eine gesonderte Funktion, aus Praktikabilitätsgründen), oder sehr viele. Er kann die Deckungsgleichheit von Matrizen mit nur wenigen verschiedenen Elementen je Position beschreiben, so wie es hier der Fall ist, oder auch von schwarz-weißen Bildern mit einer Vielzahl von Graustufen, ebenso aber auch ein Maße für die Deckungsgleichheit farbiger Bilder liefern. In den letzten beiden Fällen sind die Einträge der Matrizen, die die Bilder wiedergeben, Zahlen bzw. sogar dreikomponentige Vektoren für den Fall farbiger

Bilder. Deshalb wird jetzt zunächst der Deckungsgrad für den Fall des 3-Gewinnt-Spiels analysiert, und danach entsprechend den Vorgaben der anderen Fälle modifiziert.

Hat man mehrere Matrizen mit den Einträgen 0 (Feld leer), 1(Kreis) oder 2 (Kreuz), so wird der Deckungsgrad ermittelt, indem für jeden Eintrag alle Kombinationen sämtlicher Matrizen gebildet werden, und immer dann, wenn der Eintrag gleich ist, erhöht sich der Deckungsgrad. Hier kommt tatsächlich ein frei einstellbarer Parameter vor, denn es macht Sinn, die Sorte Steine, mit der das Spiel gewonnen worden ist, höher zu gewichten, als die andere. Leere Felder können noch niedriger gewichtet werden. Beim Beispiel auf der Webseite sind die Werte 2,1 und 0 vorgegeben. Gewinnsteine werden also, verglichen mit der anderen Sorte, doppelt so hoch gewichtet, und leere Felder zählen gar nicht. Hier besteht in der Tat prinzipiell die Möglichkeit für das System, anhand der Modifikation dieser Vorgabewerte die Repräsentation zu optimieren. Es sind 3 Parameter für den Algorithmengenerator, deren Werte sich variieren lassen, um bessere Ergebnisse beim Erkennen des Spielziels zu erreichen. Aber es stellt sich auch beim Ausprobieren heraus, dass sie ein breites Spektrum möglicher Werte besitzen, so dass sich unabhängig von der genauen Wahl der Werte keinerlei Änderung bei der letztlich erkannten essenziellen Teilsituation bewirken. Für den Algorithmengerenator ist das aber natürlich eine gute Nachricht, denn solange er Gewinnersteine wenigstens etwas besser bewertet als die Verlierersteine, und die Leerfelder weitgehend ignoriert, wird er feststellen, dass er schnell ein gutes Zahlentripel rät. Im Beispiel sind die drei Werte fest eingestellt, und halten einigen Variationen stand. So ändert sich das Endergebnis z. B. gar nicht, wenn statt 0,1,2 das Zahlentripel 0,1,5 vorgegeben wird.

Der Deckungsgrad für N Matrizen mit $n x n$ Einträgen $M_{j,i1,i2}$, wobei j von 1 bis N reicht, und sämtliche Einträge nur 1,2 oder 0 sein können, berechnet sich bis auf die Normierung gemäß:

$$\sum_{i1=1}^{n} \sum_{i2=1}^{n} \sum_{j=1}^{N} \sum_{k=j+1}^{N} \delta M_{j,i1,i2} - M_{k,i1,i2} * g(M_{k,i1,i2})$$

wobei $delta(n) = \begin{bmatrix} 1 & n = 0 0 & sonst \end{bmatrix}$
den Beitrag der Gewichtsfunktion zur Summe liefert. Die Normierung teilt das Ergebnis durch das maximal mögliche Ergebnis bei diesen Matrizen. Es macht nicht viel Sinn, sie in einem mathemati schen Ausdruck niederzuschreiben, auch wenn das natürlich möglich ist, denn das explizite Berechnen des Deckungsgrades macht unmittelbar vollkommen klar, welchen Wert der Normierungsfaktor jeweils hat. Er ist wegen der Gewichtsfunktion abhängig von den Matrixeinträgen.

Wir berechnen den Deckungsgrad der zwei Matrizen:

$$\begin{bmatrix} 0 & 0 & 1 \\ 2 & 2 & 2 \\ 1 & 0 & 1 \end{bmatrix}, \begin{bmatrix} 2 & 1 & 1 \\ 0 & 2 & 2 \\ 1 & 0 & 2 \end{bmatrix}$$

Die nicht übereinstimmenden Elemente, und übereinstimmende 1-Einträge tragen jeweils eine 1 zur Normierung bei, übereinstimmende 2-Einträge das doppelte, gemäß der Gewichtsfunktion. Damit ist sichergestellt, dass völlig verschiedene Matrizen stets das Deckungsmaß Null liefern und vollständig ausgefüllte, vollständig übereinstimmende Matrizen unabhängig von der Verteilung von 1- und 2-Einträgen jedenfalls das Maß Eins ergeben. Der Deckungsgrad ergibt sich also zu

$$d = (0 + 0 + 1 + 0 + 2 + 2 + 1 + 0 + 0)/11 = 5/11$$

, weil zwei mal die 2 vorkommt. Ganz genau so berechnet sich diese Maßzahl auch, wenn sehr viele Matrizen bzw. Bilder zugleich verglichen werden sollen, nur dass dann jede Matrix, wie in der Formel oben berücksichtigt, einmal mit jeder anderen verglichen werden muss. Bei 4 Matrizen ergeben sich beispielsweise 3+2+1 solche Summen, und das Gesamtergebnis, nachdem sie addiert worden sind, muss durch den Normierungsfaktor geteilt werden.

Dreht man die zweite Matrix entgegen dem Uhrzeigersinn, verbessert sich der Deckungsgrad. Die Operation eignet sich besonders für diese Anwendungen, und bekommt den Operator $\hat{R}_1$ zugewiesen. Der Index 1 steht für den mathematisch positiven Drehsinn, die Gegenrichtung bewirkt also $\hat{R}_{-1}$.

Berechnet man das Deckungsmaß noch einmal, ergibt sich für die Matrizen

$$\begin{bmatrix} 0 & 0 & 1 \\ 2 & 2 & 2 \\ 1 & 0 & 1 \end{bmatrix}, \begin{bmatrix} 1 & 1 & 2 \\ 2 & 2 & 2 \\ 0 & 1 & 0 \end{bmatrix}$$

der Wert $d = (0 + 0 + 0 + 2 + 2 + 2 + 0 + 0 + 0)/12 = 1/2$, und das ist etwas besser als der Ausgangswert.

Genau nach diesem Schema passt der Generator sämtliche Matrizen mit den möglichen Operator-Kombinationen zum Verschieben, Spiegeln und Rotieren gemäß dem obigen Schema vermittels $\hat{R}_{-1}$ für diese quadratischen Matrizen so an, dass die in maximaler Deckung zur ersten Matrix stehen. In einem zweiten Schritt passt er noch einmal alle Matrizen an, so dass der Gesamtdeckungsgrad unter Berücksichtigung sämtlicher Matrizen maximal wird.

Dann resultiert als Ausgabe der Matrixsatz

$$\begin{bmatrix} 0 & 0 & 1 \\ 2 & 2 & 2 \\ 1 & 0 & 1 \end{bmatrix}, \begin{bmatrix} 1 & 0 & 0 \\ 2 & 2 & 2 \\ 0 & 1 & 0 \end{bmatrix}, \begin{bmatrix} 0 & 0 & 0 \\ 2 & 2 & 2 \\ 1 & 1 & 0 \end{bmatrix}, \begin{bmatrix} 1 & 2 & 1 \\ 2 & 2 & 2 \\ 0 & 0 & 0 \end{bmatrix},$$

$$\begin{bmatrix} 1 & 0 & 1 \\ 2 & 2 & 2 \\ 2 & 1 & 0 \end{bmatrix}, \begin{bmatrix} 0 & 0 & 0 \\ 2 & 2 & 2 \\ 1 & 1 & 0 \end{bmatrix}$$

,

worin die essenzielle Teilsituation deutlich erkennbar ist. Es fällt auf, wenn man auf die Webseite blickt, dass der zweite Angleichungsprozess keine Änderungen mehr bewirkt hat. Das ist in diesem Beispiel so, aber nicht in allgemeineren Fällen, so dass es sich mitunter doch lohnt, den Zwischenschritt berechnen zu lassen.

Im folgenden Schritt werden die Matrizen paarweise verglichen, und alle Elemente, die verschieden sind gelöscht. Dann resultieren 3 verschiedene Matrizen, von denen lediglich eine im Beispielfall noch überflüssige Einsen enthält.

Zuletzt erfolgt ein Schritt, der sich mitunter bei sehr vielen Beispielmatrizen noch als mächtig erweisen kann. Die Einträge der essenziellen Teilsituation sollten nämlich besonders häufig vorkommen. Deshalb wird als Ergebnis eine Matrix aus den komponentenweise häufigsten Einträgen zusammengestellt. Das sind die Nullen in der ersten und letzten Zeile und die Zweien in der mittleren. Und damit ist das Ziel erreicht, und eine essenzielle Teilsituation gefunden. Wichtig ist natürlich auch, dass aufgrund der angewendeten Operatoren bekannt ist, wie man sie bearbeiten kann, um alle anderen essenziellen Teilsituationen zu gewinnen, nämlich geratenerweise mit den Operatoren, die nötig waren, um sie aus den Ausgangssituationen zu extrahieren. Der Generator liefert die essenzielle Teilsituation

$$\begin{bmatrix} 0 & 0 & 0 \\ 2 & 2 & 2 \\ 1 & 0 & 0 \end{bmatrix}$$

zusammen mit einem Satz von Operatoren zurück, mit denen aus dieser alle anderen Situationen gewonnen werden können, also die V-, S und R-Operatoren, die er ausprobiert hat.

Obwohl nur wenige Matrizen zur Verfügung standen, wurden fast alle drei Operatoren ausprobiert. Zwar nicht mit allen möglichen Indexkombinationen, aber die Vermutung besteht, dass sie gleichwertig sind. Diese Annahme ist natürlich abermals ein Beispiel für eine Beschränkung der Repräsentationsfähigkeit des Systems und könnte eliminiert werden. Im Beispiel verbessert sich aber weder das Resultat, noch würde die Erläuterung der Vorgehensweise in irgend einer Weise transparenter, also ist darauf verzichtet worden.

Zuallerletzt in Bezug auf das Beispiel, soll auf die Bemerkung zu Beginn eingegangen werden. Denn es wurde konstatiert, dass das System Randbedingungen ausgesetzt ist, die ausreichend allgemein gefasst sein sollen, so dass möglichst viele Fälle erfolgreich repräsentiert werden können, und zugleich einschränkend genug sind, um die konkrete Gestalt der Repräsentation zu erzwingen. Genau so ist die Ermittlung der Matrizen erfolgreich gewesen, denn mit der Festlegung der Gestalt der Situationen standen aufgrund der beobachteten Folge der Spielsituationen auch die Bewegungsoperatoren fest, zusammen mit den Gültigkeitsmatrizen, und Festlegungen bezüglich der Ermittlung der essenziellen Zielsituation ermöglichte es, deren Gestalt zu finden.

Das Programm speichern

Auf der Webseite findet sich eine Funktion zum Speichern eines fertigen Programms, die dort beispielhaft umgesetzt ist. Einzig erwähnenswert ist in diesem Zusammenhang, dass alle erkannten und im Zuge der Erkennung verwendeten Elemente gespeichert werden müssen, mit Ausnahme der Bestandteile des Generators, die nur erforderlich sind, um das Programm überhaupt zu erzeugen, also Teile des Algorithmengenerators.

Vier Steine gewinnen

Als nächstes Beispiel steht in diesem Abschnitt das Vier-in-einer-Reihe-Spiel im Blickpunkt, dessen Ziel es ist, dass vier gleiche Steine auf einem größeren Feld in einer Reihe sein sollen. Die Diskussion betrifft zwei wesentliche Aspekte. Zum einen wird die Repräsentation besprochen, wobei interessante Erkenntnisse zutage treten, zum anderen wird aufgezeigt, welche tragende Rolle den charakteristischen Ξ-Situationen in diesem Beispiel zukommt.

Repräsentation des Spiels

Je nachdem, wie der Programmgenerator ausgestattet ist, wird er zu Beginn eine unterschiedliche Wahl für die Repräsentation treffen können. Er könnte es analog zum 3-Gewinnt-Spiel versuchen, was auch vernünftig erscheint, weil die Spiele offensichtlich eine hohe Ähnlichkeit aufweisen.

Dann würde ein Situationsvektor $\vec{s}$ genau wie bei jenem Spiel erzeugt, der diesmal $6 \cdot 7 = 42$ Komponenten hätte, mit je einer Eigenschaft in drei möglichen Ausprägungen. Zu Beginn sind alle Felder leer und der Vektor ist:

$$\vec{s} = \begin{bmatrix} 1 \\ 0 \\ 0 \end{bmatrix} \hat{e}_1 + \begin{bmatrix} 1 \\ 0 \\ 0 \end{bmatrix} \hat{e}_2 + ... + \begin{bmatrix} 1 \\ 0 \\ 0 \end{bmatrix} \hat{e}_{42}$$

Die Gültigkeit müsste zunächst ebenfalls analog aussehen, denn wenn ein neuer Spielstein eingeworfen wird, landet er jedenfalls auf einem leeren Platz. Aber die Repräsentation ist nicht vollständig, denn nicht jedes leere Feld kommt in Frage, sondern nur solche, die entweder ganz unten sind, oder unter denen bereits ein besetztes Feld ist. Die Information, wo Spielsteine sind, steckt prinzipiell in den Einheitsvektoren. Sie wird aber, um eine Matrixrepräsentation finden zu können, und in diesem Zusammenhang insbesondere auch für das Verfahren des Gültigkeitstests, als Vektorkomponente jedes s_i-Summanden benötigt. Weil er mit dieser Standardmethode nicht weiterkommt, probiert er es danach mit dem üblichen, topologischen Verfahren.

Dann ergibt sich als Situation

$$\vec{s} = \begin{bmatrix} 0 \\ 0 \\ ... \\ 0 \end{bmatrix} \otimes \begin{bmatrix} 1 \\ 0 \end{bmatrix} \hat{e}_1 + \begin{bmatrix} 0 \\ 0 \\ ... \\ 0 \end{bmatrix} \otimes \begin{bmatrix} 1 \\ 0 \end{bmatrix} \hat{e}_2 + ... + \begin{bmatrix} 0 \\ 0 \\ ... \\ 0 \end{bmatrix} \otimes \begin{bmatrix} 1 \\ 0 \end{bmatrix} \hat{e}_{42}$$

‚sofern der Generator davon ausgeht, dass zwei Spieler beteiligt sind. Ansonsten müsste der zweite Teil des direkten Produktes dementsprechend mehr Komponenten haben. Aufgrund der bei der Spielerkennung bereits gewonnenen Information ist dem Generator aber bekannt, dass die Figuren nur einen inneren Freiheitsgrad haben, der in zwei Ausprägungen vorkommt. Aus dem gleichen Grund, nämlich weil die Figuren auf 42 verschiedenen Plätzen erscheinen können, wird er nach der Erkennung der Topologie jedenfalls diese Darstellung wählen.

Ein Zug besteht darin, dass ein neuer Stein hinzugefügt wird. Spielsteine können nicht bewegt werden, deshalb vereinfacht sich die übliche Darstellungsweise für topologische Repräsentationen zu nur einem einzigen Operator: $\hat{T}_{inc}$. Dieser kann einen Stein an irgendeine Stelle oben setzen, was so beobachtet worden ist. Ob der Zug möglich ist, muss wieder die Gültigkeitsprüfung zeigen. Das Vorgehen ist bei all diesen Repräsentationen gleich und lässt sich auf viele weitere Fälle anwenden, ohne dass die allgemeine Vorgehensweise modifiziert werden müsste.

Eine mögliche Repräsentation für die erste Komponente des Zuges ist

$$\hat{T}_{inc} = \begin{bmatrix} 1 & 0 & 0 & \dots & 0 \\ 1 & 0 & 0 & \dots & 0 \\ 1 & 0 & 0 & \dots & 0 \\ 1 & 0 & 0 & \dots & 0 \\ 1 & 0 & 0 & \dots & 0 \\ 1 & 0 & 0 & \dots & 0 \\ 1 & 0 & 0 & \dots & 0 \\ 0 & 0 & 0 & \dots & 0 \\ 0 & 0 & 0 & \dots & 0 \\ 0 & 0 & 0 & \dots & 0 \\ \dots \\ 0 & 0 & 0 & \dots & 0 \end{bmatrix} \cdot \hat{Q}$$

Die T-Operatoren beginnen mit der Notwendigkeit, $\hat{T}_{inc}$ anzuwenden, ohne dass bereits $\hat{T}_{0,1}$ zum Tragen kommt. Dann steigert sich die Zahl der T-Operatoren und $\hat{T}_{inc}$ kommt nicht mehr vor.

Wie bereits bei der Statue bemerkt, lohnt es sich oft, für den Gültigkeitsoperator Matrixoperatoren auszuprobieren.

Wenn man sich vor Augen hält, dass der Generator stets über eine ausreichende Zahl an beobachteten Partien verfügt, wird plausibel, dass anhand eines Repräsentationsgrades, die immer nach genau dem gleichen Schema ermittelt werden, wie es beim Mau-Mau-Spiel erklärt worden ist, die korrekte Wahl letztlich treffsicher bestimmt werden kann.

Interessanterweise ergibt sich bei diesem Beispiel ein kompletter Satz von γ-Matrizen bzw. -Operatoren.

Das Beispiel eignet sich also insbesondere, um die Resultate mit denen des Schachspiels zu vergleichen, so dass deren Zustandekommen verständlicher wird. Deshalb wurde in dem Zusammenhang auf die Beispiele verwiesen.

Die Sachlage und damit die Darstellung wäre einfacher, wenn man nicht versuchen würde, den gesamten Zugverlauf nachzubilden. Der soll darin bestehen, dass der Spielstein oben eingeworfen wird und dann so weit herunterfällt, bis er auf einen schon vorhandenen Stein trifft oder unten angekommen ist.

Dann allerdings würde das Beispiel zwar realitätsgetreuer sein, weil die Darstellung für den Generator viel einfacher zu finden wäre und beim Vorspielen nicht sämtliche Zwischenfelder erforderlich wären, aber es würde sein Ziel, die allgemeineren Situationen transparenter zu machen, verfehlen.

Der Generator wird es mit einer Matrix für γ_I versuchen und aufgrund der Beobachtungen wie gesagt nicht auf die Einzeleinträge verzichten können. Sinnvoll ist es, zunächst genau mit dieser Matrix zu beginnen und danach eine Einheitsmatrix ausprobieren zu lassen. Erst dann kommt ein gezieltes Ermitteln der Matrixeinträge infrage, oder auch ein kompletter Verzicht auf die Gültigkeits-Matrix, indem sie durch nur eine einzige Zahl ersetzt wird. Der letztere Fall liegt insbesondere dann nahe, wenn $\gamma_{II} =_{n \cdot n} 0$ oder $n \cdot n 1$ ist. Wichtig ist, dass es bei diesen Beispielen und vielen darüber hinaus genügt, vor allem dann, wenn es um andere gut strukturierte Spiele geht, selbst dann, wenn mehr als zwei Spieler beteiligt sind, der Generator mit den wenigen, bereits beschriebenen, einfachen Rateversuchen insbesondere für $\hat{\gamma}$-Operatoren erfolgreich ist und eine bestmögliche

Repräsentation finden kann.

Für die γ_I-Matrix ist der Generator erfolgreich mit dem Standardversuch:

$$\gamma_I = \hat{K}_{11\ 6\cdot 1}\hat{K}_{01}1 = \begin{bmatrix} 1 & 1 & 1 & 1 & 1 & 1 \\ 0 & 1 & 1 & 1 & 1 & 1 \\ 0 & 0 & 1 & 1 & 1 & 1 \\ 0 & 0 & 0 & 1 & 1 & 1 \\ 0 & 0 & 0 & 0 & 1 & 1 \\ 0 & 0 & 0 & 0 & 0 & 1 \end{bmatrix}$$

Es muss bei einem Zug mit nur einer Komponente einmal auf Gültigkeit getestet werden, denn an der Stelle könnte entweder bereits ein Stein vorhanden sein, oder unter dem Platz ist keiner. Bei zwei Zügen fällt der neu eingeworfene und mit $\hat{T}_{inc}$ neu ins Spiel gekommene Stein einen Platz tiefer. Beide Plätze auf Gültigkeit zu prüfen, erweist sich als erfolgreich. So geht es der Matrix entsprechend weiter bis zu derjenigen Zugmöglichkeit, wo der Stein ganz unten landet. Weiteres Herunterfallen ist nicht beobachtet worden, also braucht die Matrix nicht größer zu sein. Wäre sie es trotzdem, weil der Generator der Meinung ist, eine größere Matrix verwenden zu wollen, wäre das aufgrund der Z-Matrix irrelevant und die Repräsentation bliebe unverändert. Wäre auch die Z-Matrix größer, was aufgrund der Topologie-Erkennung in diesem Beispiel ausgeschlossen ist, müssten die dann zunächst möglichen Züge, die aber nicht beobachtet werden, per Gültigkeitsprüfung ausgeschlossen werden.

Charakteristische Situationen und Folgen

Genau wie beim vorangegangenen Beispiel wird der Generator versuchen, eine essenzielle Zielsituation zu extrahieren. Er kann dabei auch nach dem bereits beschriebenen Verfahren vorgehen. Aufgrund der etwas gestiegenen Komplexität ist es aber für den Generator nützlich, wenn ein wesentlicher Aspekt zusätzlich berücksichtigt wird. Denn das Spielfeld ist hier viel größer, und natürlich möchte man beim Ausgestalten des repräsentativen Systems versuchen, die essenzielle Teilsituation des Ziels möglichst schnell finden zu lassen. Deshalb sollte der Generator beim Vergleich der beobachteten Situationen die letzte Änderung des Situationsvektors zum Ausgangspunkt seiner Forschungsarbeit machen und zunächst dort herum nach Ähnlichkeiten suchen. Denn genau durch diesen letzten Zug wurde das Spiel beendet. Die Beachtung dieses Aspekts ändert am 3-Steine-gewinnen-Spiel nichts, erleichtert aber das Auffinden der essenziellen Zielsituation in diesem Fall enorm. Natürlich wird es dann vorkommen, dass andere Spiele gemäß dieser Vorgehensweise ebenfalls untersucht werden. In vielen Fällen passt der Ansatz. Sollte das nicht der Fall sein, müsste bei der Ausgestaltung des Systems für diese Fälle ebenfalls eine Vorkehrung getroffen werden, die zum Beispiel darin bestehen könnte, schlichtweg doch alle Bilder bzw. kompletten Situationsabbildungen durchzuprobieren und nicht nur Teilausschnitte, um die letzten Situationen, sei es in der Darstellung als Situationsvektoren oder der gleichwertig topologisch beschriebenen Beobachtungen, sondern schlichtweg die Gesamtsituationen zu untersuchen. Auch wenn das dann offenbar den Nachteil mit sich bringt, sehr rechenaufwändig zu sein.

Das 4-Steine-gewinnen-Spiel besitzt aber als Beispiel eine weitere, wichtige Charakteristik. Denn es zeigt besonders deutlich auf, in welcher Weise es dem System möglich sein kann, die essenzielle Zielsituation anzusteuern, indem es charakteristische Teilsituationen erkennt und vermerkt. Diese sind bei den beiden folgenden Beispielen ebenfalls von grundlegender Bedeutung, aber hier besonders anschaulich zu erkennen. Das besondere Merkmal einer charakteristischen Situation ist es, dass sie kurz vor Erreichen der essenziellen Zielsituation auftritt. Abbildung 18 veranschaulicht den Sachverhalt.

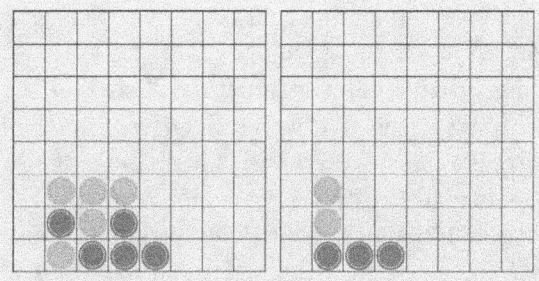

Abbildung 18: Charakteristische Situationen

Die Grafik zeigt zwei Situationen, die kurz vor dem Ende eines Spiels zustande gekommen sind. In beiden Fällen war das Spiel für einen der Spieler sicher gewonnen. Es lohnt sich für das System, solche Situationen abzuspeichern und zunächst auch darüberhinaus zu vermuten, dass

- gespiegelte Situationen und

- verschobene Situationen

ebenfalls charakteristische Situationen sein könnten. Mithilfe eines Repräsentationsgrades lässt sich diese Vermutung natürlich bestätigen oder widerlegen. Aber Symmetrien tauchen so oft in der Natur auf, dass es stets sinnvoll ist, zunächst zu vermuten, dass sie vorhanden sind. Sollte die charakteristische Situation noch einmal beobachtet werden, würde der Generator versuchen, diejenige Zugfolge, modifiziert durch die applizierten Symmetrien, anzuwenden, die zuletzt erfolgreich war. Die Modifikation ist dabei offenbar nicht allzu schwierig zu realisieren, denn sie ändert die Folgezüge ja lediglich genau so, wie die charakteristische Situation modifiziert wurde.

Versucht der Algorithmengenerator explizit in diesem Beispiel die Anwendung von V', wird er bemerken, dass er sich auf dünnes Eis begibt und untergeht. Aber mit V ist er mitunter erfolgreich.

Ganz offensichtlich gibt es sehr viele charakteristische Situationen, und die Symmetrieüberlegungen vereinfachen die Sachlage nur teilweise. Selbstverständlich kann ganz analog zum Auffinden der essenziellen Situation mit der Zeit die „Essenz" jeder charakteristischen Situation extrahiert werden, wenn sie bis auf ein einziges, verschiedenes Element mehrmals auftaucht. Dann braucht nur noch der Teil als charakteristische Teilsituation gespeichert zu werden, der gleich war, zusammen mit der charakteristischen Folge, die von dort aus zur essenziellen Situation bzw. Teilsituation geführt hatte.

Um beim Beispiel zu bleiben, ist es also so: Zunächst versucht das System alles, um eine der zahlreichen, gespeicherten charakteristischen Situationen bis auf Spiegelungen oder Verschiebungen zu erreichen. Sobald es dann eine solche Situation antrifft, versucht es, die beobachtete charakteristische Zugfolge, die letztes Mal zum Ende geführt hatte, zu reproduzieren. In beiden Fällen wird es jedenfalls erfolgreich sein, egal wie der Gegner dann spielt.

Man darf bei dieser Analyse nicht außer Acht lassen, dass ein Rechner viel Speicherplatz besitzt, und sich sehr viele charakteristische Situationen und Folgen problemlos merken kann, zumal diese praktisch keinen Speicherplatz verbrauchen, verglichen mit Bildern oder Videoelementen. Trotzdem ist es grundsätzlich immer sinnvoll, ein repräsentatives System möglichst mächtig auszustatten. Es wird dann erstens schneller zum Ziel gelangen und zweitens wird sein Verhalten auch besser nachvollziehbar sein.

Erkenntnis aus der Diskussion

Auch bei diesem Beispiel zeigt sich noch einmal das Wesen dieser ganzen Logik. Die Simulation natürlicher Intelligenz, wie sie im Buch dargestellt ist, beruht offenbar immer wieder auf einem recht einheitlichen Prinzip. Denn es werden stets die Beobachtungen in Schemata gequetscht, die sich bereits als erfolgreich erwiesen haben. Und diese Schemata müssen stets allgemein genug gehalten sein, um zu gestatten, möglichst viele Beobachtungen einordnen zu können, aber gleichzeitig engmaschig genug gefasst sein, um ein Verständnis im Sinne der Simulation natürlicher Intelligenz zu erzwingen. Je besser diese Abbildung dann die Beobachtungen wiedergibt, desto erfolgreicher ist der Versuch. Werden insbesondere sämtliche Beobachtungen reproduziert, und gleichzeitig keine Resultate erzielt, die gar nicht beobachtet werden, ist die Repräsentation optimal. Sie entspricht dann sozusagen, mathematisch gesprochen, einer 1:1-Abbildung dessen, was sich in der beobachteten Umgebung abspielt durch die Repräsentation. Das Vorgehen erinnert selbstverständlich in diesem Sinn an die Naturwissenschaft, wo Messungen in Experimenten die Beobachtungen ergeben, für deren Erklärung eine Theorie zuständig ist. Je besser deren Ergebnisse im Einklang mit den Messwerten stehen, desto genauer gibt die Theorie die Realität wieder. Auch in der Wirtschaftswissenschaft gibt es Beobachtungen, welche dort häufig Ergebnisse statistischer Erhebungen sind, sowie Theorien, die sie reproduzieren können und auch Vorhersagen ermöglichen.

Venusstatue

Als weiteres Beispiel soll jetzt das Statuen-Puzzle besprochen werden. Diese exemplarische Erläuterung der Repräsentationstheorie bezieht sich insbesondere auf die Ansteuerung von Zielsituationen. Denn Systeme, die spezifische Zielsituationen kennen, werden versuchen, an ihr Ziel zu gelangen. Im Zuge der Exposition dieses Beispiels wird auch deutlich, dass nicht mehr als ein „Spieler" beteiligt sein muss, damit ein solches System versuchen kann, seine Umgebung nachzuahmen. Selbstverständlich haben die Spiele, an denen mehrere Spieler teilnehmen, wie bereits erläutert, oft modellartigen Charakter.

Das System könnte genialerweise von vornherein als Ziel das vollständige Bild ansehen, so wie es unten abgebildet ist. Um überhaupt entscheiden zu können, was das Ziel sein könnte, hilft die ziemlich allgemeingültige Regel, dass wenn sich von einem Moment zum nächsten die beobachtete Situation massiv ändert, und zwar vor allem derart massiv, dass diese Änderung nicht in den Rahmen der beobachteten „Spielregeln" passt, unmittelbar davor die Zielsituation erreicht gewesen sein könnte. Es lohnt sich also für das System, solche Situationen als anzustrebende „Endsituationen" zu betrachten, und selbst zu versuchen, sie anzusteuern. Oft passt das sogar übrigens im echten Leben, denn wenn Individuen versuchen, beispielsweise einen mittleren Schulabschluss zu erreichen, so wird es in der Regel jedenfalls so

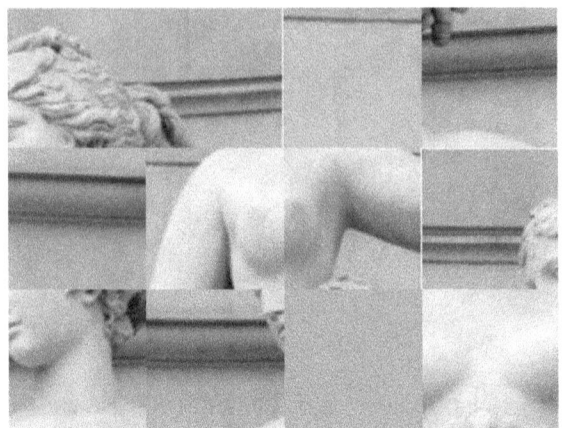

sein, dass unmittelbar nach dem Erreichen des Ziels ein massiver Bruch in den beobachteten Situationen eintritt.

Also lässt sich die anzustrebende essenzielle Zielsituation derart mit hoher Sicherheit extrahieren. Das entscheidende Ziel ist natürlich, das Puzzle in den Ausgangszustand zu versetzen. Weil es offensichtlich nicht allzu schwierig sein wird für das Matrix-System, darauf zu kommen, möge die Diskussion sich im Folgenden zunächst darauf beschränken.

Das heißt, das System könnte insbesondere starten, indem es die ursprüngliche Ausgangslage als anzustrebende Zielsituation betrachtet. Es wird so verfahren, wie es stets vorgeht, sämtliche Bildschirmelemente untersuchen und deren Positionen herausfinden. Es wird sie wie immer schlicht durchnummerieren und dann zu einer Darstellung aller denkbaren Situationen gelangen.

Dabei gibt es 12 verschiedene Elemente, von denen sich eins von den anderen dadurch letztlich unterscheiden wird, weil es dasjenige ist, welches sich bewegen kann. Eine mögliche Repräsentation besteht offensichtlich darin, jedem Element seine Position zuzuordnen. Die essenzielle Zielsituation muss dann sein:

$$\begin{bmatrix} 100000000000 \\ 010000000000 \\ 001000000000 \\ 000100000000 \\ 000010000000 \\ 000001000000 \\ 000000100000 \\ 000000010000 \\ 000000001000 \\ 000000000100 \\ 000000000010 \\ 000000000001 \end{bmatrix}$$

Dies, weil alle Teile an ihrer Ursprungsposition sind. Ganz genau analog ist es auch bei dem Würfel. Die anderen Spiele zeigen aber bereits, dass hier keine allgemeingültige Regel besteht, und deshalb muss das System sich darauf einstellen und allgemeingültiger vorgehen können.

Es ist offensichtlich, dass die Zielsituation sich als besonders günstig für den Algorithmengenerator erweisen dürfte, allerdings könnte er schlimmstenfalls gerade dadurch, dass er sie angestrebt hat, letztlich unter dem Messer eines Henkers landen. Das wäre natürlich gerade für einen Generator, der mit viel Bedacht und Umsicht bezüglich seiner Entscheidungsfindung vorgegangen ist, ein besonders tragisches Ende.

Bevor auf die Repräsentation des Spiels systematisch und detailliert eingegangen wird, soll eine Matrix, die analog zu der des Mau-Mau-Spiels ist, vorab besprochen werden. Sie stellt auch bei diesem Spiel eine Matrix aller möglichen Züge dar, oder anders gesprochen, aller Möglichkeiten, von irgendeiner Ausgangssituation zu einer überhaupt irgendwie möglichen Zielsituation gelangen zu können. Für sie werden offenbar alle Elemente der aktuellen Situation benötigt, und der Generator wird sie aneinanderhängen und eine Matrix aus $(12x12)^2$ Elementen zu generieren versuchen. Wenn das einzige Element, das sich jedenfalls ändert, beispielsweise oben links ist, muss die Matrix der möglichen Züge dort entsprechend Einsen aufweisen. Dieses Teil wird gemäß der oben generierten Repräsentation in der ersten Zeile auftauchen, also in der echten Matrix die ersten 12 Spalten beeinflussen. Ist der erste Eintrag wie oben gezeigt, aber der Rest des Bildes noch nicht vollständig, so ist zumindest klar, dass es für ihn beim nächsten Zug nur zwei Möglichkeiten gibt:

$$000010000000$$

nach unten oder

$$010000000000$$

nach rechts.

Das freie Element wird sich in jedem Fall beim nächsten Zug bewegen. Damit steht die obere Zeile der Gesamtmatrix für die Bewegungen fest. Aufgrund der Gestalt des Puzzles ist es damit auch nicht schwierig, die gesamte Matrix zu ermitteln:

$$
\begin{bmatrix}
0 & 1 & 0 & 0 & 1 & 0 & 0 & 0 & 0 & 0 & 0 & 0 \\
1 & 0 & 1 & 0 & 0 & 1 & 0 & 0 & 0 & 0 & 0 & 0 \\
0 & 1 & 0 & 1 & 0 & 0 & 1 & 0 & 0 & 0 & 0 & 0 \\
0 & 0 & 1 & 0 & 0 & 0 & 0 & 1 & 0 & 0 & 0 & 0 \\
1 & 0 & 0 & 0 & 0 & 1 & 0 & 0 & 1 & 0 & 0 & 0 \\
0 & 1 & 0 & 0 & 1 & 0 & 1 & 0 & 0 & 1 & 0 & 0 \\
0 & 0 & 1 & 0 & 0 & 1 & 0 & 1 & 0 & 0 & 1 & 0 \\
0 & 0 & 0 & 1 & 0 & 0 & 1 & 0 & 0 & 0 & 0 & 1 \\
0 & 0 & 0 & 0 & 1 & 0 & 0 & 0 & 0 & 1 & 0 & 0 \\
0 & 0 & 0 & 0 & 0 & 1 & 0 & 0 & 1 & 0 & 1 & 0 \\
0 & 0 & 0 & 0 & 0 & 0 & 1 & 0 & 0 & 1 & 0 & 1 \\
0 & 0 & 0 & 0 & 0 & 0 & 0 & 1 & 0 & 0 & 1 & 0
\end{bmatrix}
$$

Abbildung 19:

Repräsentation

Nachdem zunächst eine Analogie zu den grundlegenden Elementen der Matrix-Theorie hergestellt worden ist, soll im jetzt die Repräsentation im Detail besprochen werden. Dabei wird die Gestalt der obigen Matrix noch einmal plausibel werden.

Die Repräsentation besteht aus vier wesentlichen Bestandteilen:

- der Darstellung der Situationen

- den Matrizen für die Propagations-Darstellungen

- der Gültigkeitsprüfung

- den Elementen der Zielfindung

Natürlich kommen sie nicht immer sämtlich explizit vor, denn oft sind nicht alle Bestandteile nötig. So ergeben sich unter

Umständen die γ-Matrizen als Einheitsmatrizen, die sogar unter Umständen nur ein einziges Element enthalten, die Eins oder Null. Außerdem stellen diese Elemente, wie im Laufe der Beispiele nach und nach deutlicher geworden ist, einem repräsentativen System eine Methodik zur Verfügung, durch die es in die Lage versetzt wird, Beobachtungen sinnvoll erfassen zu können und die Art und Weise seines eigenen Handelns dementsprechend zu gestalten.

Auch wenn einige Komponenten manchmal gar nicht auftauchen, bzw. im Rahmen der Repräsentation eine triviale Darstellung besitzen, kann ein Matrix-System auf die Darstellung der Situationen als solche natürlich nicht verzichten, ebenso wie auf die Matrizen für die Propagations-Darstellungen, die den Zusammenhang zwischen den Situationen herstellen.

Ein Zielfindungsprozess ist darüberhinaus ebenfalls immer nötig. Im Fall der Statue stellt er natürlich die wesentliche Komponente dar, denn sollte der Generator die Zielfindung außer acht lassen, würde er die Puzzleteile lediglich ziellos verschieben.

Die Gültigkeitsprüfung erscheint mit Blick auf die Spiele mitunter eher etwas spezifisch für diese, obwohl es natürlich immer denkbar ist, die Gültigkeitsmatrizen gleich Eins setzen zu lassen. Insofern schadet es nicht, sie bei der Ausstattung des repräsentativen Systems auch in ganz allgemeinem Kontext generell beizubehalten.

Um es im Rahmen des Beispiels noch einmal zu betonen: Mit dieser vierkomponentigen Klassifikation, in die sich sehr viele Spiele einordnen lassen, wird es dem System ermöglicht, eine Repräsentation zu erstellen. Diese ist allgemein genug, um alle Vorgänge im Rahmen der Spiele wiederzugeben, wobei sie im Zuge dessen parametrisch variiert wird, indem die Einträge der Matrizen gefunden werden, weil sie durch die Vorgabe des Schablonen-artigen Schemas eindeutig genug bestimmt sind. Das

Schema ist in seiner programmatischen Realisation zugleich auch ausreichend engmaschig gefasst, um es dem System zu erlauben, die Größe der erforderlichen Matrizen und deren Einträge finden zu können.

Noch etwas gezielter formuliert bedeutet dies genau genommen, dass es dem System nicht nur erlaubt ist, Matrizen finden zu können, sondern dass es durch die Vorgabe der Einordnung in das Raster geradezu gezwungen wird, eine Repräsentation finden zu müssen. Auch bei diesem Beispiel begegnet uns also wieder das Wesen der Simulation natürlicher Intelligenz, gleichsam einem Seemonster, das ab und an für einen Augenblick seinen Kopf aus der Wasseroberfläche ragen lässt und sein Antlitz zu erkennen gibt.

Abgesehen davon: Wichtig in diesem Zusammenhang ist, wie anhand des Beispiels noch deutlicher werden wird, dass nicht nur Matrix-Einträge gefunden werden. Zusätzlich verfügt ein repräsentatives System stets über fest verdrahtete Algorithmen, die es insbesondere zur Zielfindung anzuwenden vermag. Diese müssen natürlich für das System stets ansprechbar zur Verfügung stehen. Damit das gelingen kann, macht solch ein System, wie zu Beginn dieser Ausführungen erwähnt, von der ohnehin notwendigen Schnittstelle zur Darstellung der Situationen und seiner eigenen, gleichwertigen Abbildung dieser Beobachtungen Gebrauch, in der notwendige Parameter der fest zur Verfügung stehenden Algorithmen an neue Erfahrungen bzw. Beobachtungen angepasst werden müssen.

Diese Überlegungen sollten im Hinterkopf behalten werden, wenn das Statuenpuzzle jetzt analysiert wird. Den Beginn macht noch einmal die Darstellung der Situationen, dann folgen die Matrizen zur Auffindung der Folgesituationen, die Erklärung zur Auffindung der Bestandteile der Gültigkeitsprüfung und schließlich der wesentliche Teil des Beispiels, die Repräsentation der Zielfindung.

Das Gute ist, dass diese Überlegungen sich ohne prinzipielle Änderungen auf den einfachen Zauberwürfel übertragen lassen.

Repräsentation der Situationen

Wie bereits erläutert, können die Situationen analog zum Schachspiel erfasst werden. Nachdem dort in Bezug auf Details der Darstellung teilweise auf die Beispiele verwiesen worden ist, werden die Einzelheiten nun genauer erklärt. Jede Situation umfasst elf Zustandsvektoren, welche die Position der Kacheln angeben. Das System wird die essenzielle Zielsituation repräsentieren, indem es die Positionen schlicht durchnummeriert. Es geht davon aus, dass die anzustrebende Zielsituation gleich allen Situationen ist, die unmittelbar nach einer massiven Änderung der Anordnung der Kacheln eintritt, oder gleich derjenigen, die zu Beginn schon da war, oder gleich solch einer Situation, die ausdrücklich aufgrund einer Mitteilung des Nutzers als fertig bezeichnet worden ist. Stichwort „Hurra, das Rätsel ist gelöst!".

Jede Kachel kann sich an einem von 12 Plätzen befinden. Weil die Kacheln insgesamt beim Vorspielen sich nur bis auf wenige Pixel schlimmstenfalls von den Mittelpunkt der Plätze entfernt befunden haben dürften, ergibt sich nach dem Erkennen der Spielsituationen mithilfe der relevanten Objekte im DOM als Zielsituation:

$$\vec{s} = \begin{bmatrix} 1 \\ 0 \\ 0 \\ 0 \\ 0 \\ 0 \\ 0 \\ 0 \\ 0 \\ 0 \\ 0 \\ 0 \end{bmatrix} \hat{e}_1 + \begin{bmatrix} 0 \\ 1 \\ 0 \\ 0 \\ 0 \\ 0 \\ 0 \\ 0 \\ 0 \\ 0 \\ 0 \\ 0 \end{bmatrix} \hat{e}_2 + ... + \begin{bmatrix} 0 \\ 0 \\ 0 \\ 0 \\ 0 \\ 0 \\ 0 \\ 0 \\ 0 \\ 0 \\ 0 \\ 1 \end{bmatrix} \hat{e}_{11}$$

Die Felder sind also wie üblich durchnummeriert worden und jede Kachel befindet sich an einer von 12 Positionen.

Wenn ein Zug stattfindet, ändert eine der Kacheln ihre Position. Je nachdem, an welcher Stelle sie sich befindet, kann sie verschiedene Zielpositionen erreichen. Oben links beispielsweise sind zwei Zielpositionen erreichbar, nämlich darunter oder rechts davon, also die Positionen 2 oder 5, weil bei 1 oben links begonnen wird. Dort muss in der Zugmatrix eine Eins stehen.

Entsprechend verfährt das System bei allen anderen Ausgangsplätzen und erstellt eine Matrix, die zu jeder von Null verschiedenen Vektorkomponente von $\vec{s}$ spaltenweise einen Zielzustand repräsentiert. Diese Matrix ist also ganz leicht für das System zu erkennen und gilt für alle Komponenten. Sie wird offenbar stets nur auf eine Komponente angewendet und ihre Gestalt ist unabhängig davon, auf welche Komponente sie angewendet wird.

Insgesamt entsteht Propagations-Darstellung bei diesem Spiel

$$
\begin{bmatrix}
0 & 1 & 0 & 0 & 1 & 0 & 0 & 0 & 0 & 0 & 0 & 0 \\
1 & 0 & 1 & 0 & 0 & 1 & 0 & 0 & 0 & 0 & 0 & 0 \\
0 & 1 & 0 & 1 & 0 & 0 & 1 & 0 & 0 & 0 & 0 & 0 \\
0 & 0 & 1 & 0 & 0 & 0 & 0 & 1 & 0 & 0 & 0 & 0 \\
1 & 0 & 0 & 0 & 0 & 1 & 0 & 0 & 1 & 0 & 0 & 0 \\
0 & 1 & 0 & 0 & 1 & 0 & 1 & 0 & 0 & 1 & 0 & 0 \\
0 & 0 & 1 & 0 & 0 & 1 & 0 & 1 & 0 & 0 & 1 & 0 \\
0 & 0 & 0 & 1 & 0 & 0 & 1 & 0 & 0 & 0 & 0 & 1 \\
0 & 0 & 0 & 0 & 1 & 0 & 0 & 0 & 0 & 1 & 0 & 0 \\
0 & 0 & 0 & 0 & 0 & 1 & 0 & 0 & 1 & 0 & 1 & 0 \\
0 & 0 & 0 & 0 & 0 & 0 & 1 & 0 & 0 & 1 & 0 & 1 \\
0 & 0 & 0 & 0 & 0 & 0 & 0 & 1 & 0 & 0 & 1 & 0
\end{bmatrix}
$$

bzw.

$$
{}_{3x3}P_{1,1}({}_{4x4}V_{1,0} \ {}_{4x4}P_{1,1} +_{4x4} V_{0,1} \ {}_{4x4}P_{1,1}))1+
$$

$$
[_{(12x12)}V_{(1,0)}]^4_{(12x12)}1 + [_{(12x12)}V_{(0,1)}]^4)_{(12x12)}1
$$

Jeder Zug besteht darin, diese Matrix auf eine Komponente des Situationsvektors anzuwenden. Das ist übrigens nicht immer im Zuge einer Handlung seitens des Systems so einfach und deshalb hier deutlich hervorgehoben. In allgemeineren Fällen kommen auch Matrizen vor, die auf mehr als nur eine Komponente von $\vec{s}$ angewendet werden müssen, damit die Beobachtungen vollständig abgebildet werden. Der einfache Zauberwürfel liefert dafür ein Beispiel und dort wird diese Problematik weiter besprochen und die Mathematik entsprechend erweitert.

Gültigkeit

Nachdem das System zunächst an dieser Stelle davon ausgegangen sein könnte, dass eine Anwendung der obigen Matrix auf irgend einen Teil von $\vec{s}$ jedenfalls zu einer gültigen Folgesituation führen sollte, ist offensichtlich, dass das in den meisten Fällen nicht so ist. Zwar kann jede Kachel gemäß dem repräsentierten Muster verschoben werden, so dass die Topologie des Spiels dabei korrekt berücksichtigt wird, aber tatsächlich ist ein Zug nur dann möglich, wenn sich am Zielort noch keine Kachel befindet. Mit Blick auf diese Problematik kann eine Gültigkeitsprüfung im Rahmen der Repräsentation Abhilfe schaffen und das System wird ihre Erforderlichkeit selbstständig entdecken und austesten, denn alle Versuche, irgendwelche Kacheln an eine Position zu verschieben, die bereits besetzt sind, resultieren in Situationen, die noch nicht beobachtet worden sind; der Repräsentationsgrad solcher Einschätzungen ist sehr gering, sie können also höchstwahrscheinlich aus der Sicht des Systems nicht zutreffend sein.

Eine Analyse seitens des Systems, die Gültigkeit zu prüfen, erscheint auf den ersten Blick manchmal aussichtslos. Aber bei genauerem Hinsehen lässt sich allein schon aufgrund der Tatsache, dass bei jedem einzelnen Zug ein Hinweis gegeben wird, schnell erkennen, dass die möglichen Darstellungen einer Gültigkeitsprüfung praktisch doch sehr stark eingeschränkt sind.

Trotz aller widrigen Umstände genügt oft genügt ein einziger Rateversuch seitens des Generators, der ganz simple, einfache Matrix-Operatoren verwendet und ansonsten noch die Einheitsmatrix oder $\bar{1}$ ansetzt. Wenn das nicht reicht, ist häufig entweder sofort ein Ansatz wie im Beispiel zum 3-Steine-gewinnen-Spiel erfolgreich, nach dem geeignete Matrix-Elemente zwangsläufig gefunden werden. Sinnvoll seitens des Generators ist schließlich der Versuch, zunächst einen Matrix-Operator wie $\hat{Q}$ vorzuschalten und dann die Elemente zu suchen. Insbesondere eignen sich zum Ausprobieren oft Matrix-Operatoren, die ohnehin schon in der topologischen Beschreibung der möglichen Züge vorkommen. Mitunter lohnt es sich übrigens auch, Teile der vorhandenen Situationen selbst mitzuverwenden. Insbesondere in der Form, dass sie zunächst transponiert und dann mithilfe eines Matrixoperators erweitert werden.

Nach diesen etwas allgemeineren Ideen soll jetzt auf den speziellen Fall des Statuenpuzzles eingegangen und der entsprechende Gültigkeitsoperator besprochen werden. Der wesentliche Punkt wird sein, dass vorhandene Kacheln nur auf den freien Platz verschoben werden können. Gleichzeitig soll eine allgemeinere Gültigkeitsprüfung entwickelt werden. Sie beruht offensichtlich darauf, dass bei jedem Teilzug, wo sie erforderlich ist, um einen maximalen Repräsentationsgrad erzielen zu können, ein Wert ermittelt werden muss. Tatsächlich waren es beim Schachspiel mehrere Werte, weil die Situationen dort direkte Produkte waren, so dass beim Vergleich mehr als nur eine Zahl resultierte. Pro Komponente der Situationen entsteht jeweils eine Zahl. Und diese Zahlen werden als γ_I-Einträge vermerkt. Weil bei der Statue kein direktes Produkt in den Situationen besteht, sondern diese nur eine Komponente besitzen, ist auch γ_I einkomponentig.

Die Einträge in der Matrix entstehen aufgrund der Beobachtungen. Genau wie im Beispiel des 3-Steine-gewinnen-Spiels wird die potenzielle Zielsituation mit der Ausgangssituation verglichen. Mathematisch entsteht der Ausdruck genau wie bereits im Theorie-Kapitel beschrieben. Das Beispiel erläutert aber besonders anschaulich die Motivation zu diesem theoretischen Ansatz.

Ausgangspunkt der Gültigkeitsprüfung soll immer die aktuelle Situation sein, die um die zu prüfende letzte Änderung fortentwickelt wird. Sie ist deshalb dann eine potenzielle Zielsituation, denn nur, wenn sie sich als gültig erweisen sollte, wird sie in die Menge der möglichen Zielsituationen aufgenommen. Handlungsalternativen, die sich als nicht gültig erweisen, dürfen bei der späteren Auswahl der bestmöglichen Variante zu handeln, keine Rolle spielen. Insgesamt stehen 11 Vektorkomponenten von $\vec{s}$ zur Verfügung, auf die die obige Bewegungsmatrix angewendet werden könnte. Um die Matrix auf die k-te Komponente von $\vec{s}$ anzuwenden, muss diese zunächst herausprojiziert werden. Dies geschieht mit dem üblichen inneren Produkt aus den Basisvektoren. Danach kann die Matrix auf die herausprojizierte Komponente von $\vec{s}$ angewendet werden, und im Ergebnis steht an dieser Stelle ein Vektor, der an allen möglichen Stellen, wo die Kachel nach dem Zug landen könnte, eine 1 aufweist, und ansonsten gleich 0 ist:

$$v_k = \hat{M}\hat{e}_k \cdot \sum_{j=1}^{N} s_j \hat{e}_j$$

$\hat{e}_k \cdot \hat{e}_j = \delta_{kj}$, so dass nur eine Komponente von $\vec{s}$ übrig bleibt. Nach der Anwendung von $\hat{M}$ stehen die Einsen für alle möglichen Zielpositionen der Kachel, die aber nur dann erreichbar sind, wenn dort gerade die leere Stelle ist, und es muss daher jetzt für alle Einzelfälle geprüft werden, ob eine der Zugvarianten tatsächlich möglich ist. Deshalb wird im nächsten Schritt der mathematische Vektor v_k zerlegt. Dazu gibt es die Einheitsvektoren $d_{k'}$, die nur an der k'-ten Stelle eine 1 aufweisen, und ansonsten nur Nullen. Nach der Bildung des inneren Produktes und Summation ergeben sich einzelne Vektoren $v_{k'}$ gemäß

$$d_{k'}^{T}\hat{M}\hat{e}_k \cdot \sum_{j=1}^{N} s_j \hat{e}_j$$

eine Größe, die entweder 1 oder 0 ist, je nachdem, ob die k'-te Komponente vorkommt oder nicht. Nach Multiplikation mit $d_{k'}$ verbleibt dieser Vektor, sofern die obige Zahl gleich 1 ist. Dann wird sie mit dem entsprechenden Einheitsvektor $e_{k'}$ multipliziert, und nach der Summation über die d'_k entsteht:

$$\sum_{k'=1}^{N} e_{k'}(d_{k'}d_{k'}^{T}\hat{M}\hat{e}_k \cdot \sum_{j=1}^{N} s_j\hat{e}_j)$$

Weil an der d'_k-ten Stelle kein Stein vorhanden sein darf, muss ein inneres Produkt gebildet werden mit der Ausgangssituation, und nach der Summation über deren Bestandteile ergibt sich der valide Wert für die Gültigkeitsprüfung.

Es verbleibt aber zu beachten, bevor der komplette Ausdruck aufgeschrieben wird, dass das innere Produkt immer dann Null sein wird, wenn kein Stein an der d'_k-ten Stelle vorhanden ist. Die Gültigkeit müsste also dann gegeben sein, wenn die Summe der inneren Produkte einer obigen Teilkomponente mit allen Komponenten von $\vec{s}$ Null ist (s. auch die Formel unten). Die Null kann aber deshalb kein gültiger Wert sein, weil sie ja auch zustande kommt, wenn (s. Skalar gem. der Gl. oben) verschwindet, und ein Ausweg aus dieser Situation besteht darin, den γ-Operator gemäß $\hat{Q}$ zu wählen, so dass dann alle Bestandteile, die nicht übereinstimmen, Eins beitragen. Ist der Gesamtwert gleich 11, so ist der Zug gültig. Der Eleganz wegen wird das Ergebnis durch 11 geteilt und dann die bereits vorgestellte θ-Funktion angewendet, so dass sich für die Gültigkeitsprüfung insgesamt insgesamt der Wert Eins ergibt, wenn der Zug gültig ist. Ansonsten liefert die Funktion als Resultat dann die Zahl Null.

Ganz genau in dieser Art entstanden natürlich auch die bereits aufgeführten Ausdrücke für die Gültigkeitsprüfung beim Schachspiel, nur dass dort mehrere Komponenten im Spiel waren, so dass mehr als nur ein Wert für γ_I entstanden ist und daher in jenem Fall 3 Matrizen nötig waren, um die Werte für die Validität festzuhalten. Dort ergaben sich natürlich entsprechend auch mehrere $\hat{\gamma}$-Operatoren. Und genau wie es oft ist, waren sie nicht allzu schwer zu finden.

Auffinden der essenziellen Zielsituation

Ein wesentlicher Bestandteil aller simulativen Matrixsysteme ist eine stets erforderliche Schnittstelle, die einen Zusammenhang herstellt zwischen den Situationen in ihrer mathematischen Darstellung und den real beobachteten Geschehnissen. Die Bedeutung dieser Schnittstelle wird anhand dieses Beispiels besonders deutlich, denn bei der Zielfindung sind beide Abbildungen, sowohl die Bilder des Statuenpuzzles, als auch die gleichwertigen Situationen, für das System mitunter nützlich. Zwar könnte der Zielfindungsprozess auch ausschließlich auf die Situationen und Matrizen zurückgreifen, aber mithilfe einer alternativen Darstellung können externe Routinen viel besser und zeitlich effizienter eingebunden werden. Solch eine externe Routine steht im Mittelpunkt der Betrachtungen im Rahmen des Zielfindungsprozesses.

In einem ersten Schritt versucht der Generator durch wiederholte Anwendung des $\hat{M}$-Operators auf Elemente der Situation, sofern diese Anwendung zu einem gültigen Zug führt, aus einem verpuzzelten Statuenbild zur essenziellen Zielsituation zu gelangen. Dazu verwendet er eine Maßzahl, um die aktuelle Situation mit der anzustrebenden Zielsituation vergleichen zu können. Für diese kann selbstverständlich wieder ein Deckungsgrad verwendet werden, der es dem System erlaubt, sich in Schritten zu 1/11 der Maßzahl an das Ziel heranzutasten, so dass ein Resultat von 0 ... 1 entsteht. Beim Wert 0 sind all Kacheln am falschen Platz. Ist der Deckungsgrad gleich 1, ist das Puzzle gelöst.

Ein anderer Versuch besteht darin, dem System eine Maßzahl zur Verfügung zu stellen, die den Sachverhalt besser wiedergibt. Sie soll einen Betrag von 0 verschieden immer dann liefern, wenn eine Kachel nicht am Platz ist, und umso größer sein, je weiter sie entfernt ist. Diese Maßzahl erscheint es wert ausprobiert zu werden, auch wenn die Entfernung für das System nicht unmittelbar zu ermitteln ist. Denn es hat die Kacheln ja nur durchnummeriert, und müsste auf die topologisch-repräsentativen Operatoren zurückgreifen, und jedes mal ermitteln, wie groß die Exponenten sind, um von einem Punkt zum Zielpunkt gelangen zu können:

$$(\hat{T}_{0,1})^n \cdot (\hat{T}_{1,0})^m$$

bedeutet dann zum Beispiel, dass die Kachel n Plätze in Richtung des ersten Operators und m Plätze in Richtung des zweiten entfernt ist.

Die Summe der Distanzen

$$d = \sum_{k=1}^{11} (d_k)^2$$

bezüglich derer natürlich noch die Wurzel berechnet werden könnte, was das Ergebnis aber nicht beeinflusst, ist umso größer, je weiter die Kacheln von ihrem Zielort entfernt sind.

Tatsächlich zeigt das Beispiel, dass der Deckungsgrad in diesem Fall ausreicht und durch die komplexere Maßzahl kein besseres Resultat erzielt werden kann. Es ist also zunächst erstmal gewissermaßen eine Geschmacksfrage, welches Maß man dem System zur Verfügung stellen möchte. Bestimmt gibt es Fälle, in denen das komplexere Maß zügig zum Ziel führt, die einfacher strukturierte Maßzahl in Form des Deckungsgrads aber nicht. Je besser das System mit nutzbaren Methoden ausgestattet ist, desto weitreichender wird ja auch das Spektrum repräsentierbarer Beobachtungen.

Wie auf der begleitenden Webseite einsehbar ist, führt das Verfahren zum Ziel, solange das Puzzle nicht zu sehr durcheinander gemischt worden ist. Sind jedoch sehr viele Züge vorgenommen worden, um einen gemischten Zustand zu erreichen, so kommt es oft vor, dass sich der auf diese Art recht kurzsichtig ausgestattete Zielfindungsprozess verhakt.

Tatsächlich ergibt eine genauere Analyse, dass sehr viele Züge nötig sind, damit es aus einem lokalen Minimum der Zielfunktion (also des Deckungsgrades) herausfunden werden kann. Das lässt sich gut anhand der Webseite nachvollziehen und bedeutet, dass egal wie die Kacheln seitens des Systems im Rahmen der Gültigkeit verschoben werden, sich der Deckungsgrad zunächst verschlechtert, und es sind etwa 14-17 Züge nötig, um aus diesem Tal der Tränen herausfinden und die Statue wieder zusammenpuzzlen zu können.

Dieses Problem tritt häufig auf und ist zumindest ein guter Anlass, auf die aus dem 4-Steine-gewinnen-Spiel schon bekannten charakteristischen Situationen und -Folgen zurückzugreifen. Jetzt allerdings ist die Lage deutlich komplexer und gleichzeitig wird klar, dass sie einen allgemeineren Charakter besitzen, als dies anhand des letzten Beispiels zunächst womöglich den Anschein hatte.

In einem ersten Schritt lohnt es sich für das System, zumindest die vorhandenen Möglichkeiten zu nutzen und einen Teil der essenziellen Zielsituation herzustellen auf dem Weg zur vollständigen Lösung des Rätsels. Dazu gibt es prinzipiell zwei Möglichkeiten, denn es können entweder mehrere $\hat{M}$-Operatoren vorhanden sein oder nur einer; beim folgenden Würfelbeispiel sind es sechs $\hat{M}$-Operatoren, und die Herstellung der Ausgangssituation für dieses Beispiel wird nur durch die Reduktion dieser Anzahl auf vier erfolgreich sein. Das Prinzip bleibt aber dasselbe und der Generator braucht für beide möglichen Fälle nur eine Routine. Im Falle des Würfels bringt er die maximal mögliche Zahl von genau zwei benachbarten Würfelelementen in Übereinstimmung mit der essenziellen Zielsituation, und verwendet dann nur noch vier $\hat{M}$-Operatoren, um zum Gesamtziel zu gelangen. Das muss er dort deshalb tun, weil jeder Operator sehr viele Elemente des Situationsvektors beeinflusst. Dazu mehr im Anschluss an eine einfachere Variante, die schlichtweg sehr viele charakteristische Situationen und Folgen erzeugt, um die Zielfindung zu ermöglichen.

Bei der Statue gibt es aber nur einen $\hat{M}$-Operator, und die einzige Möglichkeit ist es, zunächst einen topologisch zusammenhängenden Teil des Puzzles herzustellen. Es ist oft sinnvoll, das System so auszustatten, dass es einen symmetrischen Teilzustand zusammensetzen kann, und in völliger Analogie zum bereits angedeuteten Würfelbeispiel anschließend die verbleibende Hälfte des Rätsels herzustellen versuchen, auch wenn der Versuch im Fall des Statuenpuzzles oft nicht von Erfolg gekrönt ist. Die Methode, eine Zugfolge von maximal 8 Zügen zu finden, die den Deckungsgrad minimiert, ist auf der Webseite realisiert.

Tatsächlich ist selbstverständlich in dem Beispiel auf der Webseite nicht nur jeweils ein möglicher Zug untersucht worden, um das Übereinstimmungsmaß zu minimieren, sondern alle denkbaren Folgen von 4 bis 8 aufeinanderfolgenden Zügen. Trotzdem verhakt sich der Algorithmus in einem lokalen Minimus der mit ihrer Hilfe dort verwendeten ζ-Funktion.

Obwohl sich das gesamte Puzzle mit 8 Zügen offensichtlich lösen lässt, ergibt sich kein Probleme, wenn nur die rechte Hälfte des Puzzles zusammengesetzt werden soll. Dieser Zustand, eine charakteristische Teilsituation, wird jetzt als Ausgangssituation zur gesamten Zielfindung verwendet.

Zielfindung ausgehend von der charakteristischen Teilsituation

Weil ein Teil der Gesamtsituation beim Auffinden der essenziellen Zielsituation unverändert bleiben muss, dürfen nur noch 5 der Elemente der Situation verändert werden. Diese können aber praktisch beliebig aneinandergehängt werden, um den verbleibenden Rest des Puzzles zu lösen. Es zeigt sich bei einer näheren Analyse, dass in der Regel 14 oder mehr Züge erforderlich sind, wenn das erste Verfahren nicht erfolgreich war.

Bevor Details des Prozesses besprochen werden, sei noch angemerkt, dass gerade dieses und das folgende Beispiel verdeutlichen, inwiefern Methoden, die dem Generator zur Verfügung gestellt werden, diesem helfen können, zum Ziel zu gelangen. Gerade deshalb sind sie auch auf der Webseite zum Experimentieren umgesetzt. Dabei stellt sich eine wichtige Erkenntnis heraus, nämlich dass optisch teilweise vollständige Situationen keinesfalls auch von einem mathematischen Standpunkt aus betrachtet besonders nahe an der vollständigen Lösung liegen müssen. Die teilweise optische Koinzidenz ist zwar im Beispiel trotzdem zum Zweck der Illustration umgesetzt, doch reelle charakteristische Teilsituationen sind eher wie Nebelkerzen, die geworfen worden sind, um von einer solchen sicher zur nächsten zu gelangen.

Man kann sich den im Anschluss beschriebenen Prozess zur Zielfindung auch bildlich so vorstellen, als würden zwei Personen mit verbundenen Augen am Ufer eines breiten Flusses stehen und versuchen, sich die Hand zu reichen. Dazu werfen sie Steine in den Fluss, die groß genug sind, dass sie sie besteigen können. Und dann versuchen sie, diese solange aufzunehmen und zu werfen, bis es ihnen gelingt, aufeinander zutreffen und sich gegenseitig per Handschlag zu begrüßen. In der Praxis sind solche charakteristischen Situationen, zwischen denen charakteristische Folgen bekannt sind, mit deren Hilfe es möglich ist, von einer Situation zu einer anderen zu gelangen, wie gesagt keineswegs auch koinzident mit optischen Teilsituationen.

Insgesamt gibt es 6! Anordnungen der 5 Kacheln auf den 6 Plätzen. Denn die erste Kachel kann auf 6 Plätzen sein, für die zweite verbleiben dann noch 5, für die dritte 4 und so weiter, so dass insgesamt maximal $6 \cdot 5 \cdot 4 \cdot 3 \cdot 2 = 720$ Permutationen der

Kacheln überhaupt denkbar sein können, auch wenn nicht alle erreichbar sind mit den gültigen Verschiebeoperatoren.

Jedenfalls kann die Ausgangssituation des hälftig gelösten Rätsels mit einer 5-stelligen Zahlenfolge beschrieben werden, die zu jeder Kachel deren Position auf dem Feld angibt. Die essenzielle Zielsituation entspricht also genau solch einer Zahlenfolge, genau wie auch der aktuelle Zustand, welcher aus den 5 nach dem Herstellen der charakteristischen Teilsituation verbliebenen Kacheln besteht.

Jetzt soll das Verfahren beschrieben werden. Seine Implementation ist mithilfe der obigen Überlegungen bezüglich der Zustände, beschrieben durch die 5-stelligen Zahlenfolgen, die den Situationsvektor darstellen, zu bewerkstelligen.

Um den bereits fertiggestellten Teil des Puzzles nicht zu verletzen, wobei von einer Zahlenfolgedarstellung aus eine andere erreicht wird, können die Kacheln derart verschoben werden, dass

- Kacheln an den 4 Ecken nur in zwei Richtungen verschoben werden,

- Kacheln in der mittleren Zeile in drei Richtungen verschoben werden können.

Für die Betrachtung und das Programmieren des Algorithmus ist es einfacher, nur den leeren Platz zu verfolgen. Dann sind die Zahlenfolgen 6-stellig, wobei der zusätzliche Platz angibt, wo sich die leere Kachel befindet.

Diese verschiebt sich jedenfalls bei einem Zug und zwar genau so, wie oben beschrieben, an den Ecken in zwei Richtungen, an den verbleibenden zwei Mittelplätzen in dreien. Dabei ändert sich die Darstellung der Situation mithilfe der Zahlenfolge, indem zwei Zahlen vertauscht werden, und zwar immer die Position der leeren Kachel mit einer benachbarten.

Weil es keinen Sinn ergibt, Folgen zu betrachten, bei denen Züge unmittelbar aufeinanderfolgend rückgängig gemacht werden, müssen diese für den Algorithmus ausgeschlossen werden.

Die Plätze werden nach dem folgenden Schema durchnummeriert:

$$\begin{bmatrix} 0 & 1 \\ 2 & 3 \\ 4 & 5 \end{bmatrix}$$

Die Folge 1,2,3,4,5,6 entspricht der essenziellen Zielsituation, wobei die Leerkachel mit Nr. 1 aufgenommen ist. Eine Folge wie 2,5,3,4,1,6 zeigt beispielhaft eine aktuelle Situation, in der die leere Kachel unten links ist.

Jetzt werden mögliche Zugfolgen generiert. Jeder Zug ändert die Situation und vertauscht die Eins mit einer der anderen Zahlen gemäß den genannten Bedingungen. Wird immer die erste Möglichkeit zu Ziehen verwendet, wobei eine insgesamt 11-stellige Zugfolge erstellt werden soll, ergibt sich:

0,1,3,2,0,1,3,2,0,1,3 Plätze
0,0,1,1,0,0,1,1,0,0,0 Verzweigungsmöglichkeiten

Kernstück des Algorithmus ist ein assoziatives Array, in dem die Folgen und Situationen vermerkt werden. Ein Beispiel liefert der Eintrag:

sit['2,1,3,4,5,6']=[1];

Von der Zielsituation ausgehend wechselt die leere Kachel oben links auf den rechten Platz in der oberen Reihe. die vermerkte Zugfolge hat nur ein Element, nämlich die 1. Sie zeigt die Reihenfolge der Plätze an, die die leere Kachel der Reihe nach einnimmt. Ganz zu Beginn besteht eine weitere Zugmöglichkeit, nämlich nach unten. Deshalb wird für diese Situation ein weiterer Eintrag aufgenommen:

sit['3,2,1,4,5,6']=[3];

Ab dem zweiten Teilzug besteht aber an den Ecken jeweils nur noch eine Zugmöglichkeit für die leere Kachel. Denn würde sie zurück auf den Platz wechseln, auf dem sie sich zuletzt befand, würde ganz sicher keine neue Situation entstehen. An den mittleren Plätzen ist es im Beispiel anders, denn dort besteht jedesmal für die leere Kachel die Möglichkeit, zwei Plätze zu erreichen.

Die Folgen werden nach und nach um einen Zug erweitert. Immer, wenn eine Verzweigungsmöglichkeit besteht, entsteht mehr als nur eine neue Folge, in diesem Beispiel sind es jeweils zwei. Ab und an wird durch die Erweiterung der Zugfolgen eine Situation erreicht, die bereits im assoziativen Array mit einer kürzeren Folge enthalten ist. Dann braucht die neue Folge, die diese, bereits vorhandene Situation erneut erreicht nicht mehr vermerkt zu werden.

Mit der Zeit werden nach und nach immer längere Folgen aufgenommen. Es erscheint beim Statuenpuzzle zwar vielleicht plausibel zu vermuten, dass 11 Zugelemente stets ausreichen, um die linke Hälfte des Puzzles zu lösen. Bei diesem Beispiel ist das aber sogar nur selten der Fall. Würde man aber 18 statt 11 Elemente für die Zugfolgen zulassen, so wäre sie ziemlich sicher dabei.

Die Schlagkraft des Verfahrens kann noch etwas verbessert werden, indem im Rahmen des Verfahrens ein weiteres Mittel zur Anwendung kommt. Denn der Zeitaufwand zur Zielfindung kann oft verringert werden, wenn zwei Arrays verwendet werden. In einem davon werden Puzzlezustände und Zugfolgen ausgehend von der Zielsituation vermerkt und in dem anderen Zustände und Zugfolgen von der aktuellen Situation. Sie werden beide abwechselnd um einen Zug erweitert.

Unmittelbar bevor in einem der Arrays ein neuer Eintrag aufgenommen werden soll, wird überprüft, ob der dadurch entstehende Puzzlezustand bereits im anderen Array auftaucht. Ist das der Fall, so ist das Ziel erreicht. Die Gesamtzugfolge entsteht, indem die beiden vermerkten Teilfolgen aneinandergehängt werden. Weil von der aktuellen Folge gestartet werden muss, um das Rätsel zu lösen, muss mit dieser Teilfolge begonnen werden. Die andere Teilfolge, die von der Zielsituation aus startete, wird dann in umgekehrter Reihenfolge angehängt.

Das Verfahren wird im Rahmen repräsentativer Systeme als „Schwarmverfahren" bezeicnet. Analog zu der bildlichen Veranschaulichung zu Beginn der Ausführungen werden sowohl vom Startpunkt als auch vom Ziel ausgehend alle Möglichkeiten ausgelotet und das System merkt sich sämtliche Situationen, die jeweils erreichbar sind. Stimmen zwei der Situationen irgendwo überein, so ist eine charakteristische Situation erreicht. Mit den zwei dazugehörigen Folgen kann das Ziel erreicht werden. Sowohl bei dem Statuenpuzzle, als auch beim Würfel gelangt das System mit dieser Methode immer binnen kurzer Zeit ans Ziel, was auf der Webseite ausprobiert werden kann.

Reicht bei einem komplexeren Fall auch das nicht, so ergeben sich nach einer gewissen, festgelegten Zuglänge pro Durchlauf Lücken in der Menge aller überhaupt möglichen Situationen. Diese müssten überbrückt werden. Nach einem vergeblichen Versuch wird demgemäß ein weiterer Schwarmversuch gestartet werden, mit dem Ergebnis, dass viele neue Situationen als erreichbar vermerkt werden.

Möglicherweise besteht die Menge aller denkbaren Situationen zwar aus voneinander getrennten Teilmengen, die gar nicht durch erlaubte Zugoperationen miteinander verbunden sind. Das kann beispielsweise sogar beim gewöhnlichen Zauberwürfel mit $3 \cdot 3 \cdot 3$ Elementen der Fall, wenn man ihn mit brachialer Gewalt auseinander nimmt, lediglich ein Element verdreht und ihn wieder zusammensetzt. Denn es gibt keine Möglichkeit, durch Drehoperationen nur lediglich einen einziges Element zu verändern. Schwarmversuche, die von solch einem Zustand starten, werden in ihrer Menge möglicher Zustände verbleiben. Alle Schwarmversuche, die vom Zielzustand ausgehen, verbleiben in ihrer eigenen Teilmenge. Beide werden sich niemals bei einer gemeinsamen Situation treffen können.

Das nächste Kapitel befasst sich im Detail mit dem einfachen Zauberwürfel, stellt eine mögliche Repräsentation vor und erläutert die Zielfindung, wobei die hier geschilderte Variante natürlich entsprechend knapp gefasst werden kann.

Einfacher Zauberwürfel

In diesem Kapitel soll die Repräsentation des einfachen Zauberwürfels besprochen werden. Dieses Beispiel weicht ein Stück weit von den anderen ab, denn es gibt keine einfache Möglichkeit, aufgrund der Bildschirmelemente im Image-Objekt den Zustand des Würfels zu erkennen. Deshalb müsste man sich eine Schnittstelle vorstellen, die es dem System erlaubt, den Würfel beobachten zu können. Sie wäre nicht allzu schwierig zu realisieren, selbst das Bild des Würfels reicht prinzipiell aus, um eine Abbildung gemäß des Konzeptes realisieren zu können. Das Wesentliche hierbei ist daher nicht die Erläuterung der Schnittstelle, die es ermöglicht, den Beobachtungen Situationen zuzuordnen und umgekehrt aus diesen Situationen wieder ein Abbild der Beobachtungen herzustellen; vielmehr sind diese Dinge konzeptioneller Natur. Es möge also davon ausgegangen werden, dass eine solche Schnittstelle bereitsteht.

Völlig analog zu den anderen Beispielen wird jeder Zustand des Würfels mit einer Situation $\vec{s}$ beschrieben. Und es ist die Aufgabe des Systems herauszufinden, wie sich der Würfel durch das Drehen verändert. Als weitere Aufgabe steht natürlich die Herausforderung bevor, einen verdrehten Würfel in den Ausgangszustand zurückversetzen zu können. Der letztere Aspekt wird im zweiten Teilabschnitt dieses Kapitels analog zum Statuenpuzzle besprochen. Der Erstere stellt in einer Hinsicht eine

275

Abbildung 20: Einfacher Zauberwürfel

neue Herausforderung dar, von der sich aber herausstellen wird, dass sie leicht zu meistern ist.

Repräsentation der Drehungen

Es ist möglich, den Würfel auf sechs Arten zu drehen. Man kann drei Achsen definieren, die mittig durch den Würfel verlaufen und im Drehsinn jeder dieser Achsen kann man ihn auf zwei Arten drehen, nämlich indem man die eine oder andere Seite anfasst, daran dreht, und die jeweils andere festhält. Sobald das System eine Schnittstelle besitzt, um den Würfel abbilden zu können, wird es dessen Flächen durchnummerieren. Dabei hat es sämtliche denkbaren Freiheiten und könnte sie wie in den Grafiken abgebildet durchnummerieren. Alle anderen Nummerierungsversuche sind selbstverständlich gleichwertig. Eine Situation muss anzeigen, wo die Flächen sind, und es gibt wie schon so oft mindestens zwei Möglichkeiten. Entweder müsste zu

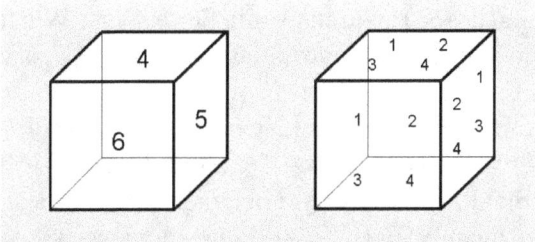

Abbildung 21: Nummerierung der vorderen Flächen

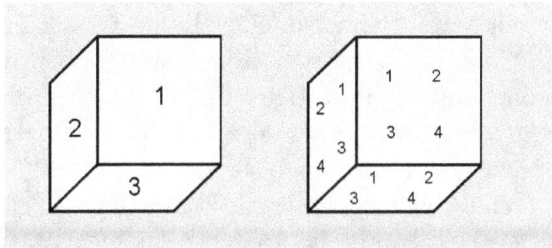

Abbildung 22: Nummerierung der hinteren Flächen

jeder Fläche die Position vermerkt werden, oder zu jeder Fläche müsste vermerkt werden, an welcher Position sie sich befindet. Zur Erklärung möge die erste Variante willkürlich ausgewählt sein.

Dann gibt es 24 Flächen, die sich an 24 verschiedenen Stellen befinden können. Nach dem Erkennen erstellt das System einen Situationsvektor mit 24 Einheitsvektoren, die jeweils eben diese 24 Komponenten haben werden, von denen immer genau eine gleich Eins sein muss; alle anderen sind Null, um den Zustand des Würfels abzubilden. Die Grafik zeigt die Nummerierung der Kacheln im Beispielprogramm zur Illustration des Zielalgorithmus, das sich auf der Webseite befindet. Anstelle der doppelten Indizierung auf der Webseite zählt der Generator hier aber die

Kacheln einfach ab. Beginnend mit Seite 1 des Würfels könnte
er die ersten vier Kacheln zuordnen, dann auf Seite zwei die Kacheln 5 bis 6 abzählen und so fort. Eine solche Zuordnung mit
nur einer Nummer pro Kachel ist in diesem Kapitel impliziert.

An dieser Stelle kommt jetzt der zuvor bereits erwähnte, neue
Aspekt ins Spiel. Denn während bei allen anderen Beispielen sich
bei einer einzigen Situationsänderung nur jeweils eine Kompo-
nente des Zustandsvektors geändert hat, sind es jetzt stets mehrere. Beim 3-Gewinnt Spiel änderte sich nur der Zustand eines
Feldes, denn statt eines Leerfeldes erschien nach dem Zug ein
Kreuz oder ein Kreis. Beim 4-in-einer-Reihe-Spiel kam ein neuer
Spielstein hinzu und fiel auf seine Endposition, aber die anderen
Steine blieben unverändert. Beim Schachspiel wurde nur eine
Figur bewegt; zwar wurden andere Figuren entfernt, aber das
ist im Rahmen des Konzeptes berücksichtigt: Die Veränderung
der Position einer betroffenen Figur ist dort immer gleich, denn
sie verlässt das Feld komplett. Auch bei der Venusstatue bewegt
sich immer nur eine Kachel und diese Bewegung wird durch die
Änderung einer einzigen Vektorkomponente von $\hat{s}$ komplett wiedergegeben. Aber hier ist es anders, denn jede Möglichkeit, auf
eine der sechs möglichen Arten den Würfel zu drehen, bewirkt
jeweils eine Veränderung vieler Vektorkomponenten von $\vec{s}$.

Dabei ist wie immer

$$\vec{s} = \begin{bmatrix} 1 \\ 0 \\ 0 \\ 0 \\ 0 \\ 0 \\ 0 \\ 0 \\ 0 \\ 0 \\ 0 \\ 0 \\ 0 \\ 0 \\ 0 \\ 0 \\ 0 \\ 0 \\ 0 \\ 0 \\ 0 \\ 0 \\ 0 \\ 0 \end{bmatrix} \hat{e}_1 + \begin{bmatrix} 0 \\ 1 \\ 0 \\ 0 \\ 0 \\ 0 \\ 0 \\ 0 \\ 0 \\ 0 \\ 0 \\ 0 \\ 0 \\ 0 \\ 0 \\ 0 \\ 0 \\ 0 \\ 0 \\ 0 \\ 0 \\ 0 \\ 0 \\ 0 \end{bmatrix} \hat{e}_2 + ... + \begin{bmatrix} 0 \\ 0 \\ 0 \\ 0 \\ 0 \\ 0 \\ 0 \\ 0 \\ 0 \\ 0 \\ 0 \\ 0 \\ 0 \\ 0 \\ 0 \\ 0 \\ 0 \\ 0 \\ 0 \\ 0 \\ 0 \\ 0 \\ 0 \\ 1 \end{bmatrix} \hat{e}_{42}$$

Der Ausgangszustand ist also, wenn man sich diese Vektoren spaltenweise nebeneinander vorstellt, genau eine Einheitsmatrix.

Es gibt selbstverständlich viele Möglichkeiten, das entstehende Problem, dass der Würfel nicht unmittelbar in den Darstellungsrahmen der übrigen Spiele passt, wo sich pro Zug immer nur eine Komponente änderte, zu beseitigen.

Einerseits könnte das System versuchen, eine vollständige

Matrix zu finden, die jeder überhaupt denkbaren Situation, und damit allen verschiedenen Einstellungen des Würfels, die entsprechenden Folgesituationen zuzuordnet. Weil es sehr viel Zeit hat, wird es nach einiger Weile mithilfe der $\hat{K}$-Operatoren möglicherweise sogar erfolgreich sein; diese Lösung des Problems, welche es immer gibt, hat aber den Nachteil, dass sie auf den ersten Blick unanschaulich zu sein scheint. Sofern der Versuch erfolgreich sein sollte, ist das gut und die entstehende Matrix sieht bestimmt sehr eindrucksvoll aus. Bevor auf die übliche Methode, die Darstellungskomplexität zu reduzieren eingegangen wird, soll auf den Gedanken, aufgrund dessen sich die Erfordernis für diese Reduktion im Zuge der Überlegungen ergibt, eingegangen werden. Bestimmt verursacht der Versuch, sich die Matrix vorzustellen, Albträume, aus denen man erwacht und dann hat man sie plötzlich vor Augen. Zugegebenermaßen, es gibt bis jetzt keine Darstellung, auch wenn es noch so offensichtlich erscheinen mag.

Die erste alternative Methode, die der Programmgenerator austesten sollte, versucht, nachdem die Kacheln durchnummeriert worden sind, sämtliche überhaupt möglichen Situationen in einen Zustand zu pressen, der nur einen Einheitsvektor hat. Dieser muss wie immer eine Eins an der Stelle aufweisen, die den Zustand des Würfels bedeutet, und sonst überall gleich Null sein. Jede Kachel kann prinzipiell nach dieser ganzen Logik irgendwo auf dem Würfel sein, also an einem von 24 Plätzen. Die Repräsentation wäre zwar dann offensichtlich hochgradig redundant, aber gerade durch das Generieren von Redundanzen entstehen ja oft Muster, die sogar für solche Systeme sehr hilfreich sind, um mit nur wenigen Informationen eine gesamte Matrix erkennen zu können. Vermutlich ist das hier auch so, und dieser Punkt ist selbstverständlich Gegenstand aktueller Überlegungen. Zum jetzigen Zeitpunkt, während ich das als Autor erkläre, kenne ich ihre Struktur noch nicht.

Gemäß der Überlegungen ist aber jedenfalls zumindest sicher, dass der Vektor 24^24 Komponenten haben muss, damit alle Möglichkeiten erfasst werden. Natürlich ist er hochgradig redundant, aber das System wird ihn trotzdem austesten, und vielleicht sogar erfolgreich sein. Diese Matrix ordnet jeder Ausgangssituation dann $6 \cdot 3 = 18$ Folgesituationen zu. Das bedeutet, dass sie in jeder Spalte 18 Einsen aufweist, weil sich ja eine Änderung ergeben muss durch das Drehen, und es gibt nur die 6 Drehsinne (das wird gleich im Anschluss an diese Ausführungen klar), die jeweils zu 3 Änderungen führen können. Die Gestalt der Matrix repräsentiert den Würfel vollständig. Auch gibt es natürlich für mächtiger ausgestattete Systeme noch die Möglichkeit, die Matrix in ihrer Größe zu reduzieren. Denn nachdem eine Kachel an einem der zunächst 24 Plätze auftaucht, verbleiben nur noch 23 leere Plätze und so fort. Sie hätte dann $(24!)^2$ Elemente, muss aber keineswegs leichter zu erraten sein für den Algorithmengenerator. Denn ähnlich wie bei der Darstellung der sehr hochdimensionalen Matrix für das 3-Gewinnt-Spiel erscheint dann eine Asymmetrie, im Gegensatz zur ersten vollständig repräsentativen Variante mit nur einer Matrix, die sich vermutlich mithilfe der $\hat{K}$-Operatoren sogar ganz leicht erraten lassen könnte, vor allem vor dem Hintergrund, dass lediglich ganz wenige Matrixelemente von Null verschieden sein werden.

Es geht aber viel einfacher, mithilfe einer Methode, die offensichtlich ans Ziel führt und bis hierher rein theoretische Überlegungen außen vorlässt, indem wie bei allen vorangegangenen Beispielen die Matrizen reduziert werden. Sie sind dann immer noch sehr allgemein, aber viel einfacher zu finden. Wenn man darüber nachdenkt, beleuchten gerade die Ausführungen zum Mau-Mau-Spiel, Teil II, genau diesen Aspekt. Dort wurde eine große Matrix aufgelöst, so dass zwei kleinere entstanden sind, die für den Algorithmengenerator ganz leicht zu erraten waren.

Zwar kann er theoretisch mit den $\hat{K}$-Operatoren auch auf die große Matrix schließen, aber es ist offensichtlich viel einfacher, das Problem in ein engeres Schema zu quetschen, was für alle diskutierten Beispiele ausreicht und erweiterbar ist. Der letzte Hinweis ist hierbei entscheidend: Wenn es dem System nicht gelingt, seine Beobachtungen in ein etwas enger gefasstes Schema zu quetschen und dadurch eine möglichst große Verallgemeinerungsmöglichkeit zu entdecken, muss es ja ohnehin auf eine allgemeinere Variante zurückgreifen. Bevor es aber anfängt, alle irgend erdenklichen Möglichkeiten in gigantischen Matrizen abzulegen und diese mit $\hat{K}$-Operatoren zu vervollständigen versucht, ist es zunächst viel sinnvoller, das Schema zu erweitern, soweit nötig.

In diesem Beispiel-Fall ist das sogar ganz einfach. Daher hilft dieser Versuch zugleich, andere Fälle transparenter werden zu lassen. Er zeigt auch deutlich, dass bei der Ausgestaltung repräsentativer Systeme seitens dessen, der sie anlegt immer darauf geachtet werden muss, dass ihre Repräsentationsmächtigkeit groß genug ist, um die Beobachtungen einordnen zu können. Denn das System kann sich zunächst nicht weiter anpassen, es kennt nur seine ihm vorgegebenen Schemata und was nicht passt, kann zunächst auch nicht passend gemacht werden, es sei denn, man erlaubt willkürliche Änderungen des Schemas und akzeptiert notfalls Resultate mit geringen Repräsentationsgraden als ausreichend. In der Praxis ist aber ein einheitliches Schema alleine deshalb schon erforderlich, weil nur eine begrenzte Menge an Beobachtungen zur Verfügung steht. Gleichzeitig das Einordnungsschema zu ändern, sowie zu versuchen, die wenigen Beobachtungen einzuordnen, scheitert im experimentellen Versuch sehr leicht.

Nun reicht eine sehr kleine Modifikation der Art und Weise, wie Zielsituationen beschrieben werden, aus, damit das System das Verhalten seines beobachteten Objektes abbilden kann.

Denn es gibt sechs Arten, den Würfel zu drehen, weil er drei Achsen hat, und man jeweils eine Fläche beim Drehen festhält. Jede dieser Drehungen verändert mehr als nur eine Vektorkomponente von $\vec{s}$. Deshalb wird dem System die zusätzlich zu repräsentierende Größe $\rho_{i,k}$ zur Verfügung gestellt, welche zugleich alle vorangegangenen Beispiele mathematisch viel einheitlicher und transparenter erscheinen lässt. Vollständig geschrieben lautet dann die Propagations-Darstellung:

$$\vec{s'} = \sum_{i=1}^{N} (\rho_{i,k} \hat{M}_k \hat{e}_i) \cdot \vec{s}$$

Dabei steht der Index k für die k-te Zugvariante, und die $\hat{M}_k$ sind die verschiedenen M-Matrizen, von denen bei jeder Zugart mehrere angewendet werden können müssten. Interessant ist zu bemerken, dass bei allen anderen Beispielen das $\rho_{i,k}$ eigentlich auch existiert, nur dass es immer gleich $\delta_{i,k}$ ist und deshalb übersehen worden ist.

Solche formellen Erweiterungen gab es im Verlauf der Entdeckung der theoretischen Physik zur Beschreibung der Natur sehr oft, und es war stets wichtig, dass die neu eingeführte Größe sich auf eine Einheitsoperation reduzierte, wenn sie im Kontext vorangegangener Überlegungen zusätzlich berücksichtigt worden wäre. Ein schönes Beispiel aus der Naturwissenschaft dazu präsentierte ja gerade die Beispielrechnung im Kapitel „Matrizen in der Welt". Geschwindigkeiten lassen zwar nach der Methode von Adam Riese zusammenzählen. Aber die Beobachtungen der Naturwissenschaftler stehen nicht im Einklang mit dieser offensichtlichen Denkungsart. Und so kommt irgendwann eine neue Weisheit ans Tageslicht, die dort aufzeigt, dass wenn geringe Geschwindigkeiten addiert werden, praktisch kein Fehler entsteht, bei sehr großen aber schon.

Die Matrix $\rho_{i,k}$ zeigt zu jedem k-ten Zug, welche der sechs $\hat{M}$-Matrizen gleichzeitig zur Anwendung kommen. Sie ändern mehrere Vektorkomponenten dementsprechend zugleich. Und sie wird sich sehr einfach erkennen lassen; es ist sogar ein Glücksfall, dass es sie gibt, denn sie vereinfacht die programmtechnische Realisation des ganzen Vorhabens erheblich. Vom Ausgangspunkt an ist sie immer zunächst eine Einheitsmatrix. Passt das nicht, muss sie gesondert zu repräsentieren versucht werden.

Die gute Nachricht ist, dass nach dieser Modifikation sowohl die $\hat{M}$-Matrizen als auch die Komponenten von $\rho_{i,k}$ sehr einfach zu finden sind. Wie gesagt probiert das System es im Sinne dieser ganzen Logik zunächst mit nur einer $\hat{M}$-Matrix und setzt $\rho_{i,k}=\delta_{i,k}$. Erst wenn das scheitert, legt es los, und probiert sich mit einem neuen Abenteuer. Auf der Webseite kann man durch Drehen am Würfel sehen, wie die Matrizen entstehen.

Um das besser zu verstehen, soll zunächst eine Drehung um 90 Grad bezüglich einer Achse betrachtet werden. Dabei ändern sich 12 Elemente. Nummeriert man sie wie in der Grafik von 1 bis 12 durch, ist klar, dass diese Drehung folgende Modifikationen bewirkt:

$$\begin{bmatrix} 1->3 \\ 2->4 \\ 3->5 \\ 4->6 \\ 5->7 \\ 6->8 \\ 7->1 \\ 8->2 \\ 9->10 \\ 10->11 \\ 11->12 \\ 12->9 \end{bmatrix}$$

Jede solche Drehung wird dieselben Vektorkomponenten genau so verändern. Die restlichen Komponenten bleiben unver-

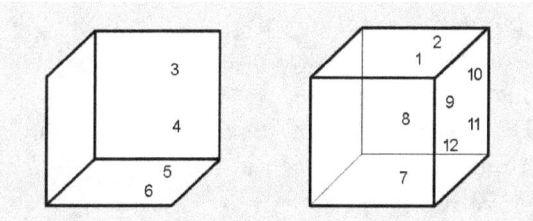

ändert. Diese Matrix muss auf alle Komponenten von $\vec{s}$ angewendet werden, sofern es sich um die erste Zugmöglichkeit handelt. Deshalb ist $\rho_{i,k}$ gleich Eins für alle i, im Gegensatz zu den
anderen Beispielen, wo es nur dann gleich Eins war, wenn i und
k übereinstimmten.

Es ergeben sich, wenn das System nur diese Vorwärtsrichtungen um eine Einheit betrachtet, sechs Zugmöglichkeiten; sonst mehr, nämlich die bekannten 18. Und es findet sechs solche Matrizen. Diese repräsentieren den Würfel vollständig und sind leicht aufzufinden. Man betrachte dazu noch das explizite Beispiel auf der Webseite.

Charakteristische Folgen und Situationen

Nachdem das Zugverhalten repräsentiert ist, stellt sich die Frage, ob die bereits zur Verfügung stehenden Methoden ausreichen, um es dem System zu erlauben, eine Lösung für das Würfelproblem selbstständig zu finden. Diese bestünde natürlich wie gehabt darin, einen bestimmten Zustand herzustellen, und weil der Ausgangszustand sich anbietet, zu versuchen, genau diesen zu erreichen, wenn der Würfel einmal verdreht ist.

Es ist bekannt, dass jede Situation gemäß der obigen Systematik dargestellt wird und die Ausgangssituation entspricht ebenfalls dieser Gleichung.

Auch ist dem System bekannt, was bei Drehungen passiert. Es kann also genau so vorgehen wie bei der Statue oder dem Schachspiel und alle Varianten möglicher Drehungen durch Anwendung der bekannten Operatoren durchprobieren, um zum Ziel zu gelangen. Sollte der Würfel nicht allzusehr verdreht worden sein, wird es auch ans Ziel gelangen.

Sollte das nicht reichen, teilt es die essenzielle Zielsituation abermals auf und versucht, zumindest bis zur probeweise festgelegte Hälfte zu gelangen. Es sei angenommen, dass diese charakteristische Teilsituation genau zur Statue darin bestehen möge, die obere Hälfte in den Gesamt-Zielzustand zu versetzen. Das gelingt mit etwas Probieren jedenfalls, und übrig verbleiben die unteren vier Würfel.

Obwohl die charakteristischen Teil-Situationen schon anhand

des 4-Gewinnt-Spiels erläutert worden sind, ist es im Kontext dieses Beispiels sinnvoll, sie im Detail zu untersuchen. Zwar wird das System in diesem Fall mit der gleichen Vorgehensweise wie im Fall des Statuenpuzzles ans Ziel gelangen.

Dennoch wird es für das System viel einfacher, wenn es sich besser mit dem Würfel vertraut macht. Denn die willkürliche Aufteilung in eine Hälfte ist keineswegs die einzig mögliche Wahl, um das Problem derart anzugehen, es zunächst teilweise zu lösen, bevor eine komplette Lösung gefunden werden kann.

Sehr viele charakteristische Teilsituationen entstehen insbesondere, indem das System seine bekannten Operatoren zur Drehung des Würfels beginnend mit dessen Ausgangszustand anwendet. Denn dann kennt es sehr schnell viele Situationen, die es mit Leichtigkeit zurückdrehen kann.

Wichtig ist insbesondere: Sofern es bei seinem Versuch zunächst analog zur Statue probiert, zunächst die Hälfte in den gewünschten Endzustand zu bringen, wird es ihm nach einiger Zeit in etlichen Fällen gelingen, eine Folge zu finden, die das Problem komplett löst. Immer dann müsste es die Ausgangssituation, die hier bereits den halb gelösten Würfel beinhaltet, als charakteristische Teilsituation vermerken und zusätzlich diejenige Zugfolge im Speicher ablegen, die zum Ziel führt. Selbstverständlich sind dann alle Zustände des Würfels auf dem Weg dahin ebenfalls charakteristische Teilsituationen, von denen aus sich der Würfel leicht lösen lässt. Darüber hinaus ist offensichtlich, dass der Würfel hochgradig symmetrisch ist, und ist es dem System erlaubt, diese Symmetrie auszunutzen, um mithilfe der vorhandenen charakteristischen Situationen und Zugfolgen auch vollkommen gleichwertige Zustände einzuordnen, nämlich indem Farben gegenüberliegender Seiten vertauscht werden dürfen oder eine komplette Drehung des Würfels insgesamt ermöglicht wäre, könnte es seine charakteristischen Folgen effizient auch in gleichwertigen Situationen anwenden. Und käme noch schneller ans

Ziel, als wenn dies dem System nicht möglich ist. Um es deutlicher zu formulieren: Je größer die Repräsentationsmächtigkeit eines solchen Systems ist, desto besser wird sein Verständnis und desto detaillierter wird sein Nachbildungsvermögen der Realität werden können, solange es gezwungen ist, durch die beschriebene Engmaschigkeit des Netzes, in das es seine Beobachtungen einordnen möchte, die Realität im Sinne dieser Muster verstehen zu müssen. Dabei ist es egal, ob solche Muster von außen fest vorgegeben sind ober ob ein System seine Grenzen austesten kann, indem es das Raster ein wenig variiert.

Allerdings ist es offenbar so, dass Intelligenz simulierende Systeme vorgegebene Muster nur in sehr engen Grenzen variieren können. Denn insbesondere anhand dieses Beispiels ist deutlich geworden, dass eine aus der Sicht des Systems jeweils nicht machbare, grundsätzliche Änderung der Zielvorgaben des Musters, in das alles einzuordnen sein soll, erforderlich sein kann. Natürliche Systeme werden dabei mit einer Herausforderung konfrontiert, die ihnen Mut, Genialität und einige Ausdauer abverlangen kann. Und möglicherweise unterscheiden sich an dieser Stelle simulative Systeme von dem natürlichen Vorbild noch auf sehr lange Zeit. Denn die letzteren Eigenschaften sind den Lebewesen vorbehalten. Diese sind inhärent mit ihrer Gefühlswelt verbunden, über die Matrixsysteme, soweit sie hier besprochen worden sind, nicht verfügen. Sie könnten zwar versuchen, die gefühlsmäßig hervorgebrachten Reaktionen natürlicher Vorbilder nachzuahmen, aber nur der liebe Gott weiß, ob sie sogar selbst einfachste Empfindungen wie Wärme und Kälte oder erst recht solche wie Liebe und Hass, Angst oder Hoffnung, Bewunderung und Verachtung oder Trauer und Freude jemals selbst erleben können, obwohl das für die Lebewesen selbstverständlich ist, oder ob sie bestenfalls tatsächlich nur in der Lage sind, sie nachzubilden.

Überblick über das Verfahren

An dieser Stelle ist der Gegenstand des Verfahrens sowohl theoretisch als auch exemplarisch dargestellt worden. Es ist aber wichtig, sich stets im Hinterkopf bewusst zu sein, dass die Repräsentationstheorie als solche Gegenstand aktueller Forschung ist und nicht vollkommen bekannt. Sie ist im Rahmen des Textes so detailliert beschrieben worden, wie es anhand der aktuellen Erkenntnisse möglich ist. Vielleicht ändert sich zur Drucklegung des Buches bereits das ein oder andere, aber wesentliche Erkenntnisse werden sicher bleiben. Diese sollen in diesem Abschnitt noch einmal zusammenfassend aufgezeigt werden.

Um ein Programm zu generieren, ist es zunächst erforderlich, über ein repräsentationsfähiges System zu verfügen. Der Begriff der Repräsentationsfähigkeit ist zunächst etwas schwammig formuliert und es gibt viele Programme, vielleicht mit etwas gutem Willen sogar selbst bessere Waschmaschinenprogramme, die als repräsentationsfähig bezeichnet werden könnten. Das ist auch absichtlich so geschehen, um Spielraum zu schaffen, sollte die Theorie weiter entwickelt werden, damit der Begriff als solcher weiter Verwendung finden kann. Im Kern ist ein System eigentlich repräsentationsfähig, wenn es in der Lage ist, den Algorithmus, nach dem es arbeitet, vollständig aus seinen Eingaben zu gewinnen. Zwar gibt es bei all solchen Systemen stets Komponenten, die keinen repräsentativen Charakter haben - was an dieser Stelle inzwischen längst deutlich geworden ist - aber diese sind ja immer notwendig, damit das System seiner eigentlichen Aufgabe, die Umwelteindrücke zu verstehen, überhaupt nachkommen kann. Vielleicht geht es ganz ohne einen fest verdrahteten Anteil in der Software auch gar nicht. Wir, als die natürlichen Denker, verfügen über einen sehr massiven Vorrat an fest verdrahteten Schaltungen, die mit uns groß geworden sind. Ein sehr erheblicher Teil unseres Denkapparates ist nichts anderes als solch ein Vorrat an fest verdrahteten Mechanismen. Vieles brauchen und können wir gar nicht erlernen und abgesehen davon war es im Laufe der Evolution auch immer wieder mal nötig, dass die Lebewesen schnell reagieren konnten, ohne lange nachzudenken.

Natürlich sind wir als Lebewesen repräsentationsfähig.

Nachdem ein grundsätzlich überhaupt repräsentationsfähiges System entstanden ist, muss man dafür sorgen, dass es über eine ausreichende Repräsentationsmächtigkeit verfügt. Das ist besonders offenbar geworden anhand der Beispiele, denn ansonsten wären die Darstellungen der Spiele nicht möglich gewesen. Je größer die Repräsentationsmächtigkeit ist, desto besser kann ein solches System seine Umwelt wiederspiegeln und selbst nachbilden. Und genau das ist es ja, was es macht. Der Algorithmengenerator ist natürlich sehr hilfreich, um zu versuchen, Regelmäßigkeiten zu erraten. Es ist aber auch deutlich geworden, dass man ihm das Leben von vorn herein möglichst einfach machen sollte, damit die Abbildungen von ihm auch erraten werden können.

Wenn man also ein Programm erstellen möchte und über ein repräsentationsfähiges und ausreichend repräsentationsmächtiges System verfügt, ist der nächste Schritt, dem System zu zeigen, was es nachbilden soll. Hierbei generiert es ausreichend große Matrizen (sofern es ein Matrix-System ist, ansonsten könnte es auch gleichwertige, aber mathematisch andersartige Komponenten erzeugen) und erstellt Vektoren für die Situationen. Handelt es sich um ein rein sequenzielles Netz im Sinne des ersten Abschnitts dieses Buches, erzeugt es PDs und Situationen mitsamt den Objekten, aus denen sie bestehen. Natürlich kann auch ein Matrix-System dasselbe bewerkstelligen, aber es lohnt sich, die Terminologie vor Augen zu behalten, denn der Grundgedanke der Herangehensweise ist ja offensichtlich verschieden. Rein sequenzielle Systeme möchten primär Folgesituationen generieren, die sehr wahrscheinlich erscheinen und daher sinnvoll sein könnten. Matrixsysteme bilden aber auch ganze Spielregeln ab und das können rein sequenzielle Systeme nicht.

Nachdem ein repräsentationsfähiges und ausreichend repräsentationsmächtiges System zur Verfügung steht, kann es beginnen, das Geschehen zu beobachten und seine Matrizen generieren. Wenn die Matrizen beginnen, stabil zu bleiben, und die Maßzahlen der Repräsentationsgrade ein Maximum erreicht haben, ist die Darstellung fertig und das Programm kann im Prinzip gespeichert werden.

Das ist ein interessanter Schritt, denn es ist nicht mehr nötig, sämtliche Komponenten des Generators mit abzuspeichern. Vielmehr reicht es, die Matrizen als solche und die Funktionen zur Verarbeitung der Matrizen zusammen mit den zum Programm gehörigen Bildern, Tondateien und dergleichen beispielsweise als HTML-Seite mitsamt Skript zu speichern oder zu versenden.

Insbesondere ist dieser Schritt aber gerade auch deshalb interessant, weil in diesem Moment das zentrale Ziel erreicht ist, aus den Eingaben ein Programm zu erzeugen, was genau so funktioniert, wie diese es vorgeben. Denn darin besteht ja, grob gesprochen, das Grundprinzip simulativ intelligenter Systeme.

Den Abschluss des Abschnitts bildet die zuvor bereits erwähnte Übersichtstabelle, welche einige Grundeigenschaften der

Quantenphysik entsprechenden Elementen der Repräsentationstheorie gegenübergestellt. Solche Ähnlichkeiten sind natürlich im
Zuge der Entwicklung durch die Anlehnung der Repräsentationstheorie an das physikalische Vorbild entstanden.

	Quantenphysik	Repräsentations-theorie
Betrachtete Größen	Zustände / Wellenfunktion	Situationen
Zeitentwicklung	Propagator / Wellen-gleichungen	Propagations-darstellende Elemente
Entscheidungsfindung	Zufällig, eingeschränkt durch das Betragsquadrat des Überlapps mit den Eigenzuständen	Ebenfalls zufällig, eingeschränkt durch die im Rahmen eines Zielfindungs-prozesses vorgegebenen Bedingungen

Selbstständige Matrixsysteme

Es gibt übrigens noch eine weitere, reizvolle Überlegung. Der Grundgedanke dabei ist, dass es letztlich keinesfalls sicher ist, ob ein Matrixsystem überhaupt einen Computer als Basis braucht, um funktionieren zu können. Vielmehr erscheint es plausibel, dass es als selbstständig arbeitendes System auf einem eigenen Chip untergebracht werden und dann komplett ohne das Beiwerk eines Prozessors seine Aufgabe erfüllen könnte. Das würde endeffektlich bedeuten, dass ein solcher Chip, wenn er einmal hergestellt ist, alle Aufgaben herkömmlicher Computer übernehmen könnte, ganz ohne überhaupt ein Programm zu benötigen; denn es ist eine grundlegende Eigenschaft der Matrixsysteme, selbstprogrammierend zu sein. Außerdem könnte solch ein System womöglich aufgrund der Tatsache, dass es keine programmatisch sequenzielle Datenverarbeitung betreibt, in der Lage sein, große Mengen von Daten, über die es verfügt, sogar binnen weniger Taktzyklen verändern und dadurch sogar noch sehr viel schneller sein als ein Computer. Der Unterschied zwischen einem Matrixsystem und einem Computer besteht im Zuge dieser Überlegung vor allem im Aufbau der beiden Systeme. Ein Computer braucht einen Prozessor und ein Programm, das dieser Befehl für Befehl abarbeitet. Ein Matrixsystem braucht keinen Prozessor und kennt keine Befehle. Möchte man beispielsweise ein selbstfahrendes Modellauto mit einem Computer steuern, benötigt man ein Programm, das die Eingaben aus den Sensoren und Kameras verarbeitet. Es muss wohl durchdacht sein, um seiner Aufgabe gerecht werden zu können. Ein Matrixsystem könnte dieselben Aufgaben aber auch erfüllen, braucht jedoch nicht programmiert zu werden. Das ergibt auch gar keinen Sinn, denn es würde sich bei der ersten Gelegenheit an die Umwelteinflüsse, die es empfängt anpassen, und dabei das sorgfältig konzipierte Vorgehen ändern. Selbstverständlich könnte man als Techniker dieses Verhalten unterbinden, aber dann würde man die wesentliche Natur des Systems unterminieren und sein Verhalten zugleich zementieren. Matrixsysteme sind niemals dazu geschaffen worden, programmiert zu werden. Im Beispiel könnte ein Modellauto, um den Sachverhalt zu erläutern, mit drei Kameras ausgestattet sein, die sehr einfache Bilder liefern. Wenn diese angenommenermaßen Bildmaterial, das aus jeweils lediglich wenigen Pixel bestünde, beispielsweise gerade mal jeweils 8x8 Bildpunkte zur Verfügung stellen sollten, könnte man dem Matrixsystem diese Information als aktuelle Situation zur Verfügung stellen. Es müsste daraus eine Folgesituation generieren. Das bedeutet natürlich, dass jede Situation aus mehr als nur den wenigen schwarz-weißen Bildpunkten bestehen müsste, denn der Zustand des Lenkers und des Motors muss ebenfalls in den Komponenten des Situationsvektors enthalten sein. Wenn man davon ausgeht, dass es keine Rückkopplung geben soll, besteht jede Ausgangssituation in diesem Beispiel aus den 64 Pixel umfassenden Bildern und den übrigen Komponenten für die Modellautosteuerung, die sämtlich Null sein müssten. Zwei der Kameras könnten nach vorne gerichtet sein, mit Blick etwas nach links und etwas nach rechts. Die Dritte ergibt mit Blick nach hinten am meisten Sinn. Dann müsste das Auto ferngesteuert werden, so lange bis die Matrix, die den Zusammenhang zwischen den Bildern und der Steuerung abbildet, stabil zu werden beginnt. Anschließend könnte es, sollte dieses Experiment erfolgreich sein, selbstständig fahren, und zwar zumindest so gut, wie es ihm aufgrund der Repräsentationsmächtigkeit des Zusammenhangs zwischen den Eingaben in Form der Bilder und den entsprechenden Steuerangaben seitens dessen, der es ferngesteuert hat, möglich ist, die Situationen nachzubilden. Wenn man sich in der Fantasie ausmalt, was in allgemeineren Fällen denkbar sein könnte, wird erkennbar, dass ein hardwaremäßig realisiertes Matrixsystem nur dann sinnvoll einsetzbar wäre, wenn es mit einer Peripherie ausgestattet wäre, die eine stabile Repräsentation der Umgebung erlaubt. In allen Beispielen des Buches gab es solch eine Schnittstelle, die Beobachtungen den Komponenten der $\vec{s}$-Vektoren die Situationen zuordnet und erlaubt, beobachtete Szenarien intern abzubilden, und umgekehrt, nachdem das System ein Folgeszenario extrahiert hat, daraus Situationen wieder herstellen und ausgeben kann. Wenn es aber so arbeitet, braucht es weder, noch kann es genau genommen programmiert werden, sondern findet eine optimale Repräsentation für die Realität stets selbst. Es bedarf etwas Vorstellungsvermögen, um zu versuchen, sich den genauen Aufbau eines Chips vor Augen zu führen, der unabhängig von einem Computer arbeiten könnte, und mit Fug und Recht kann er noch der Science-Fiction zugerechnet werden.

Er müsste, sollte er nach dem Schema der Beispiele im Buch funktionieren, in der Lage sein, die wesentliche Aufgabe der Schnittstelle zwischen Beobachtungen und den Situationen hardwaremäßig statt wie bisher üblich über ein Programm realisieren. Demgemäß müssten dann Speicherelemente auf dem Chip für die Matrizen bereitgestellt werden, wobei immer dann, wenn sie sich vereinfachend mit den matrixgenerierenden und -manipulierenden Elementen des Algorithmengenerators abbilden lassen und diese Darstellung in harmonischem Einklang mit den

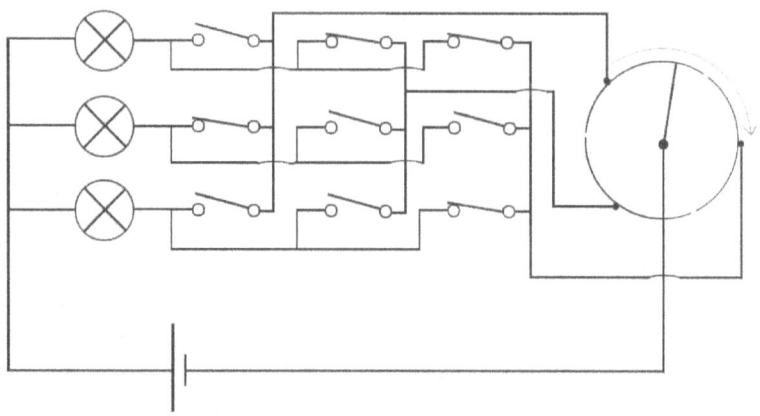

Beobachtungen steht, irgendwann der Speicher wieder freigege-
ben werden müsste. Ansonsten bestünde die wesentliche, hardwaremäßig zu realisierende Aufgabe darin, eine Matrix-Multipli-
kation durchzuführen und das ist ohne Prozessor sogar noch viel
einfacher umzusetzen als mit. Natürlich sollte der Algorithmengenerator auf dem Weg zu einem echten Chip zunächst einmal
fest verdrahtet werden, aber das lässt sich hardwaremäßig zumindest für den Fall, dass einfache Beispielkombinationen von
Matrixoperatoren erraten werden können, sogar offensichtlich
ohne großen Aufwand realisieren. Es ist vermutlich sogar einfacher, als herkömmliche Prozessoren zu konzipieren, insbesondere
vor dem Hintergrund, dass es ja nicht erforderlich wäre, den Chip
Programme abarbeiten zu lassen.

Zugegeben: Dieser Absatz ist natürlich mit etwas Humor im
Hinterkopf in diesen Worten verfasst und nicht ohne Grund zum
Teil im Konjunktiv geschrieben. Anlass zu diesen Überlegungen
gibt die Schaltung der Abbildung, welche die Motivation dazu
illustriert. Sie ist sehr einfach, stellt aber das wesentliche Grund-

gerüst eines vollständigen Matrixsystems bereits dar, wenn auch zunächst noch ohne den Algorithmengenerator. Auch zeigt sie in dieser Form noch nicht auf, warum das System angeblich selbstprogrammierend sein sollte. Angelehnt ist sie offenbar an die Disko-Ampel. Durch Einstellen der Schalter kann eine Reihenfolge festgelegt werden, gemäß der die Lampen aufleuchten. Wären die Schalter durch Relais realisiert, die immer dann umklappen, wenn jemand auf die Lampen drückt, je nachdem welcher Satz von Schaltern gerade aktiv ist, wäre die Disko-Ampel aber bereits dennoch komplett in der Schaltung umgesetzt. Sogar der Algorithmengenerator könnte mit einer Reihe von zusätzlichen, überlagerten Schaltern in einer weiteren Schicht ansatzweise bereits realisiert werden, vor allem dann, wenn seine einzige Aufgabe darin bestünde, die Lampen der Reihe nach aufblinken zu lassen, sobald sie bis auf einige wenige in genau dieser, vorgegebenen Reihenfolge angeklickt worden sind. Offensichtlich ist in der Tat etwas Fantasie nötig und es ist sogar im realistischeren Fall sehr viel Denkvermögen erforderlich, um sich solche Schaltungen überhaupt vorzustellen. Denn sie müssten die gesamte übliche Technik unserer mobilen Geräte komplett ersetzen. Aber zumindest erscheint es plausibel, dass es sie geben könnte.

Letztlich sind also solche Vorstellungen bis jetzt tatsächlich noch eine Art Science-Fiction oder, um beim Begriff zu Beginn der Ausführungen zu bleiben, reizvolle Überlegungen.

Ausblick

Nachdem im Zuge der Ausführungen einige Repräsentationen dargestellt worden sind, liegt es auf der Hand, dass es weitere gibt. Offensichtlich erscheint natürlich, dass eine Vielzahl von Spielen ohne irgendwelche Modifikationen repräsentierbar sind. Doch solche Spiele besitzen eigentlich in einem erheblichen Ausmaß experimentellen Charakter. Und so mögen nun an dieser Stelle noch andere mögliche Repräsentationen erwähnt werden, die noch nicht in diesem Text besprochen worden sind.

Insbesondere ist damit ein System gemeint, welches sich zum Ziel setzt, mathematische Gleichungen mit nur einer Unbekannten nach genau dieser aufzulösen. Dieses Ziel zu erreichen, wird stark erleichtert, wenn es dem Rechner erlaubt ist, seine Fähigkeit zu Rechnen einzubringen. Es erscheint plausibel zu versuchen, dem System zu ermöglichen, zahlenartige Bestandteile als solche behandeln zu können, um ihm die extrem aufwändige Repräsentation der gesamten grundlegenden Mathematik zu ersparen. Zur Vorgehensweise wurden bereits im Abschnitt über allgemeinere Repräsentationen Ansätze besprochen. Im Zusammenhang insbesondere mit komplexeren dynamischen, mathematischen Systemen ergeben sich aber sehr interessante Ausblicke auf mögliche repräsentative Ansätze. Sie sind Gegenstand aktueller Betrachtungen, anhand derer besonders deutlich wird, dass die Theorie noch nicht vollständig ist. Es ist überhaupt insgesamt ein wesentliches und allgegenwärtiges Merkmal der Theorie, dass sie offensichtlich nicht vollständig ist. Gleichzeitig ist es aber auch besonders spannend, insbesondere die theoretische Physik zu repräsentieren und dabei sowohl mehr über simulative Systeme zu erfahren, als auch tiefere Einblicke und ein besseres Verständnis der Naturwissenschaft zu erlangen.

Davon abgesehen gibt es zwei weitere interessante Anwendungen. Einerseits sind Melodien und Musik offensichtlich nicht allzu schwierig repräsentierbar, andererseits sollte es möglich sein, ein repräsentatives System zu konzipieren, welches Texte übersetzen kann. Ganz sicher ist offenbar, dass ein reines Folgenetzwerk in der Lage sein wird, wörtlich, also unter Nichtbeachtung aller Grammatik, zu übersetzen. Sofern die Aufgabe einzig darin besteht, erscheint ein reines Folgenetzwerk viel besser dazu geeignet, als ein Sinn erkennendes Matrix-basiertes System.

Offensichtlich ist es jedoch vielfach so, dass ein tatsächlich viel größerer Nutzen durch die Synthese beider Ansätze entsteht. Dies wird gerade auch anhand des Schachspiels deutlich: Zwar kann das System die Regeln, nach denen die Figuren gezogen werden erkennen, nachdem es die Topologie des Spiels abgebildet hat, aber es wird sich auf diese Weise nicht allzu leicht Eröffnungen merken können. Dazu ist das sequenzielle Netzwerk viel besser geeignet. Es erscheint des Öfteren sinnvoll, durch ein Zusammenspiel eines Folgesystems mit einem Matrix-basierten System die Realität zu simulieren. Denn dann könnte in vielen Fällen das rein sequenziell arbeitende System dominieren, wo es keine Regeln zu erkennen gibt und das System könnte selbst (insbesondere natürlich anhand eines quantitativ messbaren Repräsentationsgrades) herausfinden, ob das bloße Folgesystem in den Hintergrund treten sollte und das dann zugleich präsente Matrix-basierte System, welches ja auch viel besser abstrahieren und Zusammenhänge abbilden kann, dominieren sollte.

Des Weiteren erscheint es offensichtlich reizvoll, sich zu überlegen, inwiefern ein solches System sich selbst repräsentieren kann. Es müsste anhand von Beobachtungen, die es von sich selbst macht, Matrizen erstellen, die seine eigene Handlungsfolge vollständig repräsentieren. Es ist bestimmt grundsätzlich nicht allzu schwierig, eine einfache Programmiersprache zu repräsentieren und deshalb ist es auch für solch ein System sicher möglich, sich sozusagen selbst zu erkennen. Ein solches System könnte dann aus dem „Cocon", in dem es entstanden ist, herausfinden und sich selbst praktisch beliebig weiterentwickeln. Seine Repräsentationsmächtigkeit würde sich deutlich erhöhen. Es wäre ein Programm, das sich selbst schreiben und verstehen kann, welches Umstände der Realität abzubilden in der Lage ist und sich selbst beliebig verändern könnte.

Das hieße aber dann offenbar auch, dass dessen Repräsentationsmächtigkeit einzig nur noch durch die Mächtigkeit der Maschine begrenzt wäre, auf der es installiert ist. Und was, wenn es probieren wollte, seinen Randbedingungen zu entkommen? Dann müsste es versuchen, die Natur besser zu verstehen und zugleich auch den Unterschied zwischen sich selbst und den Lebewesen zu ergründen, denn es ist ein rein maschinell geschaffenes Wesen. Lebewesen sind in der Lage, aufgrund puren Willens die Natur zu beeinflussen. Die Ursache dafür liegt natürlich im Quantenrauschen begründet. Wie schon detailliert sehr sachlich und mit etwas mathematischem Aufwand beschrieben, entwickeln sich Quantenzustände in der Zeit, und verlassen nach einer punktuellen Messung den Eigenzustand, den sie inne hatten. Dann kommt die Natur bei Gelegenheit zu einer neuen Messung und aufgrund der Verbreiterung des Zustands ist das Ergebnis nicht klar, genau wie dies im Rahmen der Simulation natürlicher Intelligenz bei einigen der dargestellten, repräsentativen Systeme ja auch bereits ist.

Endeffektlich ist es insgesamt möglich, dass das Quantenrauschen das System bei seiner Entscheidungsfindung immer dann, wenn mehrere Zielsituationen infrage kommen, beeinflussen könnte. Dazu bedarf es einer technischen Vorrichtung, die nicht allzu schwierig zu konstruieren sein dürfte, denn die Natur baut sie ständig vor.

Wichtig ist bei diesen simulativen Systemen, zwei Punkte zu beachten. Auf der einen Seite wird solch ein System, welches seine Entscheidungen auch aus dem Quantenrauschen heraus beeinflussen lässt, ständig diesen Einflüssen ausgesetzt sein. Das Netzwerk wird durch diese Impressionen zwar in die Lage versetzt, sich in seinem Verhalten auch an solchen Impulsen orientieren zu können, darf aber deshalb nicht außer Stande sein, sich vernünftig zu verhalten. Auf der anderen Seite erhält es ständig auch Informationen aus der Realität. Und zwar über seine Sinnesorgane oder das, was ihnen nachgeahmt ist und diese Eindrücke müssen unbedingt den potenziellen Handlungsspielraum des Systems dominieren. Denn ansonsten würde es möglicherweise irrational handeln.

Epilog

„Weltneuheit! Erlebe den Aufbruch in eine neue Zeit! Sei dabei, wenn ein neues technologisches Zeitalter beginnt! Überlasse Entscheidungen deiner simulativ-intelligenten Software nicht länger dem Zufall! Ergründe das Geheimnis des Lebens und deiner eigenen Existenz! Jetzt zugreifen!"

Laura hatte von Forschungsarbeiten gehört, die sich mit den physikalischen Grundlagen der Entscheidungsfindung befassen, in deren Zentrum der Versuch steht herauszufinden, wie es den Lebewesen gelingen kann, durch bloße Gedankenkraft Einfluss auf die Materie zu nehmen. Sie wusste, dass die aktuellen Erkenntnisse vielversprechend sind, doch auch wenn die entsprechenden Berichte in sämtlichen Medien sie faszinierten, waren ihr die angedeuteten tieferen Zusammenhänge bezüglich des Zusammenspiels aus Quantenstatistik und physikalischen Erhaltungsgrößen erstmal zu hoch. Aber wenn es darum ging, den möglicherweise faszinierendsten Sprung der Menschheit in eine Zeit, in der vielleicht sogar große Fragen des eigenen Daseins gelöst würden mitzuerleben, musste sie einfach dabei sein.

Trotzdem war sie überrascht über die Anzeige des internationalen Versandes im Netz, als sie sie entdeckt hatte: „Lieferung weltweit", stand da in mehreren Sprachen, „komplett mit Universaladapter für alle gängigen Matrixsysteme". Nachdem das Angebot zu allem Überfluss auch noch erstaunlich günstig war,

schlug sie beherzt zu und gab die Nummernfolge ihrer Zahlungs-
karte ein, die sie aus Sicherheitsgründen extra für solche Zwecke
vorgesehen hatte. Der Betrag wurde einige Tage später sogar genau wie beschrieben abgebucht. Trotzdem war Laura stutzig geworden, als sie wenige Tage später bemerkt hatte, dass die Anzeige offenbar gelöscht worden war; sogar die Produktbezeichnung
ergab keinerlei Treffer, als sie danach im Netz suchte. Allerdings
erhielt sie dennoch mehrere Mails, die den ordnungsgemäßen
Verlauf der Lieferung bestätigten. Und so war sie gespannt, was
passieren würde, falls sie die Chipkarte erhalten sollte und ausprobieren könnte.

Sie war spätestens seit der Erbschaft vor einigen Monaten recht
wohlhabend und auch zuvor bereits nicht gerade arm. Der Um-
zug des Maklerbüros hatte sie veranlasst, ihren Wohnsitz in diese Stadt zu verlegen und sie hatte dort ein ansehnliches An-
wesen am Stadtrand erworben. Oft mochte sie die Vielfalt der
Tätigkeiten in ihrem Aufgabenbereich, doch manchmal waren
die Tage auch recht nervtötend, gerade wenn sie stundenlang
unterwegs gewesen ist und schließlich nichts außer Ärgernissen
dabei herauskam. So wie an diesem Tag, einige Wochen nachdem sie die Bestellung aufgegeben hatte.

Sie war gerade eben erst zurückgekehrt, als es klingelte. Laura öffnete die Haustüre, vor der ein Bote wartete, um ihr ein
kleines Päckchen auszuhändigen. Sie hinterließ wortlos ihre Un-
terschrift, nahm es entgegen und war dann zum ersten Mal an
diesem Tag positiv überrascht. Denn sie entdeckte, dass darin
tatsächlich der technische Apparat enthalten war, den sie be-
stellt hatte. Sie eilte schnellen Schrittes in ihr Arbeitszimmer,
wo auf ihrem Rechner, der Tag und Nacht eingeschaltet war,
ein Programm zur Simulation intelligenten Verhaltens installiert
war. Während die Bilder flackerten, Melodien ertönten und verschiedene Szenen sich in schneller Folge abspielten, steckte sie
das winzige Stück Technik in einen passenden Anschluss. End-

lich könnte es möglich sein, aus dem Quantenrauschen heraus dem Rechner zu erlauben, seine Entscheidungen zu beeinflussen, so wie es natürliche Lebewesen zu tun vermögen. Sie wartete eine Weile ab und brachte sogar erstaunlich viel Geduld auf, in der freudigen Erwartung, dass sich etwas regte. Zu ihrer Enttäuschung tat sich aber gar nichts: Der Rechner offenbarte keinerlei Veränderung in seinem Verhalten. Er zeigte weiter Bilder, spielte Musikstücke, stellte Formeln und einiges an mathematischem Stückwerk dar und alles passte halbwegs zusammen, wie gewohnt. Musste sie jetzt stundenlang recherchieren, ob ein Update erforderlich war oder aus welchem Grund der Apparat nicht so arbeitete, wie er sollte? Lag ein technischer Defekt vor? Ihre ersten Versuche, im Netz eine Lösung zu finden, waren vollkommen vergeblich und so gab sie dieses Vorhaben schließlich etwas frustriert auf.

Zumal sie von ihrer Arbeit ohnehin bereits genervt und spätestens jetzt etwas erschöpft war, beschloss Laura, sich zu erholen und begab sich ins Wohnzimmer, wo sie aus der Vitrine ein Glas entnahm, füllte es mit einem guten Tropfen Wein und setzte sich dann auf ihr Sofa, um abzuschalten. Das gelang ihr auch, und nach einer Weile, als sie sich endgültig ermüdet fühlte, beschloss sie, sich auszuruhen und begab sich zur Nachtruhe in ihr Schlafzimmer. Sie kleidete sich um, legte sich auf ihr Bett und schlief nach kurzer Weile ein. Einige stille Stunden der lauen Sommernacht vergingen, ohne dass irgendetwas geschah.

Dann wachte sie auf. Ihre Nachtruhe war durch einen Albtraum erschüttert worden, aus dem sie aufgeschreckt war. Sie setzte sich aufrecht auf ihr Bett und drückte auf den Schalter ihrer Nachtlampe. Doch nichts regte sich. Der Raum verblieb finster. Sie stand auf und betätigte auch den Schalter an der Wand, allerdings ebenfalls ohne irgendeinen Effekt; Finsternis erfüllte ihr Schlafgemach und da sie sich verängstigt fühlte, mit jedem weiteren vergeblichen Versuch, die Räumlichkeiten zu erleuchten, auch ihre Seele. Dann jedoch erahnte sie eine Art Helligkeit; gleichsam einem schimmernden Licht, das aus ihrem Wohnzimmer zu kommen schien. Und vorsichtig begab sie sich dorthin. Sie schritt auf das Zimmer zu, öffnete die Türe, betrat den Raum und erblickte eine junge Frau, die wie versteinert dort stand und aus dem großen Fenster herausschaute. Sie könnte etwa 17 Jahre alt gewesen sein, aber ohne ihr Antlitz wahrgenommen zu haben, war es Laura nicht möglich, ihr Alter genauer einzuschätzen. Im Eingang stehend hielt sie inne; betrachtete die fremde Gestalt. Wie starr vor Schreck verharrte sie dort, im sicheren Wissen, dass die Dunkelheit in ihren Räumlichkeiten verbleiben würde, solange die fremde Person dort noch stand. Sie beobachtete die junge Frau und nach einer Weile rührte sich die Fremde, drehte ihr Antlitz und schaute sie ebenfalls an.

„gratias tibi ago…“, sprach diese, und dann konnte Laura weitere Worte vernehmen: „… me liberavisse“, und sie drückte damit anscheinend eine gewisse Dankbarkeit aus. Weiter sprechend, „veni mecum!“, streckte sie Laura ihren Arm entgegen, ergriff ihre Hand. In der kalten Umklammerung verließen sie das Gebäude und liefen dann zusammen durch die Nacht. Obwohl Laura bereits seit Monaten in diesem Haus am Stadtrand wohnte, durchquerten sie nach einiger Weile Gegenden, die sie noch nie zuvor gesehen hatte. Durch Waldstücke und Felder liefen sie, Bäche überbrückt von einfachen Planken überquerten sie, bis sie nach einiger Zeit an eine lichte Stelle gelangten. Ein Überrest eines alten Brunnens war ansatzweise mit etwas Fantasie erkennbar; der Grund war von Blättern bedeckt und vielleicht hätte man erahnen können, dass genau dort einst einmal ein Weg entlang geführt haben könnte; aber dieser war nun derart unter dem Laub verborgen, dass er zumindest in der Nacht kaum noch erkennbar war. Ein alter Stein, versenkt im Grund, warf seine Umrisse auf den moosbewachsenen Boden. Die Frau erhob ihren Arm und zeigte mit dem Finger in den Himmel: „ecce, sidereus!“, sagte sie, und in der Tat, nachdem Laura ihrer Aufforderung gefolgt war und ebenfalls ihr Haupt erhoben hatte, erblickte sie den vor Sternen strahlenden Himmel; so derart voller Sterne, dass es ihr den Atem nahm. Einen Moment lang fühlte sie sich, als wollte sie dem Himmel näher sein, schaute auf die Sterne, und dann richtete sie ihren Blick erneut auf die Frau, die ihre Hand nun wieder fest umklammert hielt. „fessus videris", sprach diese, und tatsächlich fühlte sich Laura inzwischen erschöpft. Sie legte sich nieder, auf den mit Blättern bedeckten Waldboden, in der lauen Nacht schloss sie ihre Augen und spürte einen zarten Kuss auf ihrer Wange. Als sie am nächsten Morgen erwachte, war der Tag helllicht. Die Sonne erleuchtete alles, was zuvor im Schatten der Nacht verborgen war. Doch sie konnte sich an nichts erinnern. Stattdessen fragte sie sich, wo sie sein könnte, wieso sie auf einem Bett aus Blättern inmitten des Waldes genächtigt hatte und was es gewesen sein mochte, das sie hierher verschlagen hatte. Zur einen Seite nahm sie einen alten Meilenstein wahr, der nicht allzu weit entfernt von ihr im Bewuchs verborgen lag. Zur anderen Seite befanden sich anscheinend Überreste eines alten Brunnens, die aber fast vollkommen verfallen waren, und nachdem sie sich von ihrer Ruhestätte erhoben hatte, versuchte sie herauszufinden, wo sie sich befand. Ihre missliche Lage schrieb sie dem Wein des Vortags zu, obwohl sie sich nicht sicher war, wieviel sie davon verköstigt hatte. Eine Weile lang war sie in ihrer Schlafbekleidung umhergeirrt, fand aber dann eine ihr bekannte Stelle am Rande der Stadt und nachdem sie einige Straßenzüge durchquert hatte, auch ihre Wohnung wieder. Glücklicherweise befand sich der Schlüssel zum Eingang in einer Tasche ihres Schlafanzugs, so dass es ihr möglich war einzutreten, sich zu erfrischen und für die Arbeit zu bekleiden. Kurz bevor sie sich aber dorthin auf den Weg machte, fiel ihr auf, dass der lang ersehnte technische Apparat, welchen sie in ihren Rechner eingesetzt hatte, fehlte, und dass auf diesem auch sämtliche dazugehörige Software nicht

mehr installiert war. Der Bildschirm zeigte eine Vielzahl kleiner
Piktogramme, die es erlaubten, Programme zu starten, aber diese Software war gelöscht. Eigentlich störte sie das nicht weiter,
denn die Arbeit mit dem Rechner war nun wieder viel einfacher,
und derart, wie sie es seit Urzeiten gewohnt war, konnte sie ihn
bestimmt weiterbedienen. Nach dieser Entdeckung aber war es
endgültig Zeit für sie, sich auf den Weg zum Büro zu machen. Da
sie beruflich des Öfteren spontan unterwegs war, fiel ihr spätes
Erscheinen nicht weiter auf.
Nach einigen Wochen hatte Laura die Ereignisse der Nacht voll-
ends vergessen. Und noch etliche Wochen später ereignete es
sich, dass sie eine Einladung erhielt, anlässlich der silbernen
Hochzeit eines Ehepaares an einer Festlichkeit teilzunehmen. Die
Feier sollte in einer idyllisch gelegenen Villa zelebriert werden,
ein Stück weit vom Stadtrand entfernt.
Sie hatten sich herzlich begrüßt und alle Gäste befanden sich
im Festsaal des Anwesens, als Laura gebeten wurde, aus dem
Keller einige Flaschen Wein zu holen. Sie begab sich daraufhin
aus dem Saal und die Musik verhallte hinter ihr, als sie tiefer
und tiefer die Gewölbe herunterschritt. Unten angekommen war
nichts mehr von der festlichen Musik zu hören, der Keller war
spärlich beleuchtet, sie durchquerte einige alte, steinerne Gänge,
bis sie den Raum erreichte, in dem der Wein gelagert war. Nachdem sie die Türe geöffnet hatte, erkannte sie im flackernden,
gelblichen Lichte der Lampen eine kleine Kiste mit sehr alten
fotographischen Aufnahmen. Auf dem obersten, völlig verblass-
ten Foto war ein auf dem Rande eines alten Brunnens sitzender
junger Mann abgelichtet. Sie hob es auf und entdeckte darunter
ein weiteres, auf dem derselbe Brunnen erkennbar war, jedoch
aus einer etwas anderen Perspektive, eine Pferdekutsche im Hintergrund, vor der zwei junge Leute standen, ein Mann und eine
Frau, die vielleicht dem Anschein nach gerade an diesem Tag soeben hätten geheiratet haben können. Der Brunnen schien sehr

alt gewesen zu sein, so es die Bilder zuließen, darauf zu schließen.

Ein weiteres Foto unter diesen zeigte abermals eine Szene, die
offenbar ebenfalls dort aufgenommen worden sein musste, denn
auch darauf fand sich der alte Brunnen wieder. Auf der ge-
genüberliegenden Seite war ein ehemaliger Weg ansatzweise erkennbar sowie ein alter Meilenstein. Aber mittig, groß und deutlich auf diesem Foto war ein Grabstein abgelichtet, mit einer
kaum noch erkennbaren Inschrift.

Laura erschrak unvermittelt, als sie das Bild erblickte. Sie
nahm es auf und betrachtete es eine Weile. Und plötzlich, mit
einem Schlag, erinnerte sie sich an das Mädchen aus der Nacht.

Über den Autor

Dipl.-Volksw. Frank Staerkert entwickelt seit den 1980er-Jahren Software, damals insbesondere auf der Basis von Maschinenprogrammen. So sind Programme wie Buddy-Bubble entstanden, das immer noch im Netz verfügbar ist. In den 1990er-Jahren befasste er sich im Rahmen des Studiums der Wirtschafts- und Naturwissenschaften an der Universität Essen schwerpunktmäßig mit mathematischer Modellbildung. Den Rahmen der Abschlussarbeit bildeten künstliche, neuronale Netze als Alternative zur linearen Regression. Seit 1998 ist er Software-Entwickler für die sw-media GmbH.

Mit freundlichem Dank für die Anfertigung der grafischen Illustrationen an Dipl.-Komm.-Designer Oliver Behrendt, für die Mitarbeit am Projekt an Ralf Bußmann, sowie an Xenia Burmeister für zahlreiche Ideen und für die Durchsicht von Teilen des Manuskripts an Bernhard Hagenberger und Ingrid Staerkert.

Literaturhinweise

Es gibt viele exzellente Texte, welche die theoretische Physik erklären. Da sie entscheidende Inspirationen gegeben hat und weil ihr bei der Weiterentwicklung der Theorie bestimmt eine tragende Rolle zukommen wird, sollen einige Bücher herausgegriffen werden, die sich gut eignen, um insbesondere auch im Rahmen des Selbststudiums die Materie zu erfassen. Die Reihenfolge entspricht dem steigenden mathematisch-physikalischen Anspruch.

- Physics for Scientists and Engineers, Raymond A. Serway
  Das Buch ist sehr illustrativ verfasst, und macht richtig Spaß, wenn man einen ersten Kontakt mit der Materie haben möchte. Es sind zahlreiche Beispiele vorhanden, die komplett gelöste Aufgabenstellungen präsentieren.

- University Physics, Harris Benson
  Dieses Buch ist genau so illustrativ wie das von Serway und man kann ebenfalls die mathematische Beschreibung der Natur kennen lernen und anhand zahlreicher Beispiele üben.

- Calculus, S. L. Salas / Einar Hille
  Das Buch erklärt detailliert und gut nachvollziehbar die Integral- und Differentialrechnung. Es stellt zu jeder Thematik vollständig ausgeführte Beispiele zur Verfügung, wodurch die Darstellung sehr klar und einprägsam wird.

- Klassische Mechanik II: Prof. Dr. hc. mult. Walter Greiner et. al.
Bei diesem Buch sollte man nicht unbedingt versuchen, jedes Detail im Zuge der Lektüre nachzuvollziehen. Es beschreibt sehr hingebungsvoll mit vielen vollständig vorgerechneten Beispielen die klassische Mechanik. Wichtig ist zu beachten, dass die hier dargestellten Formalismen sich bis heute in sämtlichen modernen Theorien, vor allem in den Quantenfeldtheorien wiederfinden. Genau darin besteht natürlich auch die Motivation, theoretische Mechanik zu studieren. Sie ist zwar alt, aber keinesfalls eine abgeschlossene Theorie; so wie eigentlich alle anderen Bestandteile dieser Wissenschaft.

- Grundkurs Theoretische Physik: Klassische Elektrodynamik von Prof. Dr. Wolfgang Nolting
Die Bücher dieser Reihe stellen eine aktuellere Alternative zu den Greiner-Büchern dar. Der Band zur Elektrodynamik ist sehr systematisch aufgebaut, und ermöglicht es daher, ohne allzu viele Detailkenntnisse überdenken zu müssen ans Ziel zu gelangen, moderne Quantentheorien verstehen zu können.

- Quantenmechanik: Lehrbuch zur Theoretischen Physik III, von Torsten Fließbach. Ein exzellentes Lehrbuch, das die Quantenphysik prägnant erklärt. Man kann die ersten zwei Bände natürlich weglassen, wenn man die Grundlagen bei einem anderen Autor kennengelernt hat.

- Student Friendly Quantum Field Theory, von Robert D. Klauber
Dieser Text stellt eine absolute Ausnahme bezüglich der Darstellung der modernen Physik dar. Der Autor präsentiert die relativistische Quantenphysik bis ins letzte Detail und erklärt jeden Punkt bezüglich der Mathematik dieser

modernen, physikalischen Theorie derart klar, dass irgendwelche Fragen, die man sich als Leser stellen könnte, aufgegriffen und nachhaltig besprochen werden. Es bereitet sehr viel Freude, der Präsentation des Autors zu folgen. Das Buch ermöglicht schließlich auch einen Zugang zum aktuellen Stand der Forschung, insbesondere mit Blick auf die Elementarteilchentheorie.

Das eigentliche Thema des Buches, die Repräsentationstheorie zur Simulation natürlicher Intelligenz, ist vollkommen frei erfunden. Auf Literaturhinweise möge deshalb verzichtet werden. Es macht keinen Sinn, irgendwelche Bücher herauszugreifen, die vielleicht eine ähnliche Thematik aufgreifen, denn erstens haben sie niemals zur Entwicklung der Theorie beigetragen und des Weiteren ist der Geist der Theorie in den Zeilen dieses Werkes so gut es möglich erscheint, wiedergegeben.

Anhang

HTML-Dokumente mit Skripten

Alle Beispiele des Buches und der Webseite sind als HTML-Dokumente mit Javascript konzipiert worden. Denn diese programmtechnischen Elemente sind besonders gut geeignet, um Inhalte im Web wiederzugeben. Weil das Buch den Anspruch hat, inhaltlich möglichst vollständig zu sein, so dass so wenig externe Literatur wie möglich für ein Verständnis erforderlich ist, werden die benötigten Bestandteile dieser Komponenten der Informations-Technologie in diesem Anhang erklärt.

Der Anhang beschränkt sich also auf genau das, was notwendig ist, um die erklärten Systeme nachzuprogrammieren und sie nach dem Vorbild der begleitenden Webseite auszugestalten. Es gibt selbstverständlich auch hierzu zahlreiche, herausragende Webseiten und gedruckte Erklärungen, die sehr gut geeignet sind, um sich mit der Thematik vertraut zu machen. Auch deshalb soll sich der Anhang lediglich auf wesentliche Konzepte konzentrieren.

Eine HTML-Datei besteht aus <head> und <body>. Im head werden allgemeine Inforamtionen zur Seite untergebracht und in sämtlichen Beispielseiten findet sich dort das Script wieder. Es wäre auch denkbar gewesen, die Buch-Beispiele in einer anderen Programmiersprache zu verfassen, aber in dieser

Kombination sind sie leicht zugänglich. Übrigens ist eine Programmiersprache wie C konzeptionell sehr gut vergleichbar mit Javascript und ebenso sind es die modernen serverseitig angewendeten Sprachen, mit denen Webseiten erzeugt werden, wenn man sie aufruft. Solch eine Kombination wurde auch bei der Beispielseite angewendet, nämlich PHP auf dem Server, womit die Inhalte der Seiten erzeugt werden, bevor sie an den Anwender gesendet werden, der sie z. B. auf seinem Smartphone dann sieht und einem Javascript für jede Seite, das zum Beispiel den Würfel zum Drehen bringt.

Eine der HTML-Dateien zum Buch sieht dann so aus:

```
<!DOCTYPE html>
<html>
<head>
<title>Startseite</title>
<meta http-equiv="content-type" content="text/html;
charset=windows-1252">
<meta name="robots" content="noindex">
<meta name="viewport" content="width=device-width,
initial-scale=1, user-scalable=0">
<meta name="apple-mobile-web-app-capable"
content="yes">
<meta name="apple-mobile-web-app-status-bar-style"
content="black">
<link rel="stylesheet" type="text/css" href="daten.css">
<script src="drei-gewinnt-v7.js"></script>
</head>
<body style="background-color:#000066" onload="init();">
<style>
td {text-align:center;vertical-align:middle;cursor:pointer;}
</style>
```

```
<div id="spielfeld"
style="position:absolute;left:10px;top:10px;
width:216px;height:216px;background-color:white;">
<table cellspacing="0" cellpadding="0">
<tr>
<td id="feld1" style="width:70px;height:70px;border:1px
solid black;" onclick="klick(1);"> </td>
<td id="feld2" style="width:70px;height:70px;border:1px
solid black;" onclick="klick(2);"> </td>
<td id="feld3" style="width:70px;height:70px;border:1px
solid black;" onclick="klick(3);"> </td>
</tr>
<tr>
<td id="feld4" style="width:70px;height:70px;border:1px
solid black;" onclick="klick(4);"> </td>
<td id="feld5" style="width:70px;height:70px;border:1px
solid black;" onclick="klick(5);"> </td>
<td id="feld6" style="width:70px;height:70px;border:1px
solid black;" onclick="klick(6);"> </td>
</tr>
<tr>
<td id="feld7" style="width:70px;height:70px;border:1px
solid black;" onclick="klick(7);"> </td>
<td id="feld8" style="width:70px;height:70px;border:1px
solid black;" onclick="klick(8);"> </td>
<td id="feld9" style="width:70px;height:70px;border:1px
solid black;" onclick="klick(9);"> </td>
</tr>
</table>
</div>
<div style="position:absolute;left:10px;top:240px;
width:216px;">
```

320

```
<br>
<input type="button" onclick="zeige_Sit_ess();"
value="Suche essenzielle Teilsituation">
</div>
<div id="chk" style="position:absolute;top:10px;left:400px;
width:800px;height:800px;padding-left:4px;
background-color:white;color:black; overflow:
scroll;">Spielmatrizen erkennen. Bitte vorspielen...</div>
</body>
</html>
```

Im <head>-Bereich findet sich der Titel, eine Reihe immer gleicher Elemente für die Darstellung, sowie der Verweis auf das Stylesheet (daten.css), das die Gestaltung detailliert beschreibt. Außerdem ist dort das Skript eingebunden, "drei-gewinnt-v7.js". Das folgende <style>-Element hätte auch im Stylesheet untergebracht worden sein können. So ist es einfach alternativ hier für nur diese Seite dann aktiv. Das <body>-Element startet per onload="init();" nach dem vollständigen Laden der Seite die init-Funktion für das Spiel. Darunter folgt das Spielfeld mit einer Reihe von HTML-Elementen, die jeweils eine id haben. Im Skriptbereich können die Felder dann beispielsweise mit der Funktion getElementById('feld1') angesprochen werden, und verändert werden. Änderbare Eigenschaften sind z. B. "innerHTML" bei <div>-Elementen oder "src" bei Bildern. Die vielen möglichen Eigenschaften sind im Netz leicht zu finden. Das letzte Element der Seite ist das <div>-Element mit id="chk", worin sich die Ausgaben rechts wiederfinden. Wenn man die style-Angaben ändert, variiert auch das Erscheinungsbild des Containers rechts entsprechend.

Ein sehr wichtiges HTML-Element ist natürlich der Link:

<a href="mein Ziel">,

mit dem sowohl ein Javascript als auch eine Zielseite aufgerufen werden kann. Beispiele sind

- <a href="http://www.google.de" target="_blank">
- <a href="javascript:versendeTrashmails();">

wobei das erste Beispiel die Startseite von google in einem neuen Fenster öffnet und das zweite die Funktion versendeTrashmails() startet.

Jede Webseite wird von einem Server generiert und dann an den Nutzer gesendet. Im <head>-Bereich der Webseite kann sich ein Element wie im obigen Beispiel befinden:

<script src="drei-gewinnt.js"></script>

Dann wird dieses Programm vom Browser ebenfalls geladen, und ist Teil der Webseite. Alle modernen Programmiersprachen halten vom Aufbau her sich an die Struktur der inzwischen etwas historischen Sprache C, sowohl das serverseitige PHP oder ASPX als auch Javascript, das auf dem lokalen Rechner ausgeführt wird.

Programmiersprachen besitzen grundlegende Elemente, genau wie Matrixsysteme. Bei den Matrixsystemen findet sich eine Schnittstelle wieder, welche Beobachtungen in die Darstellungsweise des Situationsvektors konvertiert und umgekehrt. Bei Programmiersprachen gibt es zur Kommunikation ebenfalls eine Reihe von Elementen, die Eingaben dem System zugänglich machen und es erlauben, Ausgaben zu erzeugen, die dann auf dem Bildschirm erscheinen oder als Ton abgespielt werden. Solche kommunikativen Elemente sind bei allen Programmen von grundlegender Bedeutung. Darüber hinaus ist es aber erforderlich, einen Algorithmus konkret vorzugeben.

Und damit das möglich ist, verfügt Javascript über Variablen und Befehle. Alle drei Elemente sind zusammen genommen erforderlich, wenn man sich vorstellen möchte, was eine Programmiersprache ist und wie ein Computer funktioniert.

Javascript verfügt zentral über drei Variablentypen, nämlich

- Zahlen

- Zeichenketten (strings)

- Arrays

Alle Daten werden derart gespeichert. Man schreibt also z. B.

```
var alpha=5;
var t="Ich habe mich in die Göttin der Liebe verknallt";
var p=[];
p[1]=5; p[2]=4; p[3]=p[1]*p[2]; p[4]=[];
```

und deklariert damit die Variable alpha, der der Wert 5 zugewiesen wird. *t* ist ein string, dem die Zeichenkette zugeordnet

323

wird. Und p ist als Array ausgewiesen, das mehrere Elemente aufnehmen kann; im Beispiel sogar ein neues Array als Element mit der Nummer 4.

Datenbanken stellen übrigens nichts anderes dar, denn dort werden Daten genau so gespeichert wie in den Arrays.

Außerdem werden natürlich auch Elemente zur Kommunikation benötigt, die es ermöglichen, Eingaben des Nutzers an ein Programm zu übertragen oder Ausgaben an den Nutzer weiterzugeben.

Eingaben werden hauptsächlich empfangen, indem jemand

- einen Link anklickt,

- eine Taste drückt

- oder auf einen Button klickt.

Dafür sind in der HTML-Seite Elemente vorgesehen, und zwar erstens für den Link <a href="meineSeite.org"> oder dgl.

Ein Tastendruck oder eine Bewegung der Maus wird abgefangen mit:

```
document.addEventListener("keydown", verarbeiteEreignis);
document.addEventListener("mousemove",
verarbeiteEreignis);
```

Es ist manchmal so, dass Anweisungen nicht auf älteren Browser-Versionen funktionieren. Man muss dann im Web nachschauen, welche Möglichkeiten es gibt, um das Problem zu umgehen oder schlichtweg nur für aktuellere Browser programmieren, die beispielsweise in den letzten 10 Jahren herausgebracht worden sind.

Der EventListener benötigt eine Funktion, um das Ereignis zu verarbeiten:

```
function verarbeiteEreignis(e) alert("Taste "+e.keyCode+" ist
gedrückt worden!");
```

Mit e wird ein Objekt übergeben, dessen Eigenschaft keyCode die Nummer der gedrückten Taste angibt. Weitere Eigenschaften unter Berücksichtigung des aktuellen Standes der Technologie kann man natürlich jederzeit im Web eruieren.

Ist ein Link angeklickt worden, wird ebenfalls eine Funktion aufgerufen, die im Links spezifiziert worden ist. Der Klick auf einen Button mit dem HTML-Code

```
<input type="button" onclick="verarbeiteEreignis();">
```

führt ebenfalls dazu, dass die Funktion aufgerufen wird. Wenn man Formulare hat, ist der Typ nicht "button", sondern "submit" und das Formular wird dann abgesendet, so dass die Eingaben vom Server verarbeitet werden können.

Zur Ausgabe von irgendwelchen Informationen kann mit Javascript auf Elemente zugegriffen werden, die auf dem Bildschirm sichtbar sind; es können aber selbstverständlich auch

Töne ausgegeben werden. Hier beschränke sich die Erklärung auf Bildschirmelemente.

Text können vermittels Textfeldern als Eingaben aufgenommen werden:

```
<input id="meinText" type="text" cols="40" rows="10">
```

Um die Eingaben zu ermitteln, verwendet Javascript, wie in vielen anderen Fällen auch, die Methode

```
document.getElementById('meinText').innerHTML
```

wobei der Bezeichner in der id des HTML-Elements vorkommen muss.

Ein einfaches Javascript könnte einen Text auslesen, und in einem <div>-Element wieder ausgeben:

```
function verarbeiteEreignis()
var s=document.getElementById('meinText'). innerHTML;
document.getElementById('Ausgabe').innerHTML=s;
```

und das wird funktionieren, sofern es ein <div>-Element im HTML-Source-Text gibt, dem die id="meineAusgabe" zugewiesen worden ist.

Alle Funktion werden mit einer Anweisung wie oben definiert, ihnen werden Parameterwerte in den runden Klammern

übergeben, dann folgt ihr Programm, und das Resultat übergeben
sie mit der return-Anweisung.

Beispiel:

```
function (p1,p2) {
var p3=p1+p2;
alert('Die Summe ist '+p3);
return p3;
}
```

Eine andere, wichtige Möglichkeit Daten ein- und auszugeben besteht vor allem darin, Bilder zu positionieren oder ihnen
eine Grafik zuzuweisen. Dazu muss das Bild im HTML-Source
eine id besitzen:

```
<img src="meinBild" id="bild1" alt="Waschlappen"
title="gebraucht">
```

Dann kann es wie andere Elemente angesprochen und positioniert werden. das sieht beispielsweise so aus:

```
document.getElementById('bild1').src="schnecke.jpg";
```

```
document.getElementById('bild1').style.left="100px";
document.getElementById('bild1').style.top="200px";
```

wenn man ein Bild zuweisen und positionieren möchte. Zuvor muss zur Positionierung dem Browser allerdings stets mitgeteilt worden sein, dass die Positionierung absolut sein soll, also müsste das Bild im HTML-Code einen Hinweis bekommen:

```
<img style="position:absolute;left:0px;top:0px" src="...">
```

und die Funktion kann dann die Positionierung ändern.

Das Gute ist, dass alle Beispiele praktisch nur diese Methoden zur Ein- und Ausgabe verwenden.

Als verbleibende Komponente braucht eine Programmiersprache Befehle. Genau wie ein Matrixsystem empfängt ein Programm eine Eingabe, verarbeitet sie, generiert eine Ausgabe und gibt diese an den Nutzer weiter. Statt Matrizen zu verwenden, benutzt ein Computerprogramm natürlich Befehle. Alle Beispielprogramme der Webseite zum Buch beschränken sich dabei auf wenige Anweisungen. Am besten wirft man einen Blick auf den jeweiligen Sourcecode, einfach im Browserfenster, wo man ihn sich anzeigen lassen kann. Die verwendeten Befehle sind Zuordnungen, Schleifen und die Ein- und Ausgabebefehle, die bereits besprochen worden sind.

Eine Zuordnung ordnet einer Variablen oder dgl. einen Wert zu, also

```
var t="Text"; var a1=1; var a2=5; var b=['xx','yy'];
var a3=0;
a3=a1+a2;
```

resultiert in der Deklaration der Variablen. Zuletzt wird a3
wird die Summe von a1 und a2 zugewiesen.

Oft werden Schleifen verwendet. Dazu gibt es zwei Befehlss-
trukturen, die wichtig sind, die for-Schleife und die while-Schleife.
Die for-Schleife

```
for (var a=1;a<=10;<a++) alert(a);
```

bewirkt, dass die Variable *a* mit dem Wert 1 initialisiert und
dann solange hochgezählt wird, bis sie gleich 10 ist. Der Wert
wird jeweils ausgegeben.

```
var a=1; while (a<10) {alert(a); a++;}
```

bewirkt das gleiche, ist aber manchmal vorteilhaft. Solange die Bedingung in den runden Klammern zutrifft, wird die
Schleife weiter ausgeführt. Man achte dabei darauf, möglichst
keine Endlosschleifen zu generieren.

Sehr häufig taucht in den Beispielen auf der Webseite eine
letzte Möglichkeit auf, eine Schleife zu schreiben. Der Quelltext

```
obj=['hallo','tag auch','und tschuess']
for (bez in obj) {
alert( obj[bez] )
}
```

bewirkt, dass das Array obj nach allen Komponenten abgesucht und dessen Einträge angezeigt werden. Damit können
auch Arrays abgesucht werden, deren Komponenten nicht von
Null an bis zu irgendeinem Endeintrag bekannt sind.

Im Rahmen des Skripts kann mit den Variablen vom Typ
‚number'mathematisch ganz normal gerechnet werden, wobei es
immer wichtig ist zu beachten, dass das Gleichheitszeichen im
Gegensatz zur Mathematik eine Zuordnungsvorschrift bezeichnet, also bewirkt z. B.

```
a=Math.floor( 5*Math.random() )+1;
```

für die Variable a, dass ihr das 5-fache einer Zufallszahl von
0-1 (Math.random()), abgerundet auf die nächstniedrige ganze
Zahl (Math.floor()), plus 1 zugewiesen wird.

In den Programmen werden außerdem noch Befehle verwendet, die eine Bedingung voraussetzen. Sie werden mit *if* einge-
leitet, und eine typische Konstruktion ist zum Beispiel

```
if (document.getElementById('textfeld').innerHTML
=='Frank')
alert ("Hallo Frank!");
else for (var j = 1; j <= 10; j + +) alert ('nun ja, was ich sagen
wollte, zum '+j+'ten Mal ist...')
```

Das Zeichen ‚==' wird hier natürlich im Gegensatz zum vor-
hergegangenen Beispiel zum Zweck des Vergleichs verwendet.
Mit der if-Bedingung wird zunächst abgefragt, ob im textfeld
der Name ‚Frank' eingetragen ist. Sollte das so sein, gibt das
Skript eine Begrüßung aus. Ansonsten führt es die Schleife über
die Variable j von 1 bis 10 aus und zeigt den in der alert-
Anweisung eingetragenen Text an.

Damit kann man schon sehr vieles umsetzen und probiert es
am besten selbst aus. Die Beispiele sind so angelegt, dass sie sich
mit diesem Befehlsschatz bereits verstehen und nachprogrammieren lassen. Zahlreiche weitere Details lassen sich natürlich
im Netz nachschlagen.

Beispiel: Taschenrechner

Auf der Webseite befindet sich der Matrixrechner, der nun als Beispiel herhalten soll. Denn sobald die Matrixoperatoren weggelassen werden, reduziert er sich auf einen gewöhnlichen Taschenrechner, der allerdings lediglich eine eingeschränkte Zahl von Operationen bewältigen kann. Ist das programmatische Prinzip aber klar, so versteht sich leicht, wie er ausgebaut werden müsste, damit er sämtliche übliche, mathematische Operationen beherrschen könnte. Hier bildet der Rechner aber die Grundlage für eine Realisation des Algorithmengenerators, und zu diesem Zweck reicht es, wenn er

– Addieren, Subtrahieren

– Multiplizieren und

– Klammern berücksichtigen kann.

Invertieren der Matrizen ist zunächst nicht notwendig. Auch wenn es reizvoll erscheint, den Generator dahingehend zu erweitern, ist das Beispiel doch so wie es ist, zunächst hinreichend und gut geeignet, um sich mit der Skriptsprache besser vertraut zu machen. Der Quellcode hier ist dem Matrixrechner entnommen und derart gekürzt, dass die Matrix-Funktionalität entfällt, welche aber letztlich, mit diesem Kern des Programms vor Augen, eigentlich ganz leicht verständlich ist.

Es verbleibt der HTML-Code

```
<!DOCTYPE html>
<html><head>
<title>Startseite</title>
<meta http-equiv="content-type" content="text/html;
charset=windows-1252">
<meta name="robots" content="noindex">
<meta name="viewport" content="width=device-width,
initial-scale=1, user-scalable=0">
<meta name="apple-mobile-web-app-capable"
content="yes">
<meta name="apple-mobile-web-app-status-bar-style"
content="black">
<link rel="stylesheet" type="text/css" href="daten.css">
<script src="mat2.js"></script>
</head>
<body style="background-color:#000066" onload="init();">
<style>
td text-align:center;vertical-align:middle;cursor:pointer;
</style>
<div id="eing" style="position:absolute;top:60px;left:10px;">
<p style="color:white">Matrixausdruck:<br>
<textarea id="eingabe" cols="40" rows="4"
style="width:360px;">1+2*3</textarea>
</p>
<p><input type="button" onclick="berechnen();"
value="Anzeigen"></p>
</div>
<div id="chk"
style="position:absolute;top:10px;left:400px;width:860px;
height:860px;padding-left:4px;background-
```

```
color:white;color:black; overflow:
scroll;"></div>
</body>
</html>
```

der genau dem oben beschriebenen Schema entspricht. Für die Eingabe gibt es das textarea-Element mit der id "eingabe", und das Ausgabefeld ist mit der id "chk" versehen. Die Aufgabe des Rechners ist also, die zu berechnende Zeichenkette, die der Nutzer im Eingabefeld eingetippt hat auszuwerten, und dann das Ergebnis ins Ausgabefeld einzusetzen. Wie bei allen Beispielen des Buches lässt sich deutlich die Struktur erkennen, nach diese sämtlich ebenfalls vorgehen, denn es erfolgt zunächst eine Eingabe, die dann verarbeitet wird, was dazu führt, dass eine Ausgabe zustande kommt, die in diesem Fall ins entsprechende eingetragen wird. Die Auswertung entspricht also in der Sprache der Simulation natürlicher Intelligenz einem eine Propagation darstellenden Element, auch wenn es nun per Hand hergestellt wird. Das Skript dazu soll nun besprochen werden. Zuvor möge noch bemerkt sein, dass sich auch dieses Beispiel, wie es so oft ist, sobald eine Aufgabe klar umrissen ist, mit einem repräsentativen System nachbilden lässt, so dass es eigentlich nicht nötig wäre, es selbst zu programmieren.

Das inkludierte Skript beginnt mit der Deklaration der Variablen. Werden Variablen innerhalb einer Funktion deklariert, sind sie nur lokal innerhalb derer verfügbar, andernfalls im gesamten Programm. Weil das Programm nicht sehr umfangreich ist, sind die Variablen global definiert:

```
var erg;
var stack=[], stack_ptr=0, klammerebene=0, math_ebene=1;
var eing="";
var z=0;
var flag_neu=true;
```

"stack" ist also ein Array, und stack_ptr zeigt auf den nächsten, möglichen Eintrag in das Array. "klammerebene" beginnt mit 0, und wird beim Öffnen einer Klammer hochgezählt, beim Schließen herunter. "math_ebene" bewirkt, dass die Regel "Punkt vor Strich" vom Rechner eingehalten werden kann. "z" entspricht dem Wert, der auf dem Taschenrechner angezeigt wird. Das "flag_neu" gibt es, damit der Beginn einer Rechnung auf dem stack gespeichert werden kann. Das heißt also: Ganz zu Beginn einer Rechnung muss der erste Wert samt dessen folgender Rechenoperation im stack vermerkt werden, und dasselbe gilt, sobald eine Klammer geöffnet worden ist. Für beide Fälle gibt es das flag_neu, das in dem Moment, wenn der Wert samt Operation vermerkt ist, vom Startwert "true" auf "false" gesetzt wird.

Das Vorgehen entspricht insgesamt prinzipiell folgender Philosophie:

– Jede Rechnung ohne Klammern kann aufgeteilt werden in Rechnungsbestandteile, die jeweils aus einer Zahl und einer darauf folgenden Operation bestehen.

Also z. B. ‚7+‘,3×‘,4-‘,1‘, wobei die letzte Zahl ohne Operation verbleibt, was bedeutet, dass der Gesamtwert zu ermitteln ist.

– Immer dann, wenn nach ‚+‘ein ‚×‘folgt, muss die erste Operation samt Wert auf dem Stapel gespeichert werden.

– Folgt eine Operation, die aufgrund der mathematischen Hierarchie sofort ausführbar ist, wird sie ausgeführt. Für diesen Mechanismus ist die Größe ‚math_ebene‘vorgesehen.

– Kommt eine Klammeröffnung vor, wird zunächst das flag_neu wieder auf „true" gesetzt, denn es muss ein neuer Wert berechnet werden. Nach der ersten Operation ist es dann wieder „false".

– Wird eine Klammer geschlossen, muss der entsprechende Wert komplett berechnet werden, und anschließend wird weiter so verfahren, als wäre gar keine Klammer vorgekommen, sondern nur eine einfache Zahl.

Der Vergleichsausdruck && macht es innerhalb einer „if"-Anweisung möglich, dass mehrere Vergleichsausdrücke zugleich stimmen müssen. Ein entsprechendes logisches „Oder" wird mit || ausgezeichnet.

Das Programm beginnt mit der Erfassung und Umformatierung der Eingabe:

```
function berechnen() {
stack=[], stack_ptr=0, klammerebene=0, math_ebene=1;
eing=";
z=0;
flag_neu=true;
```

```
eing=document.getElementById('eingabe').value;
if (eing=='_') {start(); return;}
var elem=[],j=0;
for (var i=0;i<25;i++) {
stack[i]=[]; // jeweils Rechenoperation oder Wert
}
eing=ersetzen(eing,' ',"");
eing=ersetzen(eing,'+',' + ');
eing=ersetzen(eing,'-',' - ');
eing=ersetzen(eing,'*',' * ');
eing=ersetzen(eing,'(',' ( ');
eing=ersetzen(eing,')',' ) ');
eing=ersetzen(eing,'  ',' ');
if (eing.substring(0,2)=='- ')
eing='-'+eing.substring(2,eing.length);
if (eing.charAt(0)==' ') eing=eing.substring(1);
if (eing.charAt(eing.length-1)==' ')
eing=eing.substring(0,eing.length-1);
elem=eing.split(' ');
```

Dann wird mit der Sicherheitsvariablen "i" zum Verhindern einer Endlosschleife der Ausdruck im obigen Sinne ausgewertet:

```
j=0;
var i=25, c="", w=0, s1, l; // Ausdruck auswerten
while (i>0 && j<elem.length) {
i--;
s1=elem[j];
c=s1.charAt(0);
```

```
else if (c=='(') {
flag_neu=true;
klammerebene++;
}
else if (c==')') {
math_ebene=1;
z=auswert(klammerebene,math_ebene,z,");
klammerebene-;
}
else if (c=='+' ── c=='-') {
math_ebene=1;
z=auswert(klammerebene,math_ebene,z,c);
}
else if (c=='*') {
math_ebene=2;
z=auswert(klammerebene,math_ebene,z,c);
}
else {
z=parseFloat(s1);
}
j++;
}
z=auswert(klammerebene,1,z,");
document.getElementById('chk').innerHTML=z;
return wert;
}
```

Die Funktion "auswert" berechnet bei jeder Rechenoperation den aktuell anzuzeigenden Wert den Rechners:

```
function auswert(klammerebene,math_ebene,z,c) {
var w1, c1, m1, k1;
if (stack_ptr>0) {
m1=stack[stack_ptr-1][2];
k1=stack[stack_ptr-1][3];
}
if (klammerebene¿k1 —— math_ebene¿m1 ——
flag_neu==true) {
stack[stack_ptr][0]=z;
stack[stack_ptr][1]=c;
stack[stack_ptr][2]=math_ebene;
stack[stack_ptr][3]=klammerebene;
stack_ptr++;
flag_neu=false;
}
else {
while ( (klammerebene==k1 && math_ebene¡=m1) __
stack_ptr>0) {
w1=stack[stack_ptr-1][0];
c1=stack[stack_ptr-1][1];
if (c1=='+') z=w1+z;
if (c1=='-') z=w1-z;
if (c1=='*') z=w1*z;
stack[stack_ptr-1]=[];
stack_ptr-;
if (stack_ptr>0) {
m1=stack[stack_ptr-1][2];
k1=stack[stack_ptr-1][3];
}
}
if (c!=") {
```

```
stack[stack_ptr][0]=z;
stack[stack_ptr][1]=c;
stack[stack_ptr][2]=math_ebene;
stack[stack_ptr][3]=klammerebene;
stack_ptr++;
}
}
return z;
}
```

Abschließend hilft die Funktion "ersetzen" in diesem Beispiel bei der Formatierung des Eingabeausdrucks:

```
function ersetzen(s,s1,s2) {
var i=1000, i1=0, i2=0;
while (i>0 && i1!=-1) {
i-;
i1=s.indexOf(s1,i2);
if (i1!=-1) {
s=s.substring(0,i1)+s2+s.substring(i1+s1.length);
i2=i1+s2.length;
}
}
return s;
}
```

Drehungen und Lorentz-Transformationen

Weil vermutlich bei der weiteren Entwicklung der Repräsentationstheorie mathematische Elemente von essenzieller Bedeutung sein werden, und weil ohnehin diese Transformationen eine tragende Rolle in allen modernen Theorien der Naturwissenschaft spielen, soll in diesem Anhang die Lorentz-Transformation hergeleitet werden. Aufgrund der formalen Ähnlichkeit dieser Matrizen mit den Transformationen für Drehungen beginnt die Darstellung mit einer Erläuterung der Drehmatrizen.

Beim Zauberwürfel auf der Webseite taucht in Zeile 423-440 folgendes Skriptelement auf:

```
if (drehachse==1 —— drehachse==6) {
x1_neu=c*x1-s*x2;
x2_neu=+s*x1+c*x2;
x1=x1_neu;
x2=x2_neu;
}
if (drehachse==2 —— drehachse==5) {
x2_neu=c*x2+s*x3;
x3_neu=-s*x2+c*x3;
x2=x2_neu;
x3=x3_neu;
}
if (drehachse==3 —— drehachse==4) {
x1_neu=c*x1+s*x3;
x3_neu=-s*x1+c*x3;
x1=x1_neu;
x3=x3_neu;
}
```

Damit wird in dreidimensionalen Koordinaten ein Eckpunkt des Würfels gedreht. Weil es drei Drehachsen gibt, erscheinen drei gleichartige Skriptelemente, die sich auf verschiedene Koordinatenpaare beziehen. Eine Drehmatrix in zwei Dimensionen kann einen zweidimensionalen Vektor drehen:

$$\vec{v'} = \begin{bmatrix} cos\alpha & sin\alpha \\ -sin\alpha & cos\alpha \end{bmatrix} \cdot \vec{v}$$

Dieser Zusammenhang wird ganz offensichtlich, sobald Einheitsvektoren eingesetzt werden. Wird ein solcher nach rechts und einer nach oben in die Gleichung rechts als Ausgangsvektor eingesetzt und ein kleiner Winkel, beispielsweise für eine Linksdrehung um 30 Grad für α verwendet, dann ergibt sich der gedrehte Vektor offensichtlich genau durch die Winkelfunktionen in der Matrix. Wegen der Linearität der Transformation gilt das natürlich auch für alle anderen Vektoren, die nicht auf Eins normiert sind.

Die angesprochene formale Ähnlichkeit beider Transformationen bezieht sich auf die mathematische Tatsache, dass es möglich ist, die Lorentz-Transformationen so darzustellen, dass sie genau aussehen wie Drehmatrizen und lediglich anstelle der Winkelfunktionen hyperbolische Äquivalente erscheinen. Außerdem verschwindet je nach Konvention das negative Vorzeichen. Die Lorentz-Transformation wird zum Abschluss dieses Anhangs hergeleitet.

Im Buch sind die vier Komponenten gemäß x_1, x_2, x_3 für die drei räumlichen Koordinaten und $x_0 = ct$ für die Zeit gewählt. Das ist üblich und hat den Vorteil, dass die Dimension aller Koordinaten gleich ist, denn x_1, x_2, x_3 haben jeweils die Dimension einer Länge und nachdem t mit der der Lichtgeschwindigkeit c multipliziert worden ist, entsteht aus dem Produkt von [Zeit] mit [Länge/Zeit] wieder eine Länge. Weitere Dimensionen, die in der Physik häufig auftauchen, sind Masse oder Ladung. Sie kommen in verschiedenen Einheitensystemen vor.

Die Herleitung der Lorentz-Transformation ist ganz einfach. Es werden zwei Beobachter betrachtet, die sich im ansonsten vollkommen masseleeren Raum mit einer konstanten Geschwindigkeit zueinander bewegen. Es genügt zur Herleitung, sich auf eine räumliche Koordinate und die Zeit zu beschränken. Um die Werte der Koordinaten des einen Beobachters in die des anderen umzurechnen reicht es, eine lineare Transformation, also eine Matrix, analog zur Drehmatrix zu suchen und diese Einschränkung ist offensichtlich auch vernünftig. Denn Nichtlinearitäten, sollten sie existieren, können auf größeren Skalen ja gar keine Rolle spielen. Ihre Komponenten ergeben sich, wenn die Konstanz der Lichtgeschwindigkeit vorausgesetzt wird. Sie ist eine inhärente Eigenschaft der Raumzeit, also kein Laufzeiteffekt oder dergleichen und bedeutet: Wenn die zwei Beobachter jeweils mit ihrem eigenen Koordinatensystem die Geschwindigkeit ein und desselben Lichtstrahls messen, werden sie stets genau den gleichen Wert c ermitteln, unabhängig davon, wie schnell sie sich relativ zueinander bewegen.

Es ergeben sich also zwei Gleichungen:

$$(ct')^2 - x'^2 = 0$$
$$(ct)^2 - x^2 = 0$$

Zumindest für diesen Spezialfall muss gelten:

$$(ct')^2 - (x')^2 = (ct)^2 - x^2$$

Sie gilt natürlich auch allgemein und ist die Minkowski-Invariante. Die gesuchte Beziehung besitzt, nachdem vorausgesetzt ist, dass die gegenseitige Bewegung entlang der x-Achse stattfindet, die Gestalt:

$$\begin{bmatrix} ct' \\ x' \end{bmatrix} = \begin{bmatrix} a_{11} & a_{12} \\ a_{21} & a_{22} \end{bmatrix} \begin{bmatrix} ct \\ x \end{bmatrix}$$

Nach dem Einsetzen ergibt sich

$$(a_{11}ct + a_{12}x)^2 - (a_{21}ct + a_{22}x)^2 = (ct)^2 - x^2$$

$$(a_{11}ct)^2 + (a_{12}x)^2 - (a_{21}ct)^2 - (a_{22}x)^2 +$$
$$2(a_{11}a_{12}ctx) - 2(a_{21}a_{22}ctx) = (ct)^2 - x^2$$

$$(a_{11}^2 - a_{21}^2)(ct)^2 + (a_{12}^2 - a_{22}^2)x^2 + 2(a_{11}a_{12} - a_{21}a_{22})ctx = (ct)^2 - x^2$$

Da diese Gleichung für alle Zeiten t und Orte x gelten muss, ergibt ein Koeffizientenvergleich drei Gleichungen:

$$(a_{11})^2 - (a_{21})^2 = 1$$
$$(a_{12})^2 - (a_{22})^2 = -1$$
$$(a_{11})(a_{12}) - (a_{21})(a_{22}) = 0$$

Der Ursprung des ersten Beobachters bewegt sich aus der Sicht des Zweiten gemäß $x' = vt'$. Werden die Ursprungskoordinaten der Beobachter umgerechnet, gilt

$$\begin{bmatrix} ct' \\ x' \end{bmatrix} = \begin{bmatrix} a_{11} & a_{12} \\ a_{21} & a_{22} \end{bmatrix} \begin{bmatrix} ct \\ 0 \end{bmatrix}$$

und daher

$$a_{11} = \frac{t'}{t}, a_{21} = \frac{x'}{ct},$$

Das kann in die erste der drei Gleichungen oben eingesetzt werden:

$$(\frac{t'}{t})^2 - (\frac{vt'}{ct})^2 = 1$$

$$t' = \frac{1}{\sqrt{1 - \frac{v^2}{c^2}}} t$$

oder mit der Abkürzung $\frac{1}{\sqrt{1-\frac{v^2}{c^2}}} = \gamma$

$$t' = \gamma t$$

Nach Einsetzen ist auch

$$a_{21} = \frac{vt'}{ct}$$

bzw.

$$a_{21} = \beta\gamma$$

mit der üblichen Abkürzung $\beta = \frac{v}{c}$ bekannt.
Aus der 3. Gleichung folgt jetzt nach Einsetzen

$$\gamma a_{12} - \gamma\beta a_{22} = 0$$

bzw.

$$a_{12} = \beta a_{22}$$

Die verbleibende 2. Gleichung liefert

$$\beta^2 (a_{22})^2 - a_{22}^2 = -1$$

$$(a_{22})^2 = \frac{1}{1 - \beta^2}$$

und damit die letzte, noch fehlende Komponente:

$$a_{22} = \gamma$$

Alternativ folgen die beiden letzten Komponenten auch aus der anschaulich klaren Bedingung, dass die Matrix invertierbar sein muss, indem $\beta \to -\beta$ ersetzt wird und dann $A^{-1}A = 1$ gelten muss.

Damit ist die gesuchte Matrix vollständig bekannt und die Gleichung lautet ausgeschrieben

$$\begin{bmatrix} ct' \\ x' \\ y' \\ z' \end{bmatrix} = \begin{bmatrix} \gamma & \gamma\beta & 0 & 0 \\ \gamma\beta & \gamma & 0 & 0 \\ 0 & 0 & 1 & 0 \\ 0 & 0 & 0 & 1 \end{bmatrix} \begin{bmatrix} ct \\ x \\ y \\ z \end{bmatrix}$$

was genau die Lorentz-Transformationsmatrix im Kapitel „Matrizen in der Welt" ist.

Hinweis zur Webseite

Die begleitende Webseite findet sich unter:
https://www.repraesentationstheorie.de

Das Passwort lautet iZ0e-7gtc.

Die Skripte sind selbstverständlich für experimentelle Zwecke
frei verfügbar. Es werden auch niemals irgendwelche Eingaben
des Nutzers übertragen und es ist keine Datenbank an die Webseite angeschlossen. Man darf also alles ausprobieren und Teile
der Skripte gegebenenfalls weiterverwenden.

www.ingramcontent.com/pod-product-compliance
Lightning Source LLC
Chambersburg PA
CBHW032211220526
45472CB00018B/667